一本书读懂安全养殖系列

一本书读懂安全养蛋鸡

魏茂颖　主编

化学工业出版社
·北京·

本书是“一本书读懂安全养殖系列”中的一册。

本书系统介绍了蛋鸡安全养殖的环境保障、蛋鸡品种的选择与安全引种利用、蛋鸡日粮的安全配制与使用、蛋鸡安全饲养管理技术以及环境安全控制（鸡场消毒、免疫、防疫等）和常见病防控等方面的知识和技术。

全书内容丰富、语言通俗，所述技术先进、实用性强，可供蛋鸡生产的技术人员、管理人员和科研人员参考使用。

图书在版编目（CIP）数据

一本书读懂安全养蛋鸡/魏茂颖主编. —北京：化学工业出版社，2017.1

（一本书读懂安全养殖系列）

ISBN 978-7-122-28736-6

Ⅰ.①一… Ⅱ.①魏… Ⅲ.①卵用鸡-饲养管理 Ⅳ.①S831.4

中国版本图书馆 CIP 数据核字（2016）第 314837 号

责任编辑：张林爽　　文字编辑：林　丹

责任校对：边　涛　　装帧设计：张　辉

出版发行：化学工业出版社（北京市东城区青年湖南街 13 号　邮政编码 100011）

印　　装：三河市延风印装有限公司

850mm×1168mm　1/32　印张 9　字数 240 千字

2017 年 4 月北京第 1 版第 1 次印刷

购书咨询：010-64518888（传真：010-64519686）　售后服务：010-64518899

网　　址：http://www.cip.com.cn

凡购买本书，如有缺损质量问题，本社销售中心负责调换。

定　　价：36.00 元

编写人员名单

主　　编　魏茂颖

副 主 编　魏之福　李连任

编写人员　（按姓名笔画排序）

王立春　邢茂军　刘　滨

刘庆峰　刘学恩　李　童

李连任　宋玉英　陈义林

范秀娟　周艳琴　郑培志

贾新芬　薛克富　薛喜梅

魏之福　魏茂颖

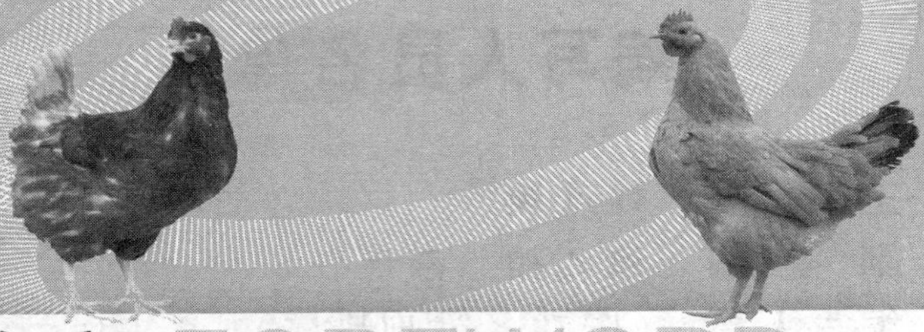

前言 FOREWORD

我国是世界上生产和消费鸡蛋数量最大的国家，年产鸡蛋总量在2000万吨左右，每年人均消费200多枚。与如此大的消费量不相称的是，我国鸡蛋的生产在环境设施条件、技术水平、生物安全措施、重大疫情控制、产品安全质量等方面存在问题，亟须完善。随着我国经济的快速发展，人们生活水平的不断提高，禽产品的消费已从温饱型向安全、优质、健康型方向转变。在这种大背景下，广大蛋鸡饲养者摒弃粗放管理习俗，树立安全养殖的理念至关重要。基于此，编写此书，供蛋鸡养殖从业人员、养鸡户及相关院校师生阅读参考，旨在为鸡蛋安全生产提供技术保障。

本书以通俗易懂的语言，科学系统地介绍了蛋鸡安全养殖的环境保障、蛋鸡品种的选择与安全引种利用、蛋鸡日粮的安全配制与使用、蛋鸡安全饲养管理技术以及环境安全控制（鸡场消毒、免疫、防疫等）和常见病防控等方面的知识和技术。在编写过程中，力求资料新颖、技术先进实用，具有针对性、实用性、可操作性、普及性，重点突出蛋鸡养殖的安全性、标准化。本书可供蛋鸡生产的技术人员、管理人员及科研人员参考使用。

本书在编写过程中，参阅了国内外众多学者的著作及文献，在此一并深表谢意。由于编者水平有限，不妥之处在所难免，敬请读者批评指正。

编者

一本书读懂安全养殖系列

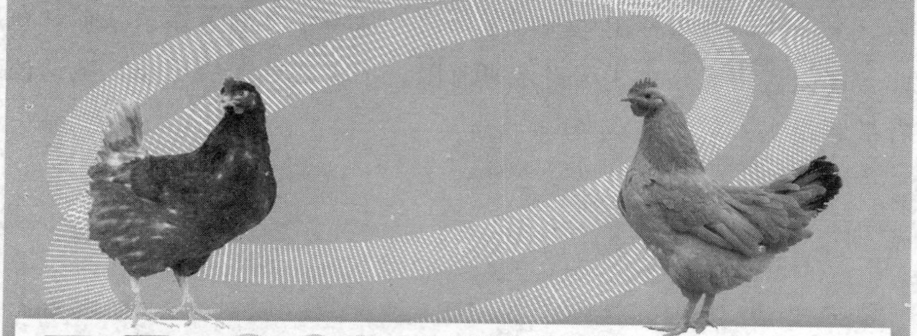

目录 CONTENTS

第一章 蛋鸡安全养殖的环境保障

第二章 蛋鸡品种的选择与安全引种利用

第六章　鸡场免疫技术

第七章　鸡场防疫管理与药物预防

第八章　蛋鸡常见病的安全防制

第一章　蛋鸡安全养殖的环境保障

第一节　蛋鸡安全养殖环境的选择和布局

一、蛋鸡安全养殖环境的选择

场址选择是否合适，关系到鸡场的生产水平、经济效益、社会效益和环境效益，影响着鸡群的健康状况。因此，选择场址时，必须根据本场的经营方式、生产特点等，结合当地的自然、社会条件做出科学决策，并注意将来扩大发展的可能性。

要保证安全养鸡，首先要保证环境安全。养鸡场的环境应符合国家标准《农产品安全质量无公害畜禽肉产地环境要求》（GB/T 18407.3—2001），必须选择在生态环境良好、有清洁水源、无或不直接受工业“三废”及农业、城镇生活、医疗废弃物污染的区域，至少在养殖区周围500米范围内及水源上游没有受到上述污染。同时，也要避开水源保护区、风景名胜区、人口密集区等。具体还要考虑以下几方面问题。

(一) 地势地形

地形地势包括场地的形状和坡度等。地形要开阔整齐。不要过于狭长或边角太多。场地狭长往往影响建筑物合理布局，拉长了生产作业线，同时也使场区的卫生防疫和生产联系不便。此外，还要注意地质构成，防断层、滑坡、塌方，也要避开坡底和谷底及风口，免受山洪及暴风雨袭击。对地形的了解，可以查找当地的地形图，并进行必要的实地勘探和测量，绘出地形图，表明比例尺。可以在图上量好拟建场地的面积、坡度、坡向和建筑物间的距离等，作为场地选择和总平面布置的参考。

理想的养鸡场应当建在地势高燥、排水良好、背风向阳、地势平坦或略带缓坡的地方。不能选择沼泽地、低洼地、四面有山或小丘的盆地或山谷风口。若饲养场建在山区，应选择较为平坦、背风向阳的缓坡地，这种场地具有良好的排水性能，阳光充足并能减弱冬季寒风的侵害。坡面向阳，坡度不宜太大，否则不利于生产管理与交通运输，一般总坡度不超过25%，建筑区坡度应在2.5%以内，以减少工程挖、填土的投资。同时，建成投产后也避免给场内运输和管理带来不便。地形比较平坦的坡地，每100米长高低差保持在1～3米内比较好，这不仅可以避免山洪雨水的冲击与淹没，也便于场内污水排出，保持场内干燥。一般来说，低洼潮湿的场地，有利于病原微生物和寄生虫的生存，而不利于鸡的体温调节，并严重影响建筑物的使用寿命。在南方的山区、谷地或山坳里，鸡舍排出的污浊空气有时会长时间停留和笼罩该地区，造成空气污染，这类地形都不宜做饲养场场址。

(二) 水源和水质

饲养场用水量大，在饲养生产过程中，鸡群的饮水、鸡舍和用具的洗涤、员工生活与绿化的需要等都要使用大量的水。一个规模有10万只的鸡场，每日饮水需要30～40吨，其他用水近100吨。所以，建造一个养鸡场必须有一个可靠的水源。水源应符合以下要求。

① 水量充足，能满足各种用水，并应考虑防火和未来发展需要。

② 水质良好，不经处理即能符合饮水标准的水最为理想。

③ 便于防护，保证水源水质经常处于良好状态，不受周围环境的污染。

④ 取用方便，设备投资少，处理技术简便易行。

水质主要指水中病原微生物和有害物质的含量。一般来说，采用自来水供水时，主要考虑管道口径是否能够保证水量供应；采用地面水供水时，要调查水源附近有没有工厂、农业生产和牧场污水与杂物排入。

最好在塘、河、湖边设一个岸边砂滤井，对水源做一次渗透过滤处理。多数采用地下深井水供水，井深应超过 10 米以上。地面和深井供水的，应请环保部门进行水质检测，合格的才能取用，以保证鸡和场内职工的健康和安全。

我国颁布的 NY 5027—2008 明确规定了畜禽饮用水的水质安全指标，见表 1-1。

表 1-1　畜禽饮用水的水质安全指标

项目		标准值	
		畜	禽
感官性状及一般化学指标	色	≤30°	
	浑浊度	≤20°	
	臭和味	不得有异臭、异味	
	总硬度(以 $CaCO_3$ 计)/(毫克/升)	≤1500	
	pH 值	5.5～9.0	6.5～8.5
	溶解性总固体/(毫克/升)	≤4000	≤2000
	硫酸盐(以 SO_4^{2-} 计)/(毫克/升)	≤500	≤250
细菌学指标	总大肠菌群/(MPN/100 毫升)	成年畜 100，幼畜和禽 10	

续表

项目		标准值	
		畜	禽
毒理学指标	氟化物(以 F^- 计)/(毫克/升)	≤2.0	≤2.0
	氰化物/(毫克/升)	≤0.20	≤0.05
	砷/(毫克/升)	≤0.20	≤0.20
	汞/(毫克/升)	≤0.01	≤0.001
	铅/(毫克/升)	≤0.10	≤0.10
	铬(6 价)/(毫克/升)	≤0.10	≤0.05
	镉/(毫克/升)	≤0.05	≤0.01
	硝酸盐(以 N 计)/(毫克/升)	≤10.0	≤3.0

(三) 土壤地质

要了解场区土壤状况。要求土壤透气透水性能良好，无病原和工业废水污染，以沙壤土为宜。这种土壤疏松多孔，透水透气，有利于树木和饲草的生长，冬天可以增加地温，夏天可以减少地面辐射热。砾土、纯沙地不能建饲养场，这种土壤导热快，冬天地温低，夏天灼热，缺乏肥力，不利于植被生长，因而不利于形成较好的鸡舍周围小气候。鸡群对土壤的要求，如为地面散养，一般以沙壤土或灰质土壤为宜；离地饲养的与土壤无直接接触，主要考虑能否便于排水，使场区雨后不致积水过久而造成泥泞的工作环境。

膨胀土的土层不能作为房屋的基础土层，它会导致基础裂断崩塌；回填土的地方，土质松紧不均，也会造成基础下沉房屋倾斜。遇到这样的土层，需要做好加固处理，严重的、不便处理的或投资过大的，则应放弃选用。

(四) 气候因素

气候因素主要指与建筑设计有关和造成鸡舍小气候有关的气候气象资料，如气温、风力、风向及灾害性天气的情况。气候资料除房舍施工设计需要使用外，对鸡场日常管理工作，如防暑、防寒日程的安排，鸡舍朝向，防寒、遮阳设施等均有意义。风向、风力对鸡舍的方位朝向布置、鸡舍排列的距离次序等均有影响，主要考虑如何排污，对环境卫生及防疫工作有利。

（五）“三通”（供水、供电、交通）条件

供水和排水要统一考虑。除了前面提及的对水源水质的选择外，拟建场区附近如有地方自来水公司供水系统，可以尽量引用，但需要了解供水量能否保证。进行饮水免疫时，应注意自来水中残留的氯对疫苗效力的影响。大型鸡场最好能自备深井修建水塔，采用深层水作为主要供水来源，或者自来水供应不足时作为补充水源。鸡场污水排出的条件以及当地的排水系统也应调查清楚，如排水方式、纳污能力、污水去向、纳污地点、距居民区水源距离、是否需要处理、能否与农田灌溉系统或水产养殖系统综合利用相结合等。如果需要自行处理，则每栋鸡舍都要修建渗水池，还要了解土壤的纳污能力。鸡舍的日常生产生活和洗刷消毒污水的排除，都有污染居民水源的可能性，要给予足够的重视。

现代化鸡场的孵化、育雏、机械通风、补充光照以及生活用电都要求有可靠的供电条件。如果供电无保障，则需自备发电机，以保证场内供电的安全、稳定、可靠。电力安装容量每只种鸡为3～4.5瓦，蛋鸡为2～3瓦。

鸡场的饲料、产品以及其他生产物资，职工生活用品均需大量的运输能力。拟建场区交通运输条件是否方便，距离地方交通主干线的距离，路面是否平整等均需要调查清楚。如果路面不好，或者需要修路，则在建场工程量计算时须说明重要性，并单独计划经费列支，不能回避问题，以免日后给生产生活带来麻烦。

（六）环境疫情

拟建鸡场的环境及附近的兽医防疫条件的好坏是影响鸡场成败的关键因素之一。特别注意不要在土质被传染病或寄生虫、病原体所污染的地方和旧鸡场上建场或扩建，忽视这个问题将会给鸡场防疫工作带来很大麻烦，甚至导致防疫失败。对附近的历史疫情也要

做周密的调查研究，特别注意附近的动物医院、畜牧站、集市贸易、屠宰场距离拟建鸡场的距离、范围、有无自然隔离条件等，以对本场防疫工作有利为原则。

因此，新建鸡场应选择在环境比较安静而且卫生的地方。为了防止人禽、畜禽共患疾病的互相传染，有利于环境保护，鸡场应远离居民区1000米以上；鸡场相互间距离应在500米以上，大型鸡场之间应不少于1000～1500米；与各种化工厂、畜禽产品加工厂、动物医院等的距离应不小于1500米，而且不应将养鸡场设在这些设施的下风向；交通要方便，接近公路，靠近消费地和饲料来源地，但要尽量远离铁路、主要交通干线、车辆来往频繁的地方，距离在500米以上，距次级公路也应有100～200米的距离。

二、场区规划及场内布局

鸡场主要分生活管理区、生产区及隔离区等。场地规划时，主要考虑人、鸡卫生防疫和工作方便，根据场地地势和当地全年主风向，顺序安排以上各区。

对鸡场进行总平面布置时，主要考虑卫生防疫和工艺流程两大因素。场前区中的职工生活区应设在全场的上风向和地势较高地段，其后为生产技术管理区。生产区设在这些区的下风和较低处，但应高于隔离区，并在其上风向（图1-1）。

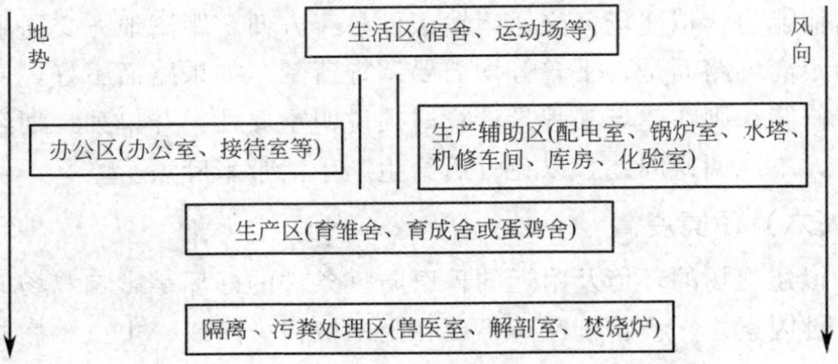

图1-1 场区总布局示意图

（一）生活管理区

包括行政和技术办公室、饲料加工及料库、车库、杂品库、更衣消毒和洗澡间、配电房、水塔、职工宿舍、食堂等，是担负鸡场经营管理和对外联系的场区，应设在与外界联系方便的位置。大门前设车辆消毒池，两侧设门卫和消毒更衣室（图 1-2）。

图 1-2　出入口设车辆消毒池

鸡场的供销运输与外界联系频繁，容易传播疾病，故场外运输应严格与场内运输分开。负责场外运输的车辆严禁进入生产区，其车棚、车库也应设在场前区。

场前区、生产区应加以隔离。外来人员最好限于在此区活动，不得随意进入生产区。

（二）生产区

1. 整体布局

包括各种鸡舍，是鸡场的核心。因此其规划、布局应给予全面、细致的研究。

综合性鸡场最好将各种年龄或各种用途的鸡各自设立分场，分场之间留有一定的防疫距离，还可用树林形成隔离带，各个分场实行全进全出制。专业性鸡场的鸡群单一，鸡舍功能只有一种，管理比较简单，技术要求比较一致，生产过程也易于实现机械化。

为保证防疫安全，无论是专业性养鸡场还是综合性养鸡场，鸡舍的布局应根据主风方向与地势，按下列顺序设置：孵化室、幼雏舍、中雏舍、后备鸡舍、成鸡舍。也就是孵化室在上风向，成鸡舍在下风向。这样能使幼雏舍得到新鲜的空气，减少发病机会，同时也能避免由成鸡舍排出的污浊空气造成疫病传播。

孵化室与场外联系较多，宜建在靠近场前区的入口处，大型鸡场可单设孵化场，设在整个养鸡场专用道路的入口处，小型鸡场也应在孵化室周围设围墙或隔离绿化带。

育雏区或育雏分场与成年鸡区应隔一定的距离，防止交叉感染。综合性鸡场两群雏鸡舍功能相同、设备相同时，可在同一区域内培育，做到整进整出。由于种雏和商品雏繁育代次不同，必须分群分养，以保证鸡群的质量。

综合性鸡场，种鸡群和商品鸡群应分区饲养，种鸡区应放在防疫上的最优位置，两个小区中的育雏育成鸡舍又优于成年鸡的位置，而且育雏育成鸡舍与成年鸡舍的间距要大于本群鸡舍的间距，并设沟、渠、墙或绿化带等隔离障。

各小区内的饲养管理人员、运输车辆、设备和使用工具要严格控制，防止互串。各小区间既要求联系方便，又要求有防疫隔离。

2. 鸡舍布局

（1）鸡舍的排列　现代化鸡舍分为 2 种：3000～5000 只饲养规模推荐使用半开放式鸡舍；5000 只以上鸡舍推荐使用密闭式鸡舍。单舍存栏 3000 只以上时，推荐使用双坡式屋顶，有利于屋面受力和舍内通风；脊高一般在 1～1.5 米。

鸡舍排列的合理性关系到场区小气候、鸡舍的采光、通风、建筑物之间的联系、道路和管线铺设的长短、场地的利用率等。鸡舍群一般采取横向成排（东西）、纵向呈列（南北）的行列式，即各鸡舍应平行整齐呈梳状排列，不能相交。鸡舍群的排列要根据场地形状、鸡舍的数量和每幢鸡舍的长度，酌情布置为单列、双列或多列式。生产区最好按方形或近似方形布置，应尽量避免狭长形布置，以避免饲料、粪污运输距离加大，饲养管理工作联系不便，道路、管线加长，建场投资增加。

鸡舍群按标准的行列式排列与地形地势、气候条件、鸡舍朝向选择等发生矛盾时，也可将鸡舍左右错开、上下错开排列，但要注意平行的原则，避免各鸡舍相互交错。当鸡舍长轴必须与夏季主风向垂直时，上风行鸡舍与下风行鸡舍应左右错开呈“品”字形排列，这就等于加大了鸡舍间距，有利于鸡舍的通风；若鸡舍长轴与夏季主风方向所成角度较小时，左右列应前后错开，即顺气流方向逐列后错一定距离，也有利于通风。

（2）鸡舍的朝向　鸡舍的朝向由地理位置、气候环境等来确定。适宜的朝向应满足鸡舍日照、温度和通风的要求。在我国，鸡舍应采取南向或稍偏西南或偏东南为宜，冬季利于防寒保温，而夏季利于防暑。

这种朝向需要人工光照进行补充，需要注意遮光，如采取加长出檐、窗面涂暗等措施减少光照强度。如同时考虑地形、主风向以及其他条件，可以作一些朝向上的调整，向东或向西偏转15°配置，南方地区从防暑考虑，以向东偏转为好；北方地区朝向偏转的自由度可稍大些。

（3）鸡舍间距　育雏育成舍鸡舍间距10～20米，蛋鸡舍10～15米。

3. 鸡场内道路

鸡场道路分清洁道和污道2种，清洁道作为场内运输饲料、鸡群和鸡蛋之用；污道运输粪便、死鸡和病鸡，二者不得交叉使用。

（三）隔离区

隔离区是鸡场病鸡、粪便等污物集中的区域，是防疫和环境保护工作的重点，该区应设在全场的主导风向最下和地势最低处，且与其他两区（场前区和生产区）间距在50米以上。设计储粪场所时要考虑鸡粪便于由鸡舍、鸡场运出。病鸡隔离饲养的鸡舍原则上要与外界隔绝，四周应有天然的或人工的隔离屏障（如围墙、地沟、栅栏或者林带等），以防止疾病向外界传播。同时设单独的通路与出入口，以便病死鸡外运。处理病死鸡的尸坑或焚尸炉等设施，应距离鸡舍 300～500 米，且更应严密隔离。

三、鸡场基础设施建设原则

（一）场区工程设计原则

场区与外界要划分明确；场内不同区域及大门入口处设立消毒池，车辆消毒池长为通过最大车辆长度的 1.3～1.5 倍。消毒池深度为 30～50 厘米。

（二）道路工程设计原则

场内道路设计时，要考虑运输和防疫的要求。要求净污分开，互不交叉，排水性好，路面质量要好。有条件时道路推荐使用混凝土结构，厚度 15～18 厘米，道路与建筑物距离为 2～4 米。场外道路要求路面最小宽度为 2 辆中型车能顺利错车，多为 4～8 米。

（三）给排水工程设计原则

生产和生活废水采用地埋管道排出；雨水排泄要根据场内地势设计排水路线，达到下雨不积水、污水流畅的原则。

（四）供电工程设计原则

就近选择电源，变压器的功率应满足场内最大用电负荷；使用电压为 220 伏/380 伏。机械化程度较高的鸡场，必须配置备用发电机。

（五）供暖工程设计原则

中小型养鸡场采用分散供暖方式；大型规模化养鸡场采用集中供暖方式。不管采用哪种模式供暖，必须要保证育雏、育成阶段的温度需要和稳定。

（六）粪污处理设计原则

鸡日排粪量为日采食量的 70%～80%。粪污处理设计包括储粪场、运输管道及鸡粪处理等建筑布局。

第二节　蛋鸡场常用设备

一、蛋鸡场育雏期的常用设备

包括育雏笼、保温伞、煤炉、火炕、锅炉等。

（一）育雏笼

1. 叠层电热育雏器

分为加热育雏笼、保温育雏笼、雏鸡活动笼三部分。各部分之间是独立的，可进行组合，如在温度高或采用全室加温的地方可使用专门雏鸡活动笼；而在温度较低的情况下，可减少雏鸡活动笼组数，而增加加热和保温育雏笼。通常情况下，多采用一组加热育雏笼、一组保温笼、五组活动笼，可育蛋鸡雏（1～7 周）800 只，并配备喂料槽 44 个和加温槽 4 个。

2. 育雏育成笼

在两段制饲养工艺中，可分为一段育雏，一段育成。一般选择耐用和不易腐蚀的热镀锌鸡笼。1～50 日龄在育雏笼内饲养，0～3 周龄饲养密度不能超过每平方米 50～60 只；4～6 周龄饲养密度不能超过每平方米 20～30 只。1～30 日龄饲养密度为每平方米 50～55 只，每组育雏笼可饲养 240 只雏鸡，30～50 日龄饲养密度为每平方米 25～40 只，每组育雏笼可饲养 140 只，则饲养 2250 只蛋鸡需要育雏笼 17 组。

（二）保温伞

直径为 2 米的保温伞（图 1-3）可供 300～500 只雏鸡使用。保温伞育雏时要求室温 24℃以上，伞下距地面高度 5 厘米处温度 35℃，雏鸡可以在伞下自由出入。此种方法一般用于平面垫料育雏。

（三）远红外线加热器

安装远红外线加热器时，应将黑褐色涂层向下，离地 2 米高，

图 1-3　育雏用的保温伞

用铁丝或圆钢、角钢之类固定。8 块 500 瓦远红外线板可供 50 平方米育雏室加热。最好是在远红外线板之间安上一个小风扇，使室内温度均匀，这种加热法耗电量较大，但育雏效果较好。

（四）煤炉、火炕、锅炉等

只要能保证达到所需温度，因地制宜地采取哪一种供暖设备都是可行的。烟道供温和煤炉供温，要注意防火、防漏气。

二、蛋鸡场常用的通风、降温设备

可以将鸡舍内的污浊空气、湿气和多余的热量排出，同时补充新鲜空气。主要包括湿帘、风机等。

（一）湿帘

外界空气通过湿帘进入鸡舍时降低了一些温度，从而起到给鸡舍降温的效果。湿帘降温系统由纸质波纹多孔湿帘、湿帘冷风机、水循环系统及控制装置组成。夏季空气经过湿帘进入鸡舍，可降低舍内温度 5～8℃（图 1-4）。

（二）风机

多数鸡舍必须采用机械通风来解决换气和夏季降温等问题。通风机械普遍采用的是风机和风扇。现在一般鸡舍通风多采用大直径、低转速的轴流风机。通风方式分送气式和排气式两种：送气式

图 1-4　鸡舍的湿帘

通风是用通风机向鸡舍内强行送入新鲜空气，使鸡舍内形成正压，排走污浊空气；排气式通风是用通风机将鸡舍内的污浊空气强行抽出，使鸡舍内形成负压，新鲜空气由进气孔进入。风机布置原则：安装在污道一侧的墙或就近的两侧纵墙上；高度距地平面 0.4～0.5 米或中心高于饲养层；进风口一般与鸡舍横断面积大致相等或为排风面积的 2 倍（图 1-5）。

图 1-5　鸡舍的风机

三、蛋鸡场常用的清粪设备

鸡场清粪主要有：刮板式清粪器、输送带式清粪器和螺旋横向式清粪器。刮板式清粪器置于鸡笼下方粪沟内，电机驱动绞盘通过钢丝绳牵引刮粪器，刮粪板紧贴地面把粪沟内的鸡粪由始点刮到终点，由于所用钢丝绳常与粪便接触，极易腐蚀，故多采用高压聚乙烯塑料包裹钢丝绳，提高耐腐蚀能力，延长使用寿命。输送带式清粪器常用于叠层式鸡笼，每层鸡笼下面均安装一条输粪带，承接下落的鸡粪，定时启动输送带把带上鸡粪送往鸡笼一端，由刮粪板刮入横向清粪机中，再送至舍外。

养鸡场的鸡舍建设，考虑清粪时，应该按照方便、减少鸡舍有害气体和防疫 3 个角度进行设计。鸡舍过道宽度为 100～120 厘米，100 米鸡舍粪沟深度不低于 50 厘米，1.5‰坡度。

鸡舍内的清粪方式有人工清粪和机械清粪两种。小型鸡场一般采用人工定期清粪，中型以上鸡场多采用自动刮粪机进行机械清粪。

四、主要饲养和饲料生产设备

（一）贮料塔

贮料塔是自动喂料系统必不可少的一部分，可以一栋鸡舍一个，也可以两栋鸡舍共用一个。

（二）产蛋鸡笼

蛋鸡 50 日龄后在产蛋鸡笼内饲养，饲养密度为 25～30 只/平方米，饲养 2250 只蛋鸡需产蛋鸡笼 25 组（图 1-6）。每只鸡应有

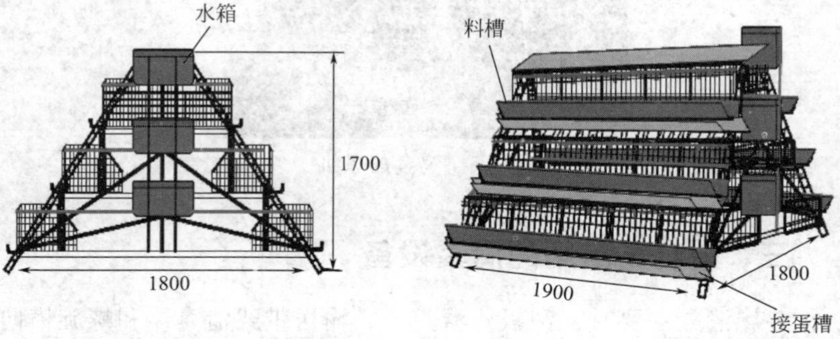

图 1-6 阶梯式产蛋鸡笼（单位：毫米）

11 厘米的采食宽度。

（三）自动喂料系统

主要有链式给料机和塞盘式给料机两种。链式给料机是我国供料机械中最常用的一种供料机，平养、笼养均可使用。链式给料机由料箱、链环、驱动器、转角轮、长形食槽等组成，有的还装有饲料清洁器。塞盘式给料机为平养鸡舍设计，适于输送干粉全价饲料。塞盘式给料机由传动装置、料箱、输送部件、食槽、转角器、支架等部件组成。

（四）主要的集蛋设备

集蛋设备主要有捡蛋车、空中有轨蛋车和自动化集蛋装置。捡蛋车是笼养蛋鸡舍内人工捡蛋的运输工具，主要适用于走道宽度超过 0.6 米的鸡舍，使用方便、轻巧。空中有轨蛋车适合于网上平养蛋鸡舍，这种蛋车上方是一滑动轮，可沿鸡舍上方的导轨移动，下部为一平台，人工捡蛋时可装运蛋箱或蛋托，该车运行平稳，可降低破蛋度，减轻人工劳动强度。9DC-4500 集蛋装置是与三层全阶梯笼养产蛋鸡笼相配套使用的设备，升降蛋器采用辊式结构，运转平稳、噪声小、工作可靠，使用本装置能完成纵向、横向集蛋工作（图 1-7），可比人工从蛋槽里捡蛋提高工效 3～4 倍，并且可降低破蛋率。

图 1-7　集蛋设备与捡蛋

（五）主要的饲料生产设备

小型饲料加工机组，即由粉碎机、搅拌机组合在一起的机型，大型饲料加工机组即由粉碎机、搅拌机以及计量装置、传送装置、微机系统等组合在一起的系统机组。生产厂家有：北京嘉亮林农牧机械有限责任公司、赤峰农机总厂、黑龙江安达市牧业机械厂、山西文水农机厂等。

（六）饮水设备

育雏期使用真空式饮水器（前 2 周）。

育成和蛋鸡使用乳头式自动饮水器。上水处需要安装过滤器，机头安装减压阀（或水箱），确保水管水有一定压力。饮水管乳头安装在 2 个相邻的笼隔网处顶部，利于 2 笼鸡都能饮到水。

第三节　蛋鸡场环境与隔离卫生控制

畜禽养殖正由传统养殖向现代养殖过渡，随着畜禽养殖场规模化、集约化、现代化程度的日益提高，畜禽环境控制工程技术越来越完善，需求愈来愈强，已经和畜禽遗传育种技术、饲料营养技术、兽医防疫技术等一起成为畜禽规模化、集约化、工厂化生产的关键支撑技术，是现代畜牧养殖技术发展的重要标志。

要生产优质安全的蛋品，就要使蛋鸡处在良好的环境当中，搞好蛋鸡场的环境与卫生控制，给蛋鸡创造一个舒适的环境非常关键。

一、环境对蛋鸡的影响

饲养蛋鸡成败的关键是能否为其创造一个有利于快速生长和舒适产蛋的生活环境，了解主要环境因素对蛋鸡的影响，并且采取控制措施是养好蛋鸡的重要环节。

（一）温度对蛋鸡的影响

环境温度对蛋鸡生产影响很大，直接影响到蛋鸡的健康、繁殖、育雏、采食量、产蛋量等，是蛋鸡最重要的环境因素之一。不同日龄、不同生理阶段蛋鸡对环境温度的要求不同，见表 1-2。蛋鸡最佳的产蛋温度是 20℃左右，在一般的饲养管理条件下，鸡产蛋最适宜的温度范围为 13～23℃，最好不低于 5℃，不高于 30℃，13～25℃范围内不会影响产蛋性能；13℃以下每降低 1℃，产蛋率将下降 1.5%；25℃以上会使蛋重下降。产蛋母鸡难以忍受 30℃以上的持续高温，当环境温度上升到 35℃以上时，热应激导致其采食量和产蛋率明显下降，蛋重变小，蛋壳变薄，破蛋率增加。因此养殖蛋鸡夏季要注意降温；冬季要加强保温，以保持鸡舍适宜的温度，从而达到节省饲料和维持高而平稳的产蛋率。

表 1-2 不同生长阶段蛋鸡对环境温度的要求

生长阶段	鸡舍温度的要求/℃			使用育雏器时
	最佳	最高	最低	
1～4 周龄	22	27	10	育雏温度 32～35℃，第 4 周降至 21℃
育成鸡	18	27	10	
产蛋鸡	24～27	30	4	

（二）湿度对蛋鸡的影响

空气湿度与鸡的健康和生长关系也很大，对鸡的生理调节和疾病防治都有重要意义。湿度过高，高温下会对鸡只热平衡产生不利影响，主要表现为食欲差、生长慢。低温下则失热增加，耗料增加，影响饲料利用率。湿度过大还易诱发球虫病及曲霉菌病，同时还会导致空气中的有害气体浓度增加。湿度小，空气尘埃及鸡脱落的绒毛泛起，极易导致鸡呼吸道疾病。

一般鸡舍内的湿度早期宜控制在 60%～70%，后期则为 50%～60%。雏鸡阶段尤其是前 3 天，由于雏鸡在运至鸡舍之前体内可能已失去很多水分，环境干燥特别容易引起雏鸡脱水。雏鸡的适宜湿度范围为：0～10 日龄 80%，11～15 日龄为 70%～75%，16～20 日龄为 65%，以后保持在 50%～55%，成鸡舍应控制在 50%～75%为宜。有试验表明：第一周保持舍内较高的湿度可提高育雏成活率50%。前期过于干燥，雏鸡饮水过多，也会影响鸡正常的消化吸收。控制鸡舍内湿度常用的方法是：湿度过大加强通风；湿度过低实行带鸡消毒。同时，考虑温度情况，使得鸡舍内温度、湿度都处于最理想水平。

（三）光照对蛋鸡的影响

鸡对光线非常敏感，光照时间的长短，光照强度的大小，对鸡的产蛋性能都有很大的影响。蛋鸡在不同的生长阶段，都有不同的光照时间和光照强度要求。10周龄以前的小鸡，其生殖系统对光照不太敏感，为方便管理，最初几天光照可以适当长一些。以后可利用自然光照。10～20周龄之间的小鸡，生殖系统对光照逐渐敏感，为防止早熟，保证达到标准体重，要严格控制光照，必须恒定在一个标准之内。20周龄的小鸡要逐渐延长光照时间，以刺激性腺发育，为适时开产做准备。对没有达到标准体重的鸡群可推后1～2周增加光照。光照对产蛋鸡影响最大，光照时间过长、过强，直接影响其产蛋。同时还会发生啄癖现象。光照时间过短、过弱，同样产蛋不佳。所以光照要适宜。

适宜的光照强度为：雏鸡2～3周龄以前10～20勒克斯，以后为10勒克斯。通常灯高2米、每0.37平方米1瓦，可得到相当于10勒克斯的照度。育成期光照强度为5勒克斯，产蛋鸡和种鸡光照强度可保持在10勒克斯，笼养蛋鸡照度应提高一些，一般按3.3～3.5瓦/平方米计算。

光照时间的控制，生产中多采用雏鸡培育期缩短光照，而在产蛋期间增加光照的制度。一般是雏鸡出壳后3～7天，每天照23.5～24小时；以后逐渐缩短到8～9小时，一直到18～20周龄；以后每周增加0.5～1小时，直至达到每天14～16小时的光照，其后保持光照不变。

密闭式鸡舍由于全部采用人工照明，因而光照时间容易控制。而开放式和半开放式鸡舍的光照控制就稍微复杂一些。由于鸡舍墙面受太阳照射，对鸡舍的温热环境有较大的影响。冬季日照时间短，太阳斜射；夏季则日照时间长且太阳直射。各个地区由于所处地理位置和所在纬度不同，冬季的太阳高度角就不同，所以在出檐长短上要因地、因鸡舍而异。在光照安排上也相应采取冬季多利用日照，夏季则避免直射。

（四）噪声对蛋鸡的影响

随着现代工业发展，噪声对人类、环境的污染日益严重，对养鸡场和鸡也不例外。同时，养鸡生产集约化、工业化程度的提高也在产生噪声并且污染自身、污染环境。据研究，噪声对鸡体健康和生产性能有很大的影响，见表1-3。国内外有关研究显示，噪声超标对鸡群主要产生两方面的负面影响：一方面，噪声导致鸡群产蛋率和蛋品质下降、破蛋率增加；另一方面，噪声导致鸡群生长发育缓慢、肉质下降，情绪不稳定。

表1-3 噪声对蛋鸡生产性能的影响

组别	对照组	试验组	备注
平均产蛋率/%	82.9	78.0	噪声强度为110～120分贝，每天72～166次，连续2月
平均蛋重/克	52.4	51.0	
软壳蛋率/%	0	1.9	
血斑蛋发生率/%	3.1	4.6	

目前，对于鸡舍噪声的控制水平国内还没有制定统一标准，一般认为噪声水平不超过80分贝比较有利于鸡群的正常生长。

（五）有害气体对蛋鸡的影响

养鸡场和鸡舍空气中的有害气体种类繁多，其中最常见和危害较大的有氨、硫化氢、一氧化碳和二氧化碳。

鸡舍中的氨气主要由含氮有机物腐败分解而来，特别是温热、潮湿、饲养密度大、垫料长时间不清理、通风不良等情况均会使其浓度升高。鸡对氨气特别敏感。鸡舍中氨气的浓度应控制在15毫克/立方米以下。高浓度的氨不仅严重危害鸡群，而且还会刺激饲养人员的眼结膜，使之产生灼痛和流泪，并引起咳嗽，严重者可导致眼结膜炎、支气管炎和肺炎等。

硫化氢是一种无色有臭鸡蛋味的气体，主要来自于含硫有机物的分解，破蛋腐烂、鸡消化不良时也易产生大量硫化氢。因该气体密度大，所以地面附近浓度较高。硫化氢气体毒性很强，易被黏膜吸收，造成眼炎、气管炎、肺炎、胃肠炎等，能使鸡食欲减退，出现神经质等。鸡舍内硫化氢的含量应控制在10毫克/立方米以下。

二氧化碳本身并无毒性，但其含量可以间接表明鸡舍空气的污浊程度或通风换气情况。当二氧化碳含量增加时，其他有害气体的含量也可能增高，因此，为安全起见，鸡舍空气中二氧化碳浓度应以0.15%为限。

一氧化碳对鸡的危害较大，雏鸡在含0.2%的一氧化碳环境中2～3小时，可中毒死亡。空气中一氧化碳含量超过3%就可使鸡急性中毒死亡。

所以，加强鸡舍的舍内通风管理、及时清除鸡粪、不使鸡粪发酵、加强用水管理等，是控制和预防有害气体大量产生的有效措施。

（六）水对蛋鸡的影响

充足的饮水是保证鸡体健康、提高蛋鸡生产性能的重要条件。水对养鸡生产十分重要，缺水的后果往往比缺料还严重，水参与机体的整个代谢过程，它对调节体温、养分的运转、消化、吸收和废物的排除具有其他物质不可替代的作用，正常鸡蛋的含水量达70%以上。雏鸡供水量为采食干饲料量的2～2.5倍，产蛋鸡为1.5～2倍。气温对鸡的饮水量有较大影响，鸡在气温达32℃时，其饮水量增加1倍，而在37.8℃中需水量几乎是21℃适温时的3倍。增加的水量绝大部分用于蒸发散热。每只鸡每天需饮水220～380毫升，饮水不足，鸡采食量减少，影响正常生长发育，至少可以降低2%的产蛋率，水质不良也能导致产蛋率和蛋重下降。因此，蛋鸡养殖应及时供给符合饮用水标准的充足清洁的饮水，最好是长流水。

尤其在夏季，管理上要注意不要使水温过高，如不能让阳光直射送水管或水槽，以防水槽或水管温度过高影响鸡只的饮水量，从而影响生产性能。

二、蛋鸡场环境控制措施

利用建筑设施、环境调控及饲料调制技术为蛋鸡养殖创造比较适宜的生活环境，是提高蛋鸡养殖效益与生产优良蛋品的重要基础。

（一）合理规划鸡场建设

修建蛋鸡场时，一定要选择地势高燥、向阳、远离公路、工矿企业的地方建场，应从人、鸡的保健出发，并按照便于卫生防疫的要求，合理安排各区域的位置，顺着主导风向和地形坡向依次安排职工生活区、生产管理区、蛋鸡饲养区、兽医卫生及粪污处理区。

建筑物之间应尽量紧凑配置，缩短运输、供电、供水线路；鸡舍排列要整齐平行，四栋以内可一行排列，四栋以上应两行排列，为了防止传染病的传播和达到防火的要求，各建筑物之间应保持30米以上的间距，每排鸡舍应设一个贮粪场（池），位于鸡舍远端的一侧。

我国目前的鸡舍建筑类型主要有开放式、半开放式和密闭式鸡舍。开放式鸡舍长30～60米，密闭式鸡舍长70～80米为宜。鸡舍的跨度应按照鸡笼的宽度、设计鸡笼列数来计算，走道宽为0.8～1.2米，一般按三列四走道设计为宜。加强鸡舍外围护结构的隔热设计和保温性能，夏季以减少太阳辐射及外界气温对鸡舍的影响，冬季防止室内热量的散失。

合理的鸡场绿化，既可以改善场区小气候，还能够通过树木、牧草等绿色植物的光合作用吸收二氧化碳，放出氧气，达到净化空气、吸尘灭菌、保护环境的作用。

（二）加强蛋鸡舍的通风

通风是衡量鸡舍环境好坏的第一要素，鸡舍通风的目的在于换气、匀气、排湿、升温、降温、散热等。鸡舍内只有通风良好，才能保证鸡群的体质健康和正常生产。

舍内良好的通风功能的衡量标准主要有3个指标，即气流速度、换气量和有害气体含量。鸡舍内通风换气量的计算应按夏季最大需要量计算，每千克体重平均为4～5立方米/小时，鸡舍周围气流速度为1～1.5米/秒，有害气体最大允许量：氨气15毫克/立方米，硫化氢10毫克/立方米以下，二氧化碳0.15%。

鸡舍通风方式主要有自然通风和人工通风两种。

1. 自然通风

主要针对于开放式、半开放式鸡舍，由于鸡舍前后有窗户，通过鸡舍外围护结构的开口和缝隙形成空气交换，不需机械动力，依靠自然界的热压，产生空气流动，使舍内的空气与舍外进行自然更换。自然通风的鸡舍需要在向阳背风面下设出气口，或在鸡舍顶部设出气口。下通气口按“风斗”的做法，舍内开口在下部，舍外开口在上部，换气通路形成“S”状。屋顶出气孔上应设风帽，下设调节板。“S”状通路和出气管下口调节板均为防止冷风倒灌。

2. 人工通风

即机械通风，主要针对密闭式鸡舍，是利用机械，采用正压或负压的方式进行通风换气的方法。正压通风也叫送风，一般在进行空气的加热、冷却、过滤处理时采用。负压通风又称拉风，主要是靠通风系统将舍内污浊的空气抽出舍外，由于舍内空气被抽走，压力相对小于舍外，新鲜空气则从进气口进入舍内。这种方式在生产中最为常用，投资少，管理费用低。现在大都采用纵向负压通风，即在鸡舍一端的墙壁上安装风机向外抽气，在另一端墙壁上设置进气口，向舍内进风。其中进气口是可以调节的进气窗，也可以是通长的条缝进气口。这种方式的优点是室内气流分布均匀，也适合于老鸡舍改建。但是进气口的开度大小调节比较复杂，需要较高的管理技术。而当鸡舍长度超过100米时，也可以把排气扇集中布置在鸡舍中部。夏季应尽量提高鸡舍内的气流速度，增大通风量；冬季鸡体周围的气流速度以0.1～0.2米/秒为宜，最高不超过0.35米/秒。

冬季的通风换气与舍温的维持往往有些矛盾，只有鸡舍内有足够的热量，才能在冬季维持正常的自然通风换气，才不会因为换气而使舍温下降，造成鸡的应激，诱发呼吸道疾病。冬季鸡舍还要注意防止贼风，贼风对鸡的危害较大，能使鸡体局部受冷，造成局部冻伤、关节炎、肌肉炎、神经炎、感冒，甚至肺炎、瘫痪等疾病。防止贼风的措施是：在入冬前要及时修缮堵严屋顶墙壁、门窗的一切缝隙，防止进风口的风直接吹向鸡体。还要处理好通风与保温的关系，在通风的时候，可在进风口的墙壁设置火墙或用暖风机向里送热风等。

（三）控制鸡舍内的有害因素

鸡舍内的有害因素主要是有害气体、微生物、灰尘和噪声等。鸡舍内的微生物比大气中要多很多。微生物的主要危害是引起鸡的各种疾病，引起饲料和垫草等的发霉变质，鸡舍空气中微生物的含量不应高于25万个/立方米。鸡舍内的灰尘主要来源于两个方面：一是外面大气带入，二是舍内产生。其主要危害是与微生物等混合在一起，引起皮炎、结膜炎、呼吸系统疾病和过敏症等。消除鸡舍内有害因素的措施：一是及时清除粪便，对鸡舍进行定期清扫、冲洗、消毒，减少有害气体的来源；二是舍内鸡粪的湿度应控制在30％以内，保持舍内空气和四壁的干燥，在排粪沟撒上一些生石灰、草木灰等，也可降低鸡舍内湿度；三是铺设垫草保温防潮，吸附一定的有害气体，在鸡粪上撒上一定的吸附剂，如过磷酸钙，10克/只鸡，可有效地降低舍内氨气的浓度，饲料中添加丝兰属提取物、沸石等，也可减少舍内氨浓度和臭味；四是保证舍内通风换气良好，及时排出有害气体，通风设备选择噪声小的产品；五是鸡群周转采用全进全出制，日常饲养人员管理操作时，动作要轻、稳，避免引起刺耳或者突然的响声；饲料加工、畜产品加工等车间要远离鸡舍；六是鸡场周围种植防护林，场内空地多种植树木、牧草、作物或花卉。严禁在鸡舍周围燃放鞭炮。

（四）保持适宜的饲养密度

鸡舍内蛋鸡饲养密度与鸡舍环境有密切的关系，它对鸡舍内的温度、湿度状况，光照、通风效果，以及鸡舍内空气中的微粒、微生物（细菌、真菌、病毒）等的数量都有影响，鸡饲养密度是鸡群环境卫生的一项重要指标。

在平养鸡舍中，密度过大会使水槽、食槽的分布密度相应加大，分层布放水槽、食槽的地方鸡群密集，饲养面潮湿，鸡体污染机会多，羽毛松乱，鸡群相互梳羽，遇有破伤口会造成互啄，增高死亡率。由于鸡群活动、跳跃，则空气中灰尘多，各种微生物附着在尘埃上，随空气流动，传播污染。故鸡舍饲养密度大的鸡群，容易染病，造成生长、发育不好，大批量死亡。密度大也容易造成舍内通风不良。

饲养密度的确定，取决于饲养方式，也可以按鸡群转群前的体重确定，鸡只随日龄的增加，体重增加很快，如 4 周龄的肉鸡比初生雏鸡体重增加 19 倍，8 周龄时可达 48 倍。

成年蛋鸡笼养密度与鸡笼的类型、笼具布置及鸡笼层数有关。叠层笼的饲养密度最大，半阶梯或混合笼的饲养密度次之，全阶梯与平置饲养笼的密度则较小，故笼养鸡饲养密度变化幅度较大。表 1-4 是育雏、育成蛋鸡平养时的饲养密度。

表 1-4　育雏、育成蛋鸡平养时的饲养密度

鸡的种类	育雏		育成	
	占地/平方米	密度/(只/平方米)	占地/平方米	密度/(只/平方米)
轻型蛋鸡	0.07	14.3	0.12	9
中型蛋鸡	0.08	12.7	0.15	8

（五）搞好鸡舍环境卫生

建立严格的鸡舍环境卫生消毒制度，空鸡舍采取“一扫、二冲、三喷、四熏”的程序进行。鸡全部出栏后，首先将舍内的粪便、饲料、残渣，尘土等清扫出舍，为下一步的化学消毒创造良好的条件。水冲的目的是将清扫剩余的残留污物冲去以进一步净化鸡舍，提高消毒效果。一般用高压水流冲洗，对黏着牢固的污物洗刷、清除彻底。用消毒液冲洗更好，不仅冲掉了污物，还起到了消毒的作用。喷雾消毒的目的是将污物清除后的鸡舍进行进一步消毒，一般用高压喷雾器进行，利用喷雾消毒可对墙壁、地面、顶棚等进行更好的消毒，用喷雾消毒最好密闭鸡舍。经过“一扫、二冲、三喷”处理后，鸡舍内的病原微生物已基本清除，最后进行甲醛熏蒸消毒，消毒剂量为每立方米空间用福尔马林 28 毫升、高锰酸钾 14 克、加水 14 毫升。如果鸡舍有致病性葡萄球菌污染的话，剂量可以加大到每立方米空间用福尔马林 42 毫升、高锰酸钾 21 克、加水 21 毫升熏蒸。1～2 天后打开门窗，通风晾干鸡舍。

（六）采用先进设备

鸡舍内应配备相应的调温、调湿、通风等设备；配备喂料、饮水、清粪以及除尘、光照等装置。选择采用养鸡先进设备时，要根据具体情况决定，比如鸡舍通风设备的选择，要根据鸡舍结构、取暖方式、最大饲养规模、最小通风量、过渡通风以及水帘通风等来综合考虑；当鸡舍长度达 80 米以上，跨度在 10 米以上时，则应采用纵向式通风，这样，既优化了鸡舍通风设计的合理性，降低了安装成本，也可获得较理想的通风效果。纵向式通风是指将风机安装在蛋鸡舍的一侧山墙上，在风机的对面山墙或对面山墙的两侧墙壁上设立进风口，使新鲜空气在负压作用下，穿进鸡舍的纵向排出舍外。排风扇长 1.25～1.40 米，排风机的扇面应与墙面成 100°，可增加 10％的通风效率，空气流速为 2.0～2.2 米/秒，两台风机的间距以 2.5～3.0 米为宜。在夏季高温时节，为使鸡舍有效降温，通常需在进风口安装湿帘，即湿帘降温。鸡舍纵向式通风系统具有设计安装简单、成本较低、通风和降温效果良好等优点，在当代养鸡生产上已广为采用。

目前，国内许多厂家生产的保温鸡舍，有开敞式、有窗式、密闭式等形式。开敞式保温鸡舍考虑到遮阳、挡雨，适宜于气候温暖地区；有窗式保温鸡舍基本上利用自然通风，也可辅以机械通风，开窗面积既要保证换气，又要防止热辐射；密闭式保温鸡舍有良好的保温隔热性能，由人工控制舍内温度、空气、光照，以便为鸡群创造适宜的生长环境，最大限度地发挥其生产效能。保温鸡舍采用面层材料，表面光滑，便于冲洗和消毒，加上鸡粪清除及时等，十分有利于鸡舍防疫和鸡群的疾病防控。先进的鸡舍保温板具有良好的通风、保温、隔热和耐高温、耐酸碱、耐腐蚀性能，安装便捷、价格低廉，改善了蛋鸡的生存环境。

（七）利用饲料调控技术

确定蛋鸡的精确化营养需要，通过开发新型低排放量饲料以提高日粮营养素利用率和减少粪、尿、臭气排放。

1. 减少粪便排泄总量

通过提高饲料养分消化率有助于减少粪便的排泄。有研究证明，饲料的微粒化或添加酶制剂可减少禽粪尿的排泄量。预混合饲料中添加的酶制剂，如植酸酶、纤维素酶、半纤维素酶、果胶酶、β-甘露聚糖酶、木聚糖酶、淀粉酶等，均能提高碳水化合物和矿物元素的利用率，从而增加营养物质的消化吸收，减少粪便的排泄。

2. 减少氮排泄量

氨基酸平衡的低蛋白日粮，能维持较高的生产性能，显著减轻蛋鸡粪氮排泄。研究表明，在理想蛋白模式下，日粮粗蛋白水平由17%降至15%，可改善料蛋比、减少粪氮排放，不影响蛋鸡生产性能、二氧化碳和甲烷的排放。低能量浓度（11.00兆焦/千克），16.0%～17.0%蛋白日粮，影响蛋鸡生产性能及降低氮和甲烷排放。

3. 减少磷排泄量

磷的大量排出会造成严重的水体富营养化和土壤污染。增加磷的利用率，减少动物对磷的排出，最有效的方法就是降低饲料无机磷添加，添加植酸酶。研究表明，在有效磷水平为0.18%低磷日粮中添加300微克/千克植酸酶，能满足蛋鸡对磷的生产需要。植酸酶的添加可取代部分磷酸盐，应根据被取代磷酸盐的数量及其含钙量，弥补相应石粉的用量。

4. 粪臭味的营养调控

在饲料加工工艺方面，可通过膨化、制粒等工艺提高饲料的利用率。向饲料中添加酶制剂、酸化剂、益生素等，可在一定程度上改善畜舍被粪臭味污染的状况。植酸酶可显著提高磷的利用率，减少磷的排放，改善畜舍粪臭味。蛋白酶可促进日粮中蛋白质的降解利用，减少饲料中含氮物质的排放，从而降低畜舍氨气浓度。酸化剂能调控肠道菌群平衡，延缓胃排空速度，提高蛋白、磷和干物质消化率，减少氨气和二氧化硫产生。饲料中添加益生素或益生元，促进肠道有益微生物的生长，抑制有害微生物的生长，改善肠道菌群平衡，提高营养物质利用率，可减少粪中有害气体的排出。研究表明，饲料中添加植物提取物，如樟科植物提取物，可减少氨气和硫化氢的排出。此外，吸附性物质，如膨润土、活性炭等，表面积大，吸附能力强，可达到除臭的目的。

三、科学合理的隔离区划

（一）养殖场的科学选址和区划隔离

良好的交通便于原料的运入和产品的运出，但养殖场不能紧靠村庄和公路主干道，因为村庄和公路主干道人员流动频繁，过往车辆多，容易传播疾病。鸡场要远离村庄至少 1 公里、距离主干道路 500 米以上，这样既使得鸡场交通便利，又可以避免村庄和道路中不确定因素对鸡的应激作用，另外也减少了某些病原微生物的传入。养殖场、孵化场和屠宰场，按鸡场代次和生产分工做好隔离区划。

（二）改革生产方式

逐步从简陋的人鸡共栖式小农生产方式改造为现代化、自动化的中小型养鸡场模式，采用先进的科学的养殖方法，保证鸡只生活在最佳环境状态下。高密度的鸡场不仅有大量的鸡只、大量的技术员、饲料运输及家禽运送人员在该地区活动，还可造成严重污染而导致更严重的危害事件如禽流感事件。因此，要合理规划鸡舍密度，保持鸡场之间、鸡舍之间合理的距离和密度。

鸡场的大小与结构也应根据具体情况灵活掌握。过大的鸡场难以维持高水平的生产效益。所以在通常情况下，提倡发展中小型规模的鸡场。当然，如果有足够的资金和技术支持，也可以建大型鸡场。

合理划分功能单元，从人、鸡保健角度出发，按照各个生产环节的需要，合理划分功能区。应该提供可以隔离封锁的单元或区域，以便发生问题时进行紧急隔离。首先，鸡场设院墙或栅栏，分区隔离，一般谢绝参观，防止病原入侵，避免交叉感染，将社会疫情拒之门外；其次，根据土地使用性质的不同，把场区严格划分为生产区和生活区；根据道路使用性质的不同分为生产用路和污道。生产区和生活区要有隔墙或建筑物严格分开，生产区和生活区之间必须设置消毒间和消毒池，出入生产区和生活区，必须穿越消毒间和踩踏消毒池。

鸡场人员驻守场内，人鸡分离。提倡饲养人员家中不养家禽，禁止与其它鸟类接触，以防饲养人员成为鸡传染病的媒介。多用夫妻工，提倡夫妻工住在场内，提供夫妻宿舍，这样可降低工人外出的概率，进而避免与外界人员的接触，更好地保护鸡场安全。

四、遵照安全理念制定的卫生隔离制度

（一）净化环境，消除病原体，中断传播链

场区门口要设有保卫室和消毒池，并配备消毒器具和醒目的警示牌。消毒室内设有紫外线灯、消毒喷雾器和橡胶靴子，消毒池要有合适的深度并且长期盛有消毒水；警示牌上写“养殖重地、禁止入内”，要长期悬挂在入场大门或大门两旁醒目的位置上。

根据饲养规模设置沉淀池、粪便临时堆放地以及死鸡处理区。污水沉淀池、粪便存放地要设在远离生产区、背风、隐蔽的地方，防止对场区内造成不必要的污染。死鸡处理区要设有焚尸炉。

净、污道分离，鸡苗、饲料、人员和鸡粪各行其道，场区内及大门口道路务必硬化，便于消毒和防疫；下水道要根据地势设置合理的坡度，保证污水排泄畅通，保证污水不流到下水道和污道以外的地方；清粪车入场必须严格消毒车轮，装粪过程要防止洒漏；装满后用篷布严密覆盖，防止污染环境。要求鸡舍内无粉尘、无蛛网、无粪便、无垫料、无鸡毛、无甲虫、无裂缝、无鼠洞，彻底清洗、消毒3～5遍。

生产人员隔离和沐浴制度；严格的门卫消毒制度；人员双手、鞋、衣服、工具、车辆、垫料消毒，外来车辆禁止入场；汽车消毒房冬季保温和密闭措施，冬季消毒池加盐防冻；垫料消毒，防止霉变。

（二）加强消毒

将在第五章详细叙述。

五、依据安全理念制定的日常工作细则

（一）精心饲养，减少应激

每一次疾病的发生，必然存在饲养管理失当的原因。生产中80％的疾病问题由饲料、通风、保温、光照和供水不当而引起；鼠患对鸡群的骚扰和应激；养重于防，防重于治。减少应激，加强鸡群综合免疫力，是提高生产成绩的重要手段之一。

（二）全进全出的饲养制度

现代蛋鸡生产几乎都采用“全进全出”的饲养制度，即在一栋鸡舍内饲养同一批同一日龄的蛋鸡，全部雏鸡都在同一条件下饲养，又在同一天出栏。这种管理制度简便易行，优点很多，在饲养期内管理方便，可采用相同的技术措施和饲养管理方法，易于控制适当温度，便于机械作业，也利于保持鸡舍的卫生与鸡群的健康。蛋鸡出栏后，便对鸡舍及其设备进行全面彻底的打扫、冲洗、熏蒸消毒等。这样不但能切断疫病循环感染的途径，而且比在同一栋鸡舍里混养几种不同日龄的鸡群增重快，耗料少，死亡率低。

第四节　鸡场污物的无害化处理

一、鸡场废弃物与环境污染

鸡场废弃物主要通过病原体、有害物质、好氧物质和恶臭等污染环境。病原体包括细菌、病毒、真菌和寄生虫，主要来源是病死

鸡、粪尿、羽毛和内脏等。有害物质以硝酸盐、致病菌和细菌毒素等为主，极易随地表径流和地下水污染饮水。养殖场恶臭味的主要成分是氨、甲硫醇、硫化氢、硫化甲基、苯乙烯、乙醛等。这些臭气主要来源于粪、病死鸡等废弃物处理不及时而出现的不完全氧化。臭气浓度过高，不但会影响周边居民的生活环境，也会影响到畜禽舍内的空气质量，使动物的生产性能出现一定程度的下降。

二、鸡粪的无害化处理

（一）肥料化处理

鸡粪便中含有丰富的氮、磷、钾及微量元素等植物生长所需要的营养物质及纤维素、半纤维素、木质素等，是植物生长的优质有机肥料。处理方法主要有三种。

1. 高温堆肥

鸡粪中含有大量未消化吸收的营养物质，为了提高堆肥的肥效价值，堆肥过程中可以根据粪便的特点及植物对营养素的要求，拌入一定量的无机肥，使各种添加物经过堆肥处理后变成易被植物吸收和利用的有机复合肥。

2. 干燥处理

利用燃料加热、太阳能或风力等，对粪便进行脱水处理，使粪便快速干燥，以保持粪便养分，除去粪便臭味，杀死病原微生物和寄生虫。干燥处理粪便的主要方式有微波干燥、笼舍内干燥、大棚发酵干燥、发酵罐干燥等。目前，干燥处理方式成本较高，且干燥过程中会产生明显的臭气，因此在我国较少采用，尚处于探索阶段。

3. 药物处理

在急需用肥的时节，或在传染病或寄生虫病严重流行的地区，为了快速杀灭粪便中的病原微生物和寄生虫卵，可采用化学药物消毒、灭虫、灭卵。药物处理中，常用的药物有：尿素，添加量为粪便的1%；敌百虫，添加量为10毫克/千克；碳酸氢铵，添加量为0.4%；硝酸铵，添加量为1%。

（二）能源化处理

利用鸡粪生产沼气主要是利用受控制的厌氧细菌的分解作用，将粪便中的有机物经过厌氧消化作用，转化为沼气。将沼气作为燃料是禽畜粪便能源化的最佳途径。鸡粪在厌氧环境中，在适宜的温度、湿度、酸碱度、碳氮比、水分等条件下，通过厌氧微生物发酵作用产生一种以甲烷为主的可燃气体。其优点是无需通气，也不需要翻堆，能耗省、维护费低。通过厌氧微生物处理可去除大量可溶性有机物，杀死传染性病原菌，有利于降低传染性疾病发生和提高生物安全性。沼气生产中的沼渣、沼液可以通过科学手段进行综合利用。其中发酵原料或产物可以产生优质肥料，沼气发酵液可作为农作物生长所需的营养添加剂。目前国内一些沼气发酵项目已经可以在冬季低温条件下运行，从而实现养殖场废弃物的全天候和全年度发酵处理。

（三）饲料化处理

粪便适当地投入到水体中，有利于水中藻类的生长和繁殖，使水体能保持良好的鱼类生长环境。但要注意控制好水体的富营养化，避免使水中的溶解氧耗竭。水体中放养的鱼类应以滤食性鱼类（如鲢鱼、鳙鱼、罗非鱼）和杂食性鱼类（草鱼、鳊鱼）为主。在粪便的施用上，应以腐熟后为宜，直接把未经腐熟的粪便施于水体常会使水体耗氧过度，使水产动物缺氧而死。

三、其他废弃物的无害化处理

鸡场的废弃物除粪尿外，还有病死禽、屠宰后产生的内脏、血、孵化废弃物和废水等，这些废弃物的处理同样关系到养鸡业对环境的影响及养殖场自身的防疫、卫生、安全。

（一）病死鸡的无害化处理

1. 深坑掩埋

建造用水泥板或砖块砌成的专用深坑。美国典型的禽用深坑长2.5～3.6米、宽1.2～1.8米、深1.2～1.48米。深坑建好后，要用土在其上方堆出一个0.6～1米高的小坡，使雨水向四周流走，并防止重压。地表最好种上草。深坑盖采用加压水泥板，板上留出两个圆孔，套上PVC管，使坑内部与外界相连。平时管口用牢固、不透水可揭开的顶帽盖住。使用时通过管道向坑内扔死禽。

2. 焚烧处理

以煤或油为燃料，在高温焚烧炉内将病死鸡烧成灰烬。

3. 饲料化处理

死鸡本身蛋白质含量高，营养成分丰富。如果在彻底杀灭病原体的前提下，对死鸡作饲料化处理，则可获得优质的蛋白质饲料。如利用蒸煮干燥机对死鸡进行处理，通过高温高压先灭菌处理，然后干燥、粉碎，可获得粗蛋白达60%的肉骨粉。

4. 肥料化处理

堆肥的基本原理与粪便的处理相同。通过堆肥发酵处理，可以消灭病菌和寄生虫，而且对地下水和周围环境没有污染。

（二）孵化废弃物的处理和利用

鸡蛋在孵化过程中也有大量的废弃物产生。第一次验蛋时可挑出部分未受精蛋（白蛋）和少量早死胚胎（血蛋）。出雏扫盘后的残留物以蛋壳为主，有部分中后期死亡的胚胎（毛蛋），这些构成了孵化场废弃物。

孵化废弃物经高温消毒、干燥处理后，可制成粉状饲料加以利用。由于孵化废弃物中有大量蛋壳，故其钙含量非常高，一般在17%～36%。生产表明，孵化废弃物加工料在生产鸡日粮中可替代6%的肉骨粉或豆粕，在蛋鸡料中则可替代16%。

（三）垫料废弃物的处理和利用

随着鸡饲养数量增加，需要处理的垫料也越来越多。国外有对鸡垫料重复利用的成熟经验。鸡垫料在舍内堆肥，产生的热量杀死病原微生物，通过翻耙排除氨气和硫化氢等有害气体，处理后的垫料再重复利用、鸡舍垫料重复使用，对鸡增重和存活率无显著影响。该技术可以降低生产成本，减少养殖场废弃物处理量。

（四）废水的无害化处理

1. 废水的前处理

一般用物理的方法，针对废水中的大颗粒物质或易沉降的物质，采用固液分离技术进行前处理。

2. 化学处理

通过向污水中加入某些化学物质，利用化学反应来分离、回收污水中的污染物质。处理的对象主要是污水中溶解性或胶体性污染物。常用的方法有混凝法、化学沉淀法、中和法、氧化还原法等。

3. 微生物处理

根据微生物对氧的需求情况，废水的微生物处理法分为好氧生物处理法、厌氧生物处理法和自然生物处理法。

废水中的有机污染物是多种多样的，为达到相应处理要求，往往需要通过几种方法和几个处理单元组成的系统进行综合处理。

养鸡场粪污的排放要符合《集约化畜禽养殖业污染物排放标准》。养鸡场粪便处理不好，不但臭气难闻，而且也容易滋生大量的苍蝇；应采用干清粪工艺；贮粪场应单独设置，并距各类功能地表水体，特别是饮用水水源400米以上；贮存设施应不渗水，还要防止雨水的进入和流出，防止对周围环境的污染。粪便可加入一定的微生物进行高温发酵处理，制成高效生物肥料。也可进行沼气发酵，综合利用。

第五节　蛋鸡场的杀虫和灭鼠

鸡场进行杀虫、灭鼠以消灭传染媒介和传染源，也是防疫的一个重要内容。鸡舍附近的垃圾、污水沟、乱草堆，常是昆虫、老鼠滋生的场所，因此经常清除垃圾、杂物和乱草堆，搞好鸡舍外的环境卫生，对预防某些疫病具有十分重要的意义。

一、杀虫

某些节肢动物如蚊、蝇、虻等和体外寄生虫如螨、虱、蚤等生物，不但骚扰正常的鸡，影响生长和产蛋，而且还携带病原体，直接或间接传播疾病。因此，要设法杀灭。

杀虫先做好灭蚊蝇工作。保持鸡舍的良好通风，避免饮水器漏水，经常清除粪尿，减少蚊蝇繁殖的机会。

使用杀虫药蝇毒磷（0.02％～0.05％）等杀虫药，每月在鸡舍内外和蚊蝇滋生的场所喷洒2次。黑光灯是一种专门用来灭蝇的装于特制金属盒里的电光灯，灯光为紫色，苍蝇有趋向这种光的特性，而向黑光灯飞扑，当它触及带有负电荷的金属网即被电击而死。

二、灭鼠

老鼠在藏匿条件好、食物充足的情况下，每年可产6～8窝幼仔，每窝4～8只，一年可以猛增几十倍，繁殖速度快得惊人。养鸡场的小气候适于鼠类生长，众多的管道孔穴为老鼠提供了躲藏和居住的条件，鸡的饲料又为它们提供了丰富的食物，因而一些对鼠类失于防范的鸡场，往往老鼠很多，危害严重。养鸡场的鼠害主要表现在四个方面：一是咬死咬伤鸡雏；二是偷吃饲料，咬坏设备；三是传播疾病，老鼠是鸡新城疫、球虫病、鸡慢性呼吸道病等许多疾病的传播者；四是侵扰鸡群，影响鸡的生长发育和产蛋，甚至引起应激反应使鸡死亡。

1. 建鸡场时要考虑防鼠设施

墙壁、地面、屋顶不要留有孔穴等鼠类隐蔽处所，水管、电线、通风孔道的缝隙要塞严，门窗的边框要与周围接触严密，门的下缘最好用铁皮包镶，水沟口、换气孔要安装孔径小于3厘米的铁丝网。

2. 随时注意防止老鼠进入鸡舍

发现防鼠设施破损要及时修理。鸡舍不要有杂物堆积。出入鸡舍随手关门。在鸡舍外留出至少2米的开放地带，便于防鼠。因为鼠类一般不会穿越如此宽的空间，但不能无限度地扩大两栋鸡舍间的植物绿化带，鸡舍周围不种植植被或只种植低矮的草，这样可以确保老鼠无处藏身。清除场区的草丛、垃圾，不给老鼠留有藏身条件。

3. 断绝老鼠的食源、水源

饲料要妥善保管，喂鸡抛撒的饲料要随时清理。切断老鼠的食源、水源。投饵灭鼠。

4. 灭鼠

灭鼠要采取综合措施，使用捕鼠夹、捕鼠笼、粘鼠胶等捕鼠方法和应用杀鼠剂灭鼠。

杀鼠剂可选用敌鼠钠盐、杀鼠灵等。其中敌鼠钠盐、杀鼠灵对鸡毒性较小，使用比较安全。毒饵要投放在老鼠出没的通道，长期投放效果较好。

敌鼠钠盐价格比较便宜，对鸡比较安全。老鼠中毒后行动比较困难时仍然继续取食，一般老鼠食用毒饵后三四天内安静地死去。敌鼠钠盐可溶于酒精、沸水，配制0.05%毒饵时，先取0.5克敌鼠钠盐溶于适量的沸水中（水温不能低于80℃），溶解后加入0.01%糖精或2%～5%糖，加入食用油效果更好，同时加入警戒色，再泡入1千克饵料（大米、小麦、玉米糁、红薯丝、胡萝卜丝、水果等均可）。而后搅拌均匀，阴干；过一段时间再搅拌，使饵料吸收药液，待药液全部吸收后晾干即成。毒饵现用现配效果更好，如上午投放毒饵，要在头一天下午拌制；下午投放毒饵，可在当天早晨拌制。

在我国南方，为防毒谷发芽发霉，可将敌鼠钠盐的酒精溶液用谷重25%的沸水稀释后浸泡稻谷，到药液全部吸收为止，效果良好。

三、控制鸟类

鸟类与鼠类相似，不但偷食饲料、骚扰动物，还能传播大量疫病，如口蹄疫、新城疫、流感等。控制鸟类对防治传染病有重要意义。控制鸟类的主要措施是在圈舍的窗户、换气孔等处安装铁丝网或纱窗，以防止各种鸟类的侵入。

第二章 蛋鸡品种的选择与安全引种利用

第一节 我国常见蛋鸡品种

从事蛋鸡养殖，选择蛋鸡品种尤其重要。有关学者评价了各种因素在畜牧生产中的贡献，其中品种占 45%，营养与饲料占 30%，环境与保健占 25%。美国农业部 1996 年统计了 50 年来畜牧生产中科学技术所起的作用，其中遗传育种占 40%，营养与饲料占 20%，疾病占 15%，繁殖与行为占 10%，环境与设备占 10%，其他占 5%（表 2-1）。

表 2-1 畜牧生产中科学技术作用

科学技术	作用
遗传育种	40%
营养与饲料	20%
疾病	15%
繁殖与行为	10%
环境与设备	10%
其他	5%

由此可见，品种在畜牧生产中是最重要的因素。因此，在蛋鸡养殖生产中，应结合蛋鸡品种的特点，选择性能比较好的品种进行饲养，以创造更多的经济效益。

一、褐壳蛋鸡

褐壳蛋鸡的优点是：蛋大、破损率低，适于运输和保存；鸡性情温顺，抗应激，好管理；商品代小公鸡生长快；耐寒性好，冬季产蛋率平稳；啄癖少，死亡、淘汰率较低；能通过羽色自别雌雄；笼养平养都能适应。

其缺点是：体重较大，耗料高，占笼面积大，耐热性差；对饲养技术的要求比白壳蛋鸡高，蛋中血斑、肉斑率高，感观不太好。鸡白痢感染率较高。

（一）海兰褐

海兰褐是由美国海兰公司研究的品种，该品种适合我国各个地方饲养，具有育雏成活率高、饲料报酬高、产蛋多等特点。

商品代生产性能：18 周龄成活率为 96%～98%，体重为 1.50～1.65 千克，80 周龄产蛋数为 344 枚左右（表 2-2）。

表 2-2　海兰褐商品蛋鸡主要生产性能

生产性能	指　标
生长期成活率(17 周)	97%
生长期体重	1.41 千克
生长期饲料消耗	5.62 千克
50%产蛋率天数	140 天
高峰产蛋率	94%～96%
80 周龄入舍鸡产蛋数	344～361 枚
80 周龄入舍鸡产蛋重	22.0 千克
平均日消耗饲料(18～80 周)	107 克/只
饲料转化率(20～60 周)	1.99 千克饲料/千克蛋
70 周龄体重	1.97 千克

（二）伊萨褐

伊萨褐是由法国伊萨公司培育的一个蛋鸡高产品种，该品种母鸡羽毛为褐色带有少量白斑，体型中等，耐病性强，在我国各地均有饲养。

商品代伊萨褐蛋鸡入舍母鸡产蛋量为308枚，高峰期产蛋率为92%（表2-3）。

表2-3 伊萨褐商品蛋鸡主要生产性能

生产性能	指　标
生长期成活率(17周)	96%
生长期体重	1.47千克
生长期饲料消耗	6.0千克
50%产蛋率天数	145天
高峰产蛋率	92%～96%
80周龄入舍鸡产蛋数	355枚
80周龄入舍鸡产蛋重	23.2千克
平均日消耗饲料(18～80周)	109克/只
饲料转化率(20～60周)	1.96千克饲料/千克蛋
70周龄体重	1.94千克

（三）罗曼褐

罗曼褐壳蛋鸡是由德国罗曼公司培育的，具有适应性强、耗料少、成活率、产蛋率高等优点，而且耐热、安静，在我国各个地区均有饲养。

罗曼商品代蛋鸡主要生产性能：18周龄成活率高达98%，产蛋期成活率为94.6%，其他性能见表2-4。

表2-4 罗曼褐壳商品蛋鸡主要生产性能

生产性能	指　标
生长期成活率(17周)	98%
生长期体重	1.44千克

续表

生产性能	指　　标
生长期饲料消耗	5.70～5.80 千克
50%产蛋率天数	145～150 天
高峰产蛋率	92%～94%
80 周龄入舍鸡产蛋数	354 枚
80 周龄入舍鸡产蛋重	22.6 千克
平均日消耗饲料(18～80 周)	112 克/只
饲料转化率(20～60 周)	2.0～2.2 千克饲料/千克蛋
70 周龄体重	2.25 千克

二、白壳蛋鸡

白壳蛋鸡的主要优点是：体形小，耗料少，开产早，产蛋量高，饲料报酬高，饲养密度大，效益好，适应性强，各种气候条件下均可饲养；蛋中血斑和肉斑率很低，最适于集约化笼养管理。缺点是蛋重小，蛋皮薄，抗应激性差，好动爱飞，损耗较高，啄癖多，特别是开产初期啄肛造成的伤亡率较高。

（一）北京白鸡（京白）

京白蛋鸡是由北京市种禽公司育成的一系列的白壳蛋鸡，包括京白 823、京白 904、京白 938、京白 988 等品种。其中京白 938 可以通过快慢羽进行雌雄鉴别，其主要生产性能见表 2-5。

表 2-5　京白 938 蛋鸡的主要生产性能

生产性能	指　　标
20 周龄成活率	94.4%
20 周龄体重	1.19 千克
20 周饲料消耗	5.50～5.70 千克
高峰产蛋率	92%～94%
72 周龄入舍鸡产蛋数	303 枚
72 周龄入舍鸡产蛋重	18 千克
平均日消耗饲料(18～80 周)	105～115 克/只
60 周龄体重	1.70 千克

（二）海兰白

海兰白是由美国海兰公司育成的品种，该品种节粮、产蛋率高，是在我国分布较广的一个品种。主要生产性能见表 2-6。

表 2-6 海兰白蛋鸡的主要生产性能

生产性能	指 标
16 周龄成活率	98%
16 周龄体重	1.23 千克
16 周饲料消耗	5.05 千克
高峰产蛋率	93%～94%
80 周龄入舍鸡产蛋数	337～343 枚
80 周龄入舍鸡产蛋重	21.7 千克
平均日消耗饲料(18～80 周)	100 克/只
20～60 周龄饲料转化率	1.93 千克饲料/千克蛋

（三）星杂 288

星杂 288 是由加拿大雪佛公司育成的品种，该品种曾经在全球分布很广。雪佛公司保证入舍鸡产蛋量 260～285 个，20 周龄体重 1.25～1.35 千克，产蛋期末体重 1.75～1.95 千克，0～20 周龄育成率 95%～98%，产蛋期存活率 91%～94%。现在我国该品种的蛋鸡还有一定的规模。

（四）罗曼白

罗曼白由德国罗曼公司育成，据罗曼公司的资料，其主要生产性能见表 2-7。

表 2-7 罗曼白蛋鸡的主要生产性能

生产性能	指 标
20 周龄成活率	96%～98%
20 周龄体重	1.30～1.35 千克
高峰产蛋率	92%～94%
72 周龄入舍鸡产蛋数	290～300 枚
72 周龄入舍鸡产蛋重	18～19 千克
72 周龄体重	1.75～1.85 千克

三、粉壳蛋鸡

粉壳蛋鸡的显著特点是能表现出较强的褐壳蛋与白壳蛋的杂交优势，产蛋多，饲料报酬高。但由于杂交的缘故，生产性能不稳定。因蛋壳颜色与我国地方鸡种的蛋壳颜色接近，近些年来发展迅速。

粉壳蛋鸡的品种主要包括：星杂444（加拿大雪佛公司育成）、农昌2号（北京农业大学）、B-4（中国农科院畜牧研究所）、京白939（北京种禽公司）等。生产性能基本类似，略低于白壳蛋鸡和褐壳蛋鸡。

四、绿壳蛋鸡

绿壳蛋鸡的特征为五黑一绿，它的毛、皮、肉、骨、内脏均为黑色，更为奇特的是所产蛋为绿色，集天然黑色食品和绿色食品为一体，是世界罕见的珍禽极品。该鸡种抗病力强，适应性广，喜食青草菜叶，饲养管理、防疫灭病和普通家鸡没有区别。绿壳蛋鸡体形较小，结实紧凑，行动敏捷，匀称秀丽，性成熟较早，产蛋量较高，被誉为“药鸡”。其蛋绿色，属纯天然，蛋黄大，呈橘黄色，蛋清稠、蛋白浓厚、细嫩，极易被人体消化吸收，含有大量的卵磷脂、维生素A、维生素B、维生素E和微量元素碘、锌、硒，氨基酸的含量比普通鸡蛋高出5～10倍，属于高维生素、高微量元素、高氨基酸、低胆固醇、低脂肪的理想天然保健食品。

第二节　选择和安全引进蛋鸡品种注意事项

从笔者对农村有关养殖场、户的调查中发现，许多从业者对畜禽品种的引进、筛选缺乏必要的知识，有的不了解品种的习性和特点，片面追求标新立异；有的不了解市场需求随意引入品种，都增加了不确定因素，给生产经营带来了不必要的损失。因此，初养鸡者在引进蛋鸡品种进行饲养时应注意以下几个问题。

一、根据市场需求选择

选择蛋鸡品种要考虑所在地的市场需求。如果养鸡者所在地市场盛行褐壳蛋鸡，那就选择褐壳蛋鸡，在中国乃至整个亚洲绝大多数消费者都喜欢食用褐壳鸡蛋。如果当地喜欢食用白壳蛋，那就要养白壳蛋鸡。

如果当地市场对个头大的鸡蛋较为喜欢，并且大个鸡蛋比小个鸡蛋贵，那最好选择老罗曼蛋鸡，因为老罗曼蛋鸡比新罗曼、海赛克斯、海兰等褐壳蛋鸡所产的蛋个头都大。小鸡蛋受欢迎的地区，可以养体型小、蛋重小的鸡种。

二、根据当地的气候条件选择

天气炎热的地方应饲养体型较小、抗热能力强的鸡种，寒冷地带应饲养抗寒能力强、体重稍大的鸡种。

三、根据自己的养殖水平确定

在饲养经验不足，鸡的成活率较低的地方，应该首选抗病力和抗应激能力比较强的鸡种。有一定饲养经验并且鸡舍设计合理，鸡舍控制环境能力较强的农户，可以首选产蛋性状突出的鸡种。

选择蛋鸡品种还要看养鸡者对各种品种蛋鸡的熟悉程度及饲养习惯。比如原来一直饲养罗曼蛋鸡，对该品种的生活习惯、管理、疾病防治等都非常熟悉，最好还是选择罗曼褐来进行饲养。

另外，无论选购什么样的鸡种，必须在有生产许可证、有相当经验、有很强技术力量、规模较大、没发生严重疫情的种鸡场购雏。管理混乱、生产水平不高的种鸡场，很难提供具有高产能力的雏鸡。

总之，要选择饲养一个好的蛋鸡品种，就要将以上几个方面综合起来进行考虑，同时要本着天时、地利、人和的理念进行选择，才能生产出更多、更好、更安全的蛋品，创造更多的效益。

第三节 种鸡的饲养方式与配种

一、种鸡的饲养方式

我国蛋种鸡大多采用笼养，其中育雏期（0～6周龄）采用四层重叠式育雏笼，育雏期（7～20周龄）采用三层或两层育成笼，产蛋种鸡采用两层或三层蛋鸡笼饲养、人工授精。采用笼养便于雏鸡的免疫和防病，增加饲养密度。种鸡育雏、育成期的饲养密度一般要求比商品鸡小。

（一）笼养方式

蛋用种鸡笼养可采用金属大方笼，每笼装18只母鸡和2只公鸡，蛋槽集蛋，料槽喂料，水槽或乳头饮水器喂水。

1. 大笼饲养

笼底离地面60～70厘米，每个笼可容纳20～40只母鸡和2～4只公鸡，根据实际进行选择，公母鸡可在笼内本交配种，蛋可以滚到笼外。大笼饲养的主要问题是种蛋受精率不高。在新组群时，由于鸡群的相互调换，鸡与鸡间常出现不合群而打斗的现象。饲养员必须认真观察，合理调配。

2. 小笼饲养

小笼一般为阶梯式多层笼养。有两层、三层或四层，种鸡多采用两层笼养，方便人工输精的操作。每笼容纳3或4只母鸡，公鸡与母鸡分开饲养，采用人工输精的方式。这种饲养方式的优点是易管理和有利于疾病的控制，单位面积饲养鸡的只数多，有足够的采食和饮水位置，便于观察鸡群，鸡的伤残率低，受精率高，饲养的公鸡数量少，故多采用此方式。

（二）条板-垫料饲养方式

蛋用种鸡和肉用种鸡都可以采用条板-垫料饲养方式。此方式用料桶喂料，钟式饮水器喂水，产蛋箱集蛋。在一幢鸡舍内进行大群饲养。此方式比笼养方式的受精率高，但垫料不易解决，而且容易造成公害。

二、配种年龄及合理的公母配比

（一）适宜的配种年龄

留作种用的鸡，生长发育到一定年龄，公鸡的睾丸发育成熟，能产生成熟的精子，冠、髯发达且红润并开始啼鸣；母鸡的卵巢发育成熟，能产生成熟的卵子并开始产蛋，即达到了性成熟。

蛋用种公鸡在 6 周龄睾丸中出现初级精母细胞，10 周龄出现次级精母细胞，12 周龄次级精母细胞分裂为精细胞，后变为精子，20 周龄达到性成熟。22 周龄以后配种，方能得到较高的种蛋受精率。公母鸡过早配种，受精率低，只有当公母鸡处于同样的性活动旺盛期，种蛋受精率最高。蛋用种公鸡从 22 周龄用于配种，可以一直使用到 72 周龄，其受精率仍不降低。种公鸡可使用 3 年。种母鸡从 26 周龄编群配种、采种蛋，再养 48 周淘汰。在此日龄范围内，种蛋受精率可高达 86.3%以上。育种用优秀母鸡可以使用 2～3 年。

（二）合理的公母配比

种鸡场要想获得良好的种蛋受精率和降低饲养成本，应注意鸡群中合理的公母比例。鸡群中公鸡过多，耗料多，互相打斗和干扰配种，蛋的受精率不一定高；公鸡过少，虽能节省饲料，但公鸡难以负担起与每只母鸡交配的任务，蛋的受精率也低。

现在公认公母比例（1∶12）～（1∶15）为宜，即鸡群中每 120～150 只母鸡放 10 只公鸡；中型蛋鸡的公母比例以（1∶10）～（1∶12）为宜，即每 100～120 只母鸡中放 10 只公鸡；重型鸡（1∶8）～（1∶10），即鸡群中每 80～100 只母鸡放 10 只公鸡，这样可以保证有满意的种蛋受精率。种鸡笼养、人工授精条件下，每只公鸡的配种负担量为 35～40 只母鸡，保证种蛋受精率在 90%以上。

上述公母比例是指大群而言，如果公鸡太少，虽然受精率可以保证，但难以保证种质。同样的鸡种，鸡场数量不大，饲养种公鸡不多，将来生产的种鸡的质量肯定比不上鸡群数量大的种鸡场。为保证鸡种的应有生产性能水平，建议小规模种鸡群，应多养一些公鸡，按合理的父母比例实行轮流配种或对圈互换公鸡。为防止啄斗，同群公鸡要一起换或一起撤走，不能互掺。

日落前 2 个小时，母鸡都到运动场上活动，公鸡和母鸡的性活动都很强，有些母鸡甚至主动招引公鸡交配。公、母鸡自然交配的这种现象，也与人工授精时输精最佳时间在下午 3 时以后的结论是一致的。在平养条件下，公母鸡在下午 3 时以后到运动场上去，对提高鸡群种蛋的受精率是一项有效的措施。虽然每只公鸡对母鸡的交配次数，每天可达 20～30 次，但以下午 3～7 时交配的频率最高，而又以 5～7 时最为集中。清早母鸡忙于采食，然后开始陆续进窝产蛋，不爱交配，甚至对公鸡置之不理，下午 3 时以后，绝大多数母鸡都已产完蛋，开始接受公鸡的交配。

第四节　种鸡生长关键期的安全饲养

种鸡在整个饲养期间都要比商品鸡严格，尤其是在 18～36 周龄时，即从开产到产蛋高峰期是其生长、发育和生产的最关键时期，机体上处于生理的转折阶段，其饲养管理要求严格而细致，它对于种鸡群的适时开产、迅速上升到产蛋高峰并维持较长的时间，以及保持较高的受精率有重要意义。

开产到产蛋高峰期，如限饲过度则生殖系统的发育受影响，营养储备不足，开产后种鸡营养不良，限饲失控则易致种鸡过肥；开产后如饲料量跟不上产蛋率的变化或高峰料滞后，导致初产时过小蛋增多，产蛋率爬升慢、下降快，受精率也迅速下降；种鸡群有时转群过迟，会因栏位不足，采食不均，影响鸡群均匀度，而当 21 周龄后转群时，还会因转群应激，降低体增重，使卵巢发育受阻。因此，必须搞好这一过渡时期的饲养管理工作，避免陷入饲养误区。

一、了解以前的饲养及发育情况

了解以前的饲养及发育情况，才能有准确的起点，正确制订此期的饲养管理计划，可较直观反映出饲养目标及实际生产情况。

二、后备鸡在 18 周龄前后需转群

首先要制订正确的鸡群周转计划，准备好接纳后备鸡的种鸡舍。因其自身的生理变化，故存在着不稳定性，而转群时易诱发严重的应激反应，在转群前应使用抗生素、多维等抗应激药物。鸡群上笼时可称重，再次按体重分大、中、小三群，分段装笼，分别饲养。

三、体重控制

开产前因体成熟、生殖系统的发育和为繁殖期预储部分营养的需要，体增重幅度变大，常在 110 克/(只·周)(因品种而异)。如中前期的后备鸡限饲效果较好，体重处于标准下限，均匀度达 85%以上，到 20 周龄时体重控制应趋于上限，则生产性能较好，可超过育种公司提供的某项生产指标；如开产后，各周产蛋率均可超 3%～6%，因营养储备的需要，适当的脂肪积累固然重要，但因其积累能力极强，易致过肥，需要很好地把握这一“稍重”尺度，相当协调地控制体增重。此时鸡群在体重上存在的个体差异，如是因其自身骨架大小的关系，则不能一味地抑制超重鸡的增长幅度，也不能像催肥肉鸡一样地过速提高过轻鸡的生长速度，应遵从其自身发育的需要控制体重。

产蛋期体增重缓慢，并要保证其体重不减轻，这对于高峰期尤为重要。

四、饲料的调整

(一) 鸡群进入预产期要更换成产蛋料

粗蛋白为 16%～17%，代谢能 11.50～11.72 兆焦/千克，钙

3%～3.2%，有效磷 0.45%。另外，在环境温度变化时，鸡的采食量呈负相关改变，相关 1%，则采食量平均相差 0.5%，鸡每日所摄取的营养相应增减。夏季鸡采食量减少，此时的日粮营养浓度比其他季节要有所提高。

（二）视增重情况，结合投料计划确定投料量

投料量的调整，因要维持体增重的协调性，可在周末称重后，视其增重情况结合投料计划而确定投料量。如有分群，应按比例抽样分别称重，据此给予不同的投料量。实际给料时，稍提高较轻鸡的增料幅度，而较重鸡因其需料量较大，维持中等体重的增料幅度则达到适度控制体重的目的。一般开产前增料 3～5 克/只，而刚开产时 10 克/只以下，接近产蛋高峰则不超过 5 克/只；当产蛋率日递增在 2%以上时，达到 40%即加喂高峰料，如产蛋率递增很快，增料量需超 10 克/只时，可分解为 2～3 次增料量。

五、光照管理

依据光照对鸡的作用机制：光照强度达到 3 瓦/平方米，光照时数在鸡对光敏感的时间区内时（即给光后 11～16 小时），则达到刺激脑垂体分泌激素，促进卵泡发育，提高产蛋量的需要。实际给予光照时，开放式鸡舍促进要根据当地当时的日照时间，确定补光时数，一般在开产前四周作第一次较大的调整，如日照不足只可补光 1 小时，再逐周递增 0.5～1 小时至产蛋高峰前 1 周达到 16～17 小时，以后保证不减少。

第五节　种鸡的人工授精技术

人工授精技术在许多中小规模蛋鸡养殖场已经普遍推广。采用人工授精技术，一方面可以减少种公鸡饲养数量，降低种鸡饲养成本；另一方面可以增加单位面积母鸡饲养数量，提高生产效率；提高种蛋受精率、合格率。

种鸡的人工授精是一项认真细致而技术性很强的工作，包括种

公鸡挑选、采精技术、精液品质检查、输精操作等各方面的操作技术要准确把握。为保证蛋种鸡受精率，公、母鸡的体质是基础，精准的输精设备是保障，人员的精细操作是关键，在人工授精技术操作时要制定严谨的操作规程，严格按照关键点技术进行操作。

一、加强种公鸡的饲养管理

（一）种公鸡挑选的标准

留作种用的公鸡，外观应胸肌丰满、坚实，呈“V”形，体质健壮，前胸宽阔，灵活敏捷；眼睛明亮有神，叫声清亮；胫骨长度12厘米以上，不驼背，脚趾不弯曲，腿脚粗壮，脚垫结实富有弹性；羽毛丰满有光泽，无杂色；第二性征明显，鸡冠、肉髯和眼眶发育良好，颜色鲜红；体重达到或超过标准。

种公鸡精液品质要好，采精量一般在0.4～1毫升，精液黏稠，乳白色。有条件的可通过使用电子显微镜检测精子密度和活力来进一步进行筛选，正常鸡只精子密度一般为25亿～40亿个/毫升，精子直线运动，无畸形。

种公鸡选育时，要在1日龄、40日龄、17～19周龄和22周龄，至少选择4次。1日龄时，根据产蛋期公母比例需要，适当淘汰弱小的公鸡；40日龄左右，选留发育良好、鸡冠鲜红的公鸡；17～19周龄，选留第二性征好，体格健壮，有性反射的公鸡；22周龄左右，采精训练时，淘汰无精液或精液品质差的公鸡。

（二）种公鸡的管理

1. 过渡（16～22周）

是指公鸡基本完成骨架发育和往骨架上贴肉的过程，体况的变化主要表现为胸肌由小“V”向“V”或大“V”过渡。此阶段周增重非常关键，同母鸡一样根据体况分别给予不同料量。

2. 增加光照及正确的光照方法

公鸡增加光照的时机一般比母鸡早5～7天。加光方法要依据体况而定，体况好的可快些，反之则慢些。

3. 有效公母分饲、合理比例

在实际生产中真正做到有效的公母分饲是很难的，尤其是现代的品系，公鸡头偏小。因此，在合群前要仔细检查给料系统限饲格的宽度与高度，公鸡料桶的高度、料位；合群后（23～30 周）每周至少两次检查鸡群的吃料情况。

4. 公母鸡合群的最佳时机及方法

在产蛋期，要求母鸡性发育一致性、公鸡性发育一致性、公鸡与母鸡性发育一致性，做好这三点才能保证种鸡有好的产蛋率及受精率。因此，要求公鸡必须性成熟后才能混群，首次混群的比例不能低于 5%，以后逐渐递增，待 29 周比例达 9%，随时更换、淘汰体况不好的公鸡。

（三）种公鸡的饲养

1. 确保公鸡有良好的周增重

在整个产蛋期，依据公鸡的体况变化，料量是可加可减的，切忌过肥或过瘦。对公鸡来说，产蛋高峰前后的管理原则和管理程序基本一致，通过调整料量来控制公鸡的体重和体况，在产蛋期尤其 30 周后，公鸡的周增重应保持 30 克左右以保持较高的受精率。当然，除了体重以外，还应该考虑到一些其他原因会影响料量的多少。公鸡的喂料量在很大程度上与公母分饲系统有关。如果在产蛋期严格分饲，公鸡的喂料量应随着周龄的增大而逐渐增加，通常为 130～160 克/(日・只)。建议 30 周以后，每周增加 1 克饲料。另外，要通过经常性地定期抽测公鸡的体重来正确评估饲喂程序的正确性，确保公鸡有良好的周增重。

2. 防止公鸡饲喂不足或饲喂过度

一般在 40 周后会出现饲喂不足的现象，喂料量不足，公鸡的精液产生量降低，导致交配频率低，性活力下降。具体表现为：公鸡无精打采，羽毛脱落，触摸胸肌感到松软，交配行为减少，叫声减少或停止，肛门的颜色变得苍白、干燥。出现这种情况，应立即采取以下措施：检查母鸡是否偷食公鸡料；检查公鸡饲喂面积是否充足；公鸡立即增料 5～10 克。检查体重数据是否正确，如果怀疑应重新称重。

在产蛋期过度饲喂，会导致公鸡超重、沉积过多的脂肪，结果会造成对母鸡的伤害，对公鸡的关节和脚垫有更大的应激。

3. 给料设备

注意公鸡喂料系统的高度、料位、摇摆程度。最好的方法是固定高度、固定设备，并根据公鸡数量的变化，随时增加或减少料位。

4. 及时淘汰不良的公鸡

根据鸡群的数量和体况，对于胫、脚、胸肌、肛门颜色、体重、羽毛等不良的公鸡应及时淘汰。但切记，在淘汰公鸡的同时要及时调整好料位，确保公鸡的采食面积不变。

(四) 检查公鸡精液质量

1. 种公鸡精液外观品质检测

从每栋鸡舍的100只公鸡中随机采集10只公鸡的精液。

(1) 射精量。用带刻度的采精杯测量收集精液，经过选择的种公鸡平均应为0.4～1毫升。

(2) 精液颜色。正常新鲜的公鸡精液为乳白色。精子密度越高，乳白色越浓，精子密度低的，则颜色变浅。混有血液的呈粉红色；混有粪便的呈黄褐色；混有尿酸盐的呈白色棉絮状；混有透明液的呈清水状；有病无精子的呈现黄水状。总之，凡有颜色异常者不宜用于输精。

2. 种公鸡精液显微镜检查

(1) 密度估测法　首先要混匀精液，取一干净的载玻片在其一端用无菌吸管滴上一小滴精液，在滴加样品的时候，将滴管靠在载玻片上，然后向后移动，注意不能靠得太紧，将样品均匀平铺在载玻片上，不能用滴管去搅动滴在载玻片上的液面。镜检时，选取四个不同方向的镜面，以160倍的低倍镜观察。一般可观察到下面三种情况。

“密”：指显微镜下，整个视野完全被精子占满，几乎看不到精子间的空隙和单个精子活动。此时精子的密度每毫升为40亿以上。

"中"：指视野中精子之间有相当于一个精子长度的明显空隙，可见到单个精子的活动，此时精子密度每毫升为20亿～40亿。

"稀"：指视野内精子之间的空隙很大，能容纳两个或两个以上精子，精子密度每毫升为20亿以下，这样的精液尽量不用。

（2）精子活力检查　如果大群精子在显微镜下像开水煮沸时的样子，或成云雾状翻滚运动，就可以判定精子的活力是比较好，所以该检测法是通过检查精子运动的能力，进而知道精子的活力。镜检时，选取四个不同方向的镜面，以160倍的低倍镜观察。一般可进行如下判断。

活力较好：在选取的4个镜面中，至少3个镜面看到大群精子游动的情况。

活力一般：有两个视野可以观察到大群精子游动的情况。

活力较差：仅一个视野可以看到大群精子游动的情况。

如果第一次检测种公鸡精液活力较差，再重新检测一次，仍然不合格时，就可以判定其活力较差。

化验结果可用表2-8记录。

表2-8　公鸡精子活力化验结果记录

舍号	抽检数/只	精子密度			精子活力		
		密	中	稀	活力较好	活力一般	活力较差
	10						
	10						
	10						
	10						
	10						

（五）种公鸡的训练方法

1. 训练时间

145～154日龄间，每2天一次，一般连续训练4次直至输精。

2. 训练方法

抱鸡人员抓鸡的速度要轻而快，用左手握住公鸡的双腿根部稍向下压，注意用力不可过大，公鸡躯体与抱鸡人员左臂平行，尽量使其处于自然状态；采精人员采用背部按摩法，从翅根部到尾部轻抚2～3次要快，然后轻捏泄殖腔两侧，食指和拇指轻轻抖动按摩。

二、做好输精器械的卫生与保养

（一）器具烘烤

输精完毕后，应将集精管、滴管、毛巾和擦拭布用清水清洗干净，然后用恒温烤箱调温至90℃后，烘烤1.5～2小时。

（二）器具消毒

用后的移液器、保温桶、保温杯、温度计等要用医用酒精擦拭干净。

（三）器具保养

每次输精结束后均应将输精用的移液器调整至最大刻度，防止弹簧长期受压弹性降低，影响剂量；另外每隔一个月应安排专业人员对移液器进行校准。

三、人工授精技术的精细操作

（一）种公鸡的人工采精技术要领

1. 采精前准备工作

采精前要将采精过程需要的器具进行熏蒸消毒；对集精管要做预温（冬季36～37℃，夏季35～36℃）处理。采精的公鸡采精前应停食3～4小时。

2. 采精注意事项

采精过程动作要轻，以免人为因素造成精子损伤；采精过程中，要求人员配合熟练，防止彼此等待，造成采精时间延长或者采精量减少；采精时如发现混有血液或精液稀薄，应将公鸡挑出，暂停使用；如不慎将粪便、羽屑或其他污物采入，应将精液废弃。在混匀过程中，切忌用力过大。

（二）翻肛要领

1. 翻肛

翻肛人员在操作时动作要轻、准、稳、快，不可粗暴，防止将输卵管内的蛋挤破，造成输卵管炎或腹膜炎。翻肛时给母鸡腹部加压力时，一定要着力于腹部左侧，要以输卵管口刚突出泄殖腔时为好。

2. 防止人为感染

为避免翻肛过程造成人为感染导致输卵管炎症发生，在每次翻肛前对翻肛操作的手用沾有消毒液的毛巾擦拭消毒。

（三）人工授精的要点

1. 防止交叉感染

输精时要坚持一只鸡用一个滴头，以减少鸡只之间疾病的交叉感染。

2. 输精技术要点

输精人员将输精管沿输卵管口中央垂直轻轻插入，防止打到输卵管侧壁上，造成输卵管损伤，用力不可过大，输精深度一般1.5～3.0 厘米，输精量为 0.02～0.025 毫升。在拔出输精管时，滴头不可带有精液，若有精液，要重复输一次。保温杯的温度在输精前后差值不可高于 1～2℃。

3. 注意事项

输精过程中，输精管中不可带有气泡或空气柱，更不可带有羽屑、粪便、血液等杂物；从采精到精液完全使用，即输精时间原则上不得超过 30 分钟；尽量减少输卵管在外界暴露时间，同时避免精液吸出后等待翻肛人员；翻鸡人员抓鸡动作尽量轻柔，最大限度降低鸡只应激；吸取精液时，应尽量在精液水平表面吸取，避免将滴管插入精液深部；输精完毕后，翻鸡人员必须看精液是否带出，外流的进行补输，同时忌推鸡只腹部，防止造成腹压，精液外流。

第六节 种鸡场疫病监测净化

一、监测与净化的主要疾病

监测是对某种疫病的发生、流行、分布及相关因素进行系统的长时间的观察与检测，以把握该疫病的发生情况和发展趋势。净化是对某发病地区采取一系列措施，达到消灭和清除传染源的目的。

二、监测净化疫病病种

当前，种鸡场应重点对高致病性禽流感、鸡新城疫、鸡马立克氏病、鸡伤寒和鸡白痢、禽支原体病、禽白血病等疫病进行监测和净化。

（一）抽样

每批次种鸡在 90～120 日龄进行抽样监测。种鸡存栏 100000 只以上的，按照 0.5％比例随机抽样；种鸡存栏 10000～100000 只的，按照 1％比例随机抽样；种鸡存栏 10000 只以下的按照 3％比例随机抽样，但抽样总数不得少于 200 只。对没有达到净化标准的种鸡群，实施全群检疫。

（二）样品采集、保存和送检

死鸡以脑、心、肝、脾、肺、肾、气囊等组织为主，也可整只鸡送检。活鸡，采血分离血清 1～2 毫升、采集气管和泄殖腔拭子、采集羽髓（或种蛋）。组织病料、血清、拭子和羽髓（或种蛋）按有关要求保存，填写《种鸡场疫病监测采样单》（表 2-9），一并送动物防疫监督机构检验。

表 2-9　种鸡场疫病监测采样单

编号：

<table>
<tr><td>采样地点</td><td colspan="5"></td></tr>
<tr><td>被采样单位名称</td><td colspan="5"></td></tr>
<tr><td>联系人</td><td></td><td>联系电话</td><td></td><td>邮政编码</td><td></td></tr>
<tr><td>被采样鸡品种及日龄</td><td colspan="2"></td><td>采样日期</td><td colspan="2"></td></tr>
<tr><td rowspan="5">样品类型</td><td>血清</td><td rowspan="5">样品数量</td><td></td><td rowspan="5">样品编号</td><td></td></tr>
<tr><td>咽喉拭子</td><td></td><td></td></tr>
<tr><td>泄殖腔拭子</td><td></td><td></td></tr>
<tr><td>羽髓(或种蛋)</td><td></td><td></td></tr>
<tr><td>病死鸡(或脏器)</td><td></td><td></td></tr>
<tr><td>被采样鸡场养殖数量</td><td colspan="5"></td></tr>
<tr><td>被采种鸡场免疫状况(种鸡免疫疫病种类、时间和疫苗来源)</td><td colspan="5"></td></tr>
<tr><td colspan="2">被抽样单位签字签章

年　月　日</td><td colspan="4">抽样单位签字签章

年　月　日</td></tr>
<tr><td colspan="6">备注：</td></tr>
</table>

（三）监测方法

1. 流行病学调查

调查和统计种鸡场疫病发生情况，填写《种鸡场疫病流行病学调查表》（表 2-10），每月报监测部门进行分析。种鸡场疫病流行病学调查项目包括：发生疫病种类、发病数、死亡数、发病时间、发病日龄、发病鸡性别构成、主要临床症状和初步诊断结果以及采取防治措施的效果等。

表 2-10 种鸡场疫病流行病学调查表

调查单位： 联系人：

地址： 邮编： 、 联系电话：

被调查单位： 联系人：

地址： 邮编： 联系电话：

1. 种鸡场养殖基本情况

主要饲养品种	
全场存栏量	

2. 疫病发生情况

疫病种类	发病数	死亡数	发病时间	发病日龄	性别构成

3. 主要临床症状(可另加附页)

4. 采取防治措施及效果(可另加附页)

2. 临床健康检查

种鸡群体和个体临床健康检查，具体操作按 GB 16549—1996 规定执行。

3. 实验室检验

(1) 高致病性禽流感 血清学检测，采用间接酶联免疫吸附试验（间接 ELISA），具体操作按 GB/T 18936—2003 规定执行。或采用血凝抑制试验（HI）检测血清抗体，具体操作按 GB/T 18936—2003 规定执行。未免疫鸡群如果出现间接 ELISA 阳性，或 H5 或 H7 的 HI 效价达到 1∶16 以上，须进行现场调查并采样进行病原学检测；免疫鸡群如果出现间接 ELISA 阳性，或 H5 或 H7 的 HI 效价达到1∶32 以上，可视为免疫合格。

病原学检测，可采用 SPF 鸡胚分离病原或采用 RT-PCR 检测禽流感病原，具体操作按 GB/T 18936—2003 或 NY/T 772—2013 规定执行，如果发现病原，应将样品送指定实验室进一步检验。

(2) 鸡新城疫 采用微量红细胞凝集抑制实验，效价达到 1∶32以上，可视为免疫合格；对疑似鸡新城疫病鸡，须进行现场调查并采样，采用 SPF 鸡胚分离病原，具体操作按 GB 16550—2008 规定执行。

(3) 鸡马立克氏病 采用琼脂扩散试验，具体操作按 GB/T 18643—2002 规定执行。

(4) 鸡伤寒和鸡白痢 采用全血平板凝集试验技术，具体操作按 NY/T 536—2002 规定执行。

(5) 禽支原体病 采用快速血清凝集试验（RSA），具体操作按 NY/T 553—2002 规定执行。

(6) 禽白血病 采用禽白血病琼脂免疫扩散试验，具体操作按 NY/SY 157—2000 规定执行。

(四) 疫病净化

1. 疫病净化标准

(1) 禽流感 非免疫鸡群血清学和病原学监测阴性，免疫鸡群禽流感病原学监测阴性。

（2）鸡新城疫　非免疫鸡群血清学和病原学监测阴性，免疫鸡群鸡新城疫病原学监测阴性。

（3）鸡马立克氏病　发病率在1%以下。

（4）鸡伤寒和鸡白痢　祖代鸡场（群）血清学监测阳性率在1%以下；父母代鸡场（群）血清学监测阳性率在3%以下。

（5）禽支原体病　未免疫原种、祖代鸡场血清学监测阳性率在2%以下；父母代鸡场在5%以下。

（6）禽白血病　原种鸡场血清学监测阳性率在0.5%以下；祖代鸡场在2%以下；父母代鸡场在3%以下。

2. 疫病净化方法

对检出的鸡马立克氏病、鸡伤寒和鸡白痢、禽支原体病、禽白血病阳性鸡进行扑杀，按GB 16548规定进行无害化处理。检出高致病性禽流感病原学阳性和非免疫鸡血清学阳性鸡，按NY 764规定执行。检出鸡新城疫病原学阳性鸡，按照《中华人民共和国动物防疫法》规定执行。

第七节　种蛋的孵化

一、种蛋选择

优良种鸡所产的蛋并不全部是合格种蛋，必须严格选择。选择时首先注意种蛋来源，其次是注意选择方法。

（一）种蛋的来源

种蛋应来自生产性能高、无蛋传疾病、受精率高、饲养管理良好的健康种鸡群所产的鸡蛋，病鸡产的蛋不要用于孵化，因为有些疾病往往通过鸡蛋传给下一代。受精率在80%以下，患有严重传染病或患病初愈和有慢性病的种鸡所产的蛋，均不宜作种蛋。如果需要外购，应先调查种蛋来源的种鸡群健康状况和饲养管理水平，签订供应种蛋合同。

（二）新鲜种蛋的标准

种蛋保存时间的长短与孵化率有直接的关系，要求越新鲜越好，一般7天内的种蛋最好，最长不能超过15天，15天以上的种蛋孵化率逐渐降低。

新鲜种蛋表面覆有一层霜状物，表面鲜艳，气室小。陈蛋则光泽暗浊，气室大。另外，适于孵鸡的种蛋应是椭圆形，两端匀称。

（三）蛋重、蛋形、蛋壳等的要求

蛋重过大或太小都影响孵化率和雏鸡质量。一般要求蛋用鸡种蛋为52～68克，要严格剔除过大过小蛋，65克以上或49克以下，坚决剔除。

合格种蛋应为卵圆形，蛋形指数为0.72～0.75，以0.74最好。细长、短圆、橄榄形（两头尖）、腰凸的种蛋，不宜入孵。

种蛋的蛋壳要求致密、均匀、厚薄适中，过薄、过厚或一个蛋壳表现厚薄不均匀，如沙顶、钢壳、花皮等，都不适于孵化。

蛋壳的颜色应符合本品种的要求。如北京白鸡蛋壳应为白色；星杂579鸡、依莎褐鸡的蛋壳为褐色。但若孵化商品杂交鸡，对蛋壳颜色不需苛求。

（四）清洁度合格

种蛋的卫生容易被忽视，因为细菌对种蛋的污染所造成的危害远不如它对一只鸡所产生的影响那么直观。用脏蛋入孵，不仅本身孵化率低，而且污染了正常种蛋和孵化器，轻度污染的种蛋可以入孵，但要认真擦拭或用消毒液洗去污物。

所以在平时，应加强对种蛋的卫生管理。种蛋的蛋壳上，不应该有粪便或破蛋液污染。种蛋的卫生应从鸡舍内开始，鸡舍内的用具应清洁无污染，特别是产蛋箱。产蛋箱是接触种蛋的第一环节，产蛋箱内的垫料要勤打扫、勤更换、勤消毒。其次，要及时捡蛋，每天捡蛋5～6次，尽量减少过夜蛋。捡蛋时应先捡好蛋，再捡脏蛋和地面蛋，并单独存放，脏蛋和地面蛋不能作种蛋，严禁用水洗和用布擦脏蛋，不太脏的蛋可用砂纸轻轻地擦掉脏物后留用。

（五）种蛋选择的场所

一般种蛋选择多在孵化场里进行，也可在鸡舍里选择的，即在捡蛋过程和捡蛋完毕后，将明显不符合孵化用的蛋（如破蛋、脏蛋、各种畸形蛋）从蛋托中挑出。这样既减少污染，又提高了工效。

（六）种蛋的检查

1. 听声

目的是剔除破蛋。方法是：两手各拿3枚蛋，转动五指，使蛋互相轻轻碰撞，听其声响。完整无损的蛋声音清脆，破蛋可听到破裂声。破蛋在孵化过程中，蛋内水分蒸发过快，细菌容易乘隙而入，危及胚胎的正常发育，因此孵化率很低。

2. 照蛋透视

目的是挑出裂纹蛋和气室破裂、气室不正、气室过大的陈蛋以及大血斑蛋。方法是：用照蛋灯或专门的照蛋设备，在灯光下观察。蛋黄上浮，多系运输过程中受震动引起系带断裂或种蛋保存时间过长；蛋黄沉散，多系运输中剧烈震动或细菌侵入，引起蛋黄膜破裂；裂纹蛋可见树枝状亮纹；砂皮蛋，可见很多亮点；血斑、肉斑蛋，可见白点或黑点，转动蛋时随之移动。

3. 剖视抽验

用于外购蛋。将蛋打开倒在有黑纸的玻璃板上，观察新鲜程度及有无血斑、肉斑。新鲜蛋，蛋白浓厚，蛋黄高突；陈蛋，蛋白稀薄成水样，蛋黄扁平甚至散黄。一般用肉眼观察即可。

二、种蛋保存

为了集中入孵，种蛋往往需要保存数日才进入孵化机进行孵化。如果保存的条件不当，种蛋会因品质下降而影响孵化率。因此，应按种蛋所要求的环境条件来保存，以保持种蛋的品质。合理地保存种蛋也与孵化雏鸡的品质有密切关系。种蛋保存条件主要是温度、湿度、通风三个方面。

(一) 温度

鸡胚发育的临界温度为 23.9℃，种蛋保存期在 1 周以内，温度以 15～16℃为宜，保存 1 周以上以 12℃为宜。应当注意的是，种蛋在进入储蛋库保存前的温度如高于保存温度时，应逐步降温(最好在蛋库内设有缓冲间)，使种蛋的温度接近储蛋库的温度后，再放入储蛋库内保存。

(二) 湿度

保存种蛋的湿度以 75％～80％为合适。相对湿度过高，容易使种蛋发霉；湿度太低，在种蛋保存期间，蛋内水分过度向外蒸发，气室增大，蛋失重过多，也会影响孵化效果。

(三) 通风

蛋库内应有缓慢适度的通风，以防种蛋发霉。蛋盘的放置与墙壁应有适当的距离，保持一定的空隙，有利于通风换气。

大型的孵化场应有专门的种蛋储存库（室）。储存库（室）要求隔热性能良好、无窗的密闭房间。此外，储存库（室）内还应配备恒温控制的采暖设备以及制冷设备，配备湿度自动控制器。种蛋储存室与种鸡舍之间的距离越远越好，同时应便于清洗和消毒。进入孵化厂的种蛋分级和清洁后，装入孵化盘，置于蛋架车上储存比较好，这样种蛋与种蛋之间的空气流通均匀，这是非常重要的，因为种蛋内有一个活的胚胎，它需要氧气才能顺利地孵出优质的雏鸡。

种蛋的放置应该小头向下。然而，当储存较长时间时，应该将种蛋的小头向上且每天以 90°翻蛋一次，这样可使蛋黄位于蛋的中心，避免胚胎与壳膜粘连。如需保存更长时间，可将种蛋装入不透气的塑料袋内，填充氮气，密封后放入蛋箱内保存。这样，可阻止蛋内物质和微生物的代谢，防止蛋内水分过分蒸发，使种蛋保存期延长到 3～4 周，孵化率仍可达到 75％～85％。

三、种蛋运输

目前比较普遍采用的运输工具是种蛋纸箱，箱内一般每层装30枚（或36枚），一箱蛋300枚（或360枚）。在运输过程中，不管用什么运输工具，都要注意尽力避免阳光曝晒，因为阳光曝晒会使种蛋受温而促使胚胎发育，从而影响孵化效果。此外，防止雨淋受潮，种蛋被雨淋过之后，壳上膜被破坏，细菌就会侵入，还可能使霉菌繁殖，严重影响孵化效果。装运时，一定要做到轻装轻放，严防装蛋用具变形，严防过分强烈震动，强烈震动可能招致气室移位，蛋黄膜破裂，系带断裂等严重情况。如果道路高沉不平，颠簸厉害，应在装蛋用具底下多铺些垫料，尽量减轻震动。

种蛋运到目的地后，应尽快开箱，除去破损的蛋，若发现有些蛋面被破蛋的蛋黄或蛋白所污染，应即用干净软布擦干，将种蛋装进盘内，做好孵前的消毒工作，即入孵，不要再保存。

四、种蛋消毒

即使是刚从鸡体生出来的蛋，蛋壳上也可能有细菌，鸡蛋在垫料或地面上，也容易被污染而带菌，这些细菌在壳上很容易繁殖，若不进行消毒，细菌（特别是霉菌）繁殖过多，侵袭蛋内，影响孵化效果，并可能将疾病传播给雏鸡，尤其是雏鸡白痢病，危害很大，因此种蛋的消毒非常重要。

消毒种蛋的方法很多，这里仅将比较常用的几种方法介绍如下。

（一）新洁而灭消毒法

消毒种蛋时，用新洁而灭溶液，原液为5%溶液，使用时加水50倍配成1‰浓度的溶液，用喷雾器喷洒在种蛋表面。

（二）氯消毒法

将蛋浸入含有活性氯1.5%的漂白粉溶液中3分钟，取出沥干后装盘，这项工作应在通风处进行。

（三）碘消毒法

将种蛋置于1‰碘溶液中浸泡30～60秒，取出沥干后装盘。

（四）高锰酸钾消毒法

消毒种蛋时用5‰高锰酸钾溶液浸泡种蛋1分钟，取出沥干后装盘。

（五）福尔马林（甲醛溶液）消毒法

福尔马林是最有效的消毒药之一，以气体形式接触到整个蛋壳的表面，因此，福尔马林熏蒸是消毒大量种蛋最好的方法，熏蒸应该在环境可以控制的消毒室内进行。一般每立方米用30毫升福尔马林加15克高锰酸钾，在温度20～26℃、相对湿度60%～75%条件下，密闭熏蒸20～30分钟。

熏蒸时要将福尔马林加入到高锰酸钾中，而不能将高锰酸钾加入到福尔马林中，以避免飞溅的危险，应采用瓷盆，而不能采用塑料盆。

熏蒸的温度不得高于26℃，否则会将迅速发育的胚胎致弱。

在孵化开始96小时内不能熏蒸。不能超过推荐的熏蒸时间，否则胚胎死亡率将上升，并且雏鸡质量将受损。

在“出汗”的种蛋不能熏蒸，必须待种蛋表面吹干后，才可熏蒸。

五、孵化条件

（一）孵化室、出雏室、雏鸡处理室内环境的控制

① 采用正压通风方式。

② 通风原则，均匀、有效、稳定。

③ 室内要有温控设备，保证室内合理的温度、湿度。室内温、湿度应根据表2-11推荐的要求进行调节。

表 2-11 孵化室、出雏室、雏鸡处理室的温度、湿度、通风要求

室	温度/℃	相对湿度/%	通风类型
孵化室	22	50	正压
出雏室	22	60	正压
雏鸡处理室	22	60	正压

（二）孵化温度

1. 孵化温度的合理设定与监控

（1）孵化温度设定　巷道式孵化机的孵化温度设定值主要以回流温度情况为依据，设定值一般为 36.8～37.4℃，箱体孵化机恒温孵化温度设定值一般为 37.7～38.0℃；出雏温度设定为 36.5～37.2℃。

（2）孵化温度监控　一般地，对巷道式孵化机，夏秋季节回流温度监控在 37.7～37.9℃，冬季及早春寒冷季节回流温度监控在 37.8～38.1℃。在高温季节，种蛋转盘前孵化机容易发生超温，一般要求转盘前应提前几个小时将设定温度作适当的下调。在冬季及早春寒冷季节，当种蛋转盘、入孵后视温度回升时间长短，应对设定温度作适当上调（0.2～0.3℃），一般要求种蛋转盘、入孵后回流温度应在 3 个小时内恢复正常。对箱体孵化机，夏秋季节孵化温度控制在 37.7～37.9℃，冬季及早春寒冷季节孵化温度监控在 37.8～38.0℃。出雏期温度：夏秋季节监控在 36.5～37.0℃，冬季及早春寒冷季节监控在 36.8～37.2℃。

每 1 小时巡查、记录一次孵化机、出雏机的门温和显示温度，对温度异常的机器应及时有效地处理并上报，技术人员每天上班后和下班前对所有机器的温度情况作一次检查。孵化器的设定温度和显示温度一般要求每 15 天检测、校正一次并作记录，并建立好温度检测档案。

2. 调温依据

（1）依孵化季节调温　目前国内的极大部分孵化厂还没有使用中央空调，冬、夏季节的室温差距很大，对孵化温度有较大的影

响。且室温与孵化、出雏机内温度的影响呈正相关变化，所以在冬季及早春寒冷季节，室温低，孵化温度应比常规温度提高 0.1～0.2℃，而夏秋高温季节，室温较高，则孵化温度应比常规温度降低 0.1～0.2℃。

(2) 依品种和蛋重调温　一般认为，禽蛋越重，其单位蛋重表面积就越小，不利于受热和散热，因而前期温度应稍高，中后期降温幅度应稍大；不同品种的孵化温度也有差异，如竹丝鸡的孵化温度要比黄鸡类稍高，同一类而言，快大型品种的孵化温度比慢速型品种稍低。

(3) 依据胚胎发育情况调温　根据胚胎发育情况灵活调整用温，定期抽查孵化 5 天龄、10 天龄和 17 天龄的胚蛋发育情况，如发现孵化用温偏高或偏低，将孵化用温在原基础上降低或升高 0.1～0.2℃，出雏机用温降低或升高 0.2℃，孵化效果能得到明显的改善。

(4) 依出雏情况调温　孵化用温最终必须以实际出雏情况为依据，灵活调控。胚蛋的啄壳高峰是 19.5 天胚龄，出壳高峰是 20 天胚龄。啄壳、出雏高峰一般而言是相对恒定的，若出雏高峰提前或推迟，预示着用温可能偏高或偏低。

(三) 孵化湿度

在孵化管理中对湿度的掌握以“两头高中间低”进行调控，孵化前期（1～7 天）胚胎在形成羊水和尿囊，湿度应高些，以 60%～65%为宜；中期（10～18 天）胚胎要排羊水和尿囊液，湿度应低些，以 50%～55%为宜；啄壳、出雏期间（19～21 天）为防止雏鸡绒毛与蛋壳粘连，便于雏鸡啄壳出雏，湿度应高些，以 65%～70%为宜。1～18 天种蛋的失水率以 11%～12%为宜，18 日龄气室约占种蛋的 1/3，气室一端的斜角在种蛋的最宽处。

(四) 通风

良好的通风是孵化厂最好的空气清洁剂，一般要求孵化室的空气中氧气含量为 21%、二氧化碳含量 0.3%～0.5%。室内空气从净区流向脏区，防止微生物的传播，各操作间应维持一定的压力。所有净区（孵化室、收蛋室、疫苗室、存蛋室等）必须保持正压；所有污染区（出雏室、鸡苗室、发苗室、洗涤室等）必须保持负压。一般而言，室内进风量大于排风量10%，则可维持正压。

孵化厅各室最好采用单独通风系统，将废气排出室外，至少应以孵化室与出雏室为界，两单元各有一套单独通风系统。有条件的单位，可采用正压过滤通风系统，孵化厅进气口安装空气滤清器，以便把大部分粉尘挡在厅外，滤清器可使用无纺布和海绵。

（五）翻蛋

翻蛋主要是改变胚胎的位置，避免胚胎长期受一个方向的作用力，使胚胎受热均匀、正常发育。通过翻蛋促进羊膜处于定期运动状态，防止胚胎、蛋黄、蛋白与蛋壳之间的粘连，同时也促进尿囊正常合拢。鸡胚孵化期的翻蛋角度一般为±45°，每天翻蛋8～12次。

六、孵化程序

（一）入孵

入孵前，首先制定入孵计划，种蛋数量和品种必须与孵化计划进行核对。在安排计划时，最好能将相同品种、日龄、栋舍、日期的种蛋入孵到同一个孵化箱内。入孵时间应根据客户进鸡时间以及种蛋日龄大小来决定。

孵化箱应在种蛋进箱之前一天开启，并根据要求对设备的各个系统进行检查和调整。

种蛋入孵前，要先放在25℃左右的环境里静置4～9小时，小头向下。在炎热季节，预热室通风要好，以防止鸡蛋“出汗”。

入孵分为分批入孵和整批入孵。分批入孵是采取分批交错上蛋并恒温孵化的一种孵化方式，以便“老蛋”与新蛋之间能互相调节温度，但不利于对孵化箱的彻底清洗消毒。整批入孵是采用一次性上蛋并依据胚龄的不同而变温孵化的一种方式，因此，它是较为遵循胚胎代谢规律的。整批入孵，一批蛋与一批蛋之间，孵化机完全是空的，便于彻底清洗和消毒，从而减少了交叉污染。

（二）照蛋

在整个孵化过程中，一般照蛋2～3次。头照在孵化的5～6天进行，主要检查出无精蛋；二照在入孵后的10～11天进行，主要查出中期死胚及检查胚胎是否按时“合拢”；三照在17天进行，检查是否“封门”，剔除死胚蛋，也有的三照与落盘同时进行。

在亮蛋和发育的蛋之间进行区别，当年轻母鸡群的亮蛋超过2%～3%和老母鸡的超7%～8%时，亮蛋必须进行检查。

照蛋时应尽快进行，以防止种蛋冷却下来，照蛋后装满蛋盘，以保证在孵化箱中受热均匀。

（三）落盘

落盘尽可能晚一些，一般在孵化后18～19天，落盘时剔除无精蛋，应该用其他受精蛋装满出壳盘，蛋之间的接触在出壳前是重要的。

落盘时，必须检查每只出壳盘，不能使用易碎和有漏洞的出壳盘，否则雏鸡出了壳后从漏洞中钻出，掉到外面，造成不必要的损失，破裂的出壳盘放在下层，将可能导致上面的出壳盘倾翻而造成更大的损失。落盘以后，应在出壳箱中用熏蒸盘加入福尔马林与水（1∶1）配制的消毒液挥发消毒，每天调换福尔马林溶液，直到出雏结束。

（四）出雏

正常的孵化时间为21天加6～12小时，不是所有的雏鸡同时出壳，即使所有的种蛋来自同一批鸡，贮存相同的时间，出雏还是要持续约24小时，因此必须避免雏鸡在出雏器内过分干燥。雏鸡全部出壳并且约有95%的雏绒毛已干燥时，就应立即从出雏器中取出，进一步的干燥应放在运雏箱中完成。雏鸡刚装进运雏箱中时，其腹松垂，绒毛尚未完全松散，站立不稳，故必须在运雏箱中放4～5个小时，使其活泼起来，以便按质分雏和雌雄鉴别。

从出雏器取出的雏鸡应放到温度23.9℃和相对湿度75%的雏鸡处理室内，以免雏鸡挨冻和脱水。而在炎热地区，气温很高时，应加强通风。

罗曼蛋鸡的雌雄鉴别，祖代雏鸡采用肛门鉴别、父母代种雏利用羽速鉴别，而商品代雏鸡则采取羽色鉴别。

对雏鸡需要分级和选择，选择的雏鸡必须符合基本的质量要求，如无畸形、体重不小于最低标准、未脱水、绒毛颜色符合本品种特征，站得稳、灵活健壮。

七、关注三个关键时期

（一）孵化早期（1～7胚龄）

这个时期的管理重点是防止低温孵化。主要应做好如下五点。

① 种蛋入孵前预热。这既有利于鸡胚的苏醒、恢复活力，又可减少孵化器中温度下降幅度大，缩短升温时间。

② 入孵前种蛋再次熏蒸消毒，此时消毒应在蛋壳表面凝水干燥后进行。

③ 避免长时间的低温孵化，保证孵化温度正常。分批孵化一般要求3个小时内孵化温度要恢复正常。巷道式孵化机入孵后或落盘后，根据温度回升情况，一般将设定温度上调0.2～0.3℃。

④ 确保翻蛋系统能正常运转，本阶段如果翻蛋不足，胚胎死亡率将会大幅度增加。

⑤ 要避免长时间停电。

（二）出雏期（18～21胚龄）

这个时期要重点做好通风换气，防止缺氧和高温高湿孵化。主要做好如下九点。

① 杜绝胚蛋落盘当天高湿度孵化。胚蛋落盘时应保证出雏机、出雏盘绝对干燥。

② 啄壳、出雏时提高湿度，同时降低温度。一方面是防止啄破蛋壳后蛋内水分蒸发过快，不利破壳出雏；另一方面可防止雏鸡

脱水，特别是出雏持续时间长时，提高湿度更为重要。提高湿度的同时应降低出雏器的孵化温度，避免同时高温高湿。此阶段，出雏器温度一般不应超过 37.2℃，出雏期间相对湿度可提高到70%～75%。

③ 创造良好的孵化环境。搞好夏季的防暑降温和冬季的保暖与通风换气。

④ 保证正常供电。此时即使短时间停电，对孵化效果的影响也是很大的。

⑤ 观察窗的遮光。雏鸡有趋光性，已出壳的雏鸡将拥挤到光线较亮的出雏盘前部，不利于其他胚蛋出壳。

⑥ 出雏阶段的消毒方法有：每 3 小时使用 60 毫升的福尔马林洒在小盘上，放入出雏器底部让其缓慢蒸发或采用吊滴方式消毒，每天 3～4 次；也可以一次性按每立方米空间 20～30 毫升的福尔马林倒在小盘上，放入出雏器底部让其缓慢蒸发。

⑦ 防止雏鸡脱水。雏鸡脱水将严重影响以后的生产性能，而且是不可逆转的，所以雏鸡不要长时间呆在出雏器里和放在鸡苗室里。应尽早将出壳的雏鸡送至育雏室或发放给养殖场（户）。

⑧ 掌握看胎施温技术。根据落盘时的胚胎发育情况来确定出雏期的孵化温度、湿度。

⑨ 经常对孵化效果进行分析，不断总结经验，提高孵化技术水平和操作技能。不论孵化成绩好坏，都应经常分析孵化效果，以指导孵化生产和种鸡饲养管理工作。

（三）出雏后至发苗前期

要重点防感染、防脱水、防寒、防暑。

① 根据出苗情况合理安排捉苗时间，严禁雏鸡长时间停留在出雏机里。

② 确保雏鸡在适宜的环境下存放。鸡苗室温度以 26～28℃为宜，相对湿度为 60%～70%，室内每小时空气流量为 200 立方米。栋与栋之间要有一定空隙，最好低层放一空箱，使之通风透气。夏季要求采用“+”字形叠放，以利于通风散热。此阶段严禁雏鸡受

热或受凉，确保鸡苗安全。

③ 装箱数量合理。如夏季对个体较大的品种每箱装 80 羽鸡苗为宜，竹丝鸡、土鸡类等个体较小的品种每箱装 100 羽鸡苗为宜。

④ 规范马立克氏病疫苗管理和使用。做好马立克疫苗和注射器的保管、使用和跟踪监督，杜绝管理、操作上的失误。

⑤ 推行鸡苗一日龄注射抗生素的控制措施。初产苗和前期死亡率偏高的品种，必须坚持鸡苗 1 日龄注射抗生素。同时，鉴于当前种鸡群白痢阳性率普遍处于较高水平，建议所有品种种鸡各个生产周期所产的鸡苗应尽量推行这一措施，以有效提高鸡苗质量，并定期进行药敏试验筛选敏感药物，轮换用药。

⑥ 加强鸡苗质检的监督与鸡苗质量的跟踪。做好鸡苗挑选工作，保证所发放的鸡苗是健康的。鸡苗质量要求：精神良好，反应灵敏，脐部收缩、愈合良好，无残疾、畸形，体重符合本品种要求等。做好鸡苗售后的质量跟踪和反馈意见的收集，不断持续改进。

八、孵化率的影响因素

整个孵化期胚胎死亡不是平均分布的，而是存在着两个死亡高峰。第一个高峰出现在孵化前期，鸡胚在孵化的第 4～6 天，第二个高峰出现在孵化后期，鸡胚在孵化的第 17～19 天。这主要与胚胎发育的生理变化有关，这两个阶段对种蛋内部的品质和环境条件特别敏感。造成孵化率低的原因见表 2-12。

表 2-12　孵化率低的常见原因

问题	可能引起的原因
无精蛋	不准确的配种，老公鸡，不恰当的公母比例，陈蛋，种鸡的营养物质缺乏，公鸡体重过重，疾病
早期胚胎死亡	不适当的鸡蛋处理和熏蒸，维生素缺乏，种鸡的疾病，错误的孵化温度，翻蛋次数太少
晚期胚胎死亡	不适当的孵化温度，通风不足，翻蛋次数太少，营养物质缺乏，种鸡群的疾病

续表

问题	可能引起的原因
壳内死亡	不适当的孵化温度，温度太低，翻蛋次数太少，短时间的过热
出壳太早	温度太高
出壳太迟	温度太低，陈蛋
出壳不均匀	不均匀的热分布，新鲜和陈蛋相混
残次鸡，脐炎	温度太高，湿度太低
发育迟缓鸡及绒毛短，松软，苍白，绒毛干燥黏着蛋壳碎片	温度太高，湿度太低，翻蛋次数太少
大而软的鸡及蛋内容物覆盖，湿而黏的绒毛，脐紧闭	温度太低，湿度太高

第三章　蛋鸡日粮的安全配制与使用

第一节　蛋鸡常用饲料的营养特点与安全配比

一、能量饲料

指饲料干物质中粗纤维含量低于18%，粗蛋白质含量低于20%的谷实类饲料。包括玉米、大麦、高粱、燕麦等谷类籽实以及加工副产品等，主要含有淀粉和糖类，蛋白质和必需氨基酸含量不足，粗蛋白质含量一般为8%～14%，特别是赖氨酸、蛋氨酸和色氨酸含量少。钙的含量一般低于0.1%，而磷含量可达0.314%～0.45%，缺维生素A和维生素D，在日粮配合时，注意与优质蛋白质饲料搭配使用。

（一）玉米

① 含可利用能值高，无氮浸出物高达74%～80%，粗纤维仅有2%，消化率高达90%以上，代谢能为14.05兆焦/千克（鸡）。

② 不饱和脂肪酸含量较高（3.5%～4.5%），是小麦、大麦的

2倍，玉米的亚油酸含量高达2%，为谷类饲料之首。一般禽日粮要求亚油酸量为1%，如日粮玉米用量超过50%，即可达到需求量。由于含脂肪高，粉碎后的玉米粉易酸败变质，不宜久藏，最好以整颗贮存，并要求含水量不得超过14%。

③ 蛋白质含量低，品质差。玉米含粗蛋白质为7.0%~9.0%，赖氨酸、色氨酸、蛋氨酸、胱氨酸较缺。在日粮配合时，注意与优质蛋白质饲料搭配使用。对于无鱼粉日粮需增加赖氨酸或蛋氨酸用量，提高预混料中烟酸的用量，以提高色氨酸的有效利用率。

④ 黄玉米中的胡萝卜素较丰富，维生素B_1和维生素E亦较多，维生素D、维生素B_2、泛酸、烟酸等较少。每千克玉米含1毫克左右的β-胡萝卜素及22毫克叶黄素，这是麸皮及稻米等所不能比的。这种黄玉米提供的色素可加深蛋黄颜色，对肉鸡皮肤、脚趾及喙的着色起作用。

⑤ 玉米中矿物质含量低，含钙少，仅0.02%左右，含磷约0.25%（表3-1），其中植酸磷占50%~60%，铁、铜、锰、锌、硒等微量元素的含量也低。

⑥ 玉米可占混合料的45%~70%。

表3-1　玉米的养分含量　　单位：%

养分	期待值	范围	平均值
干物质	87.0		86.0
粗蛋白	8.8	8.0~9.5	9.4±1.2
粗脂肪(EE)	4.0	4.0~5.0	3.9±0.7
粗纤维(CF)	2.0	2.0~4.0	2.0±0.2
无氮浸出物(NFE)	—	—	69.3±1.9
灰分(Ash)	1.0	1.2~2.0	1.3±0.2
钙	0.02	0.1~0.05	—
磷	0.25	0.20~0.55	—

（二）小麦麸皮

① 蛋白质含量高，但品质较差（表3-2）。

② 维生素含量丰富，特别是富含B族维生素和维生素E，但烟酸利用率仅为35%。

③ 矿物质含量丰富，特别是微量元素铁、锰、锌较高，但缺乏钙，磷含量高。含有适量的粗纤维和硫酸盐类，有轻泻作用，可防便秘。

④ 可作为添加剂预混料的载体、稀释剂、吸附剂和发酵饲料的载体。

可占混合料的5%～30%。

表3-2 小麦麸皮的营养成分含量

成分	干物质/%	粗蛋白/%	粗脂肪/%	粗纤维/%	无氮浸出物	粗灰分/%	消化能/(兆焦/千克)	代谢能/(兆焦/千克)
含量	87.0	15.0±2.3	3.7±1.0	9.5±2.2	—	4.9±0.6	9.38±1.34	6.8±0.96

（三）高粱

高粱的粗脂肪含量稍高（3.4%左右），亚油酸约为1.13%，蛋白质含量为9%左右（表3-3）。氨基酸组成的特点和玉米一样，也缺少赖氨酸、蛋氨酸、色氨酸和异亮氨酸。矿物质含量低，存在钙少磷多现象。高粱中维生素D和胡萝卜素较缺，B族维生素与玉米相近，烟酸略高些。因高粱的种皮中含较多的单宁，口味较涩，饲喂过多会使鸡便秘，可占混合料的10%左右。

表3-3 高粱的养分含量

养分	期待值	范围
水分/%	12.0	10.0～15.0
粗蛋白/%	9.0	7.0～12.0
粗脂肪/%	3.0	2.5～3.8
粗纤维/%	2.5	1.7～3.0
灰分/%	1.5	1.2～1.8
钙/%	0.03	0.03～0.05
磷/%	0.30	0.25～0.40
代谢能(鸡)(兆焦/千克)	12.31±1.01	—

（四）小麦

小麦代谢能值仅次于玉米、糙米和高粱，略高于大麦和燕麦，为12.96兆焦/千克，蛋白质含量高于玉米、糙米、碎米、高粱等谷类饲料，氨基酸组成中苏氨酸和赖氨酸不足。小麦含维生素B族和维生素E多，而维生素A、维生素D、维生素C极少，小麦的亚油酸含量一般为0.8%。在矿物质微量元素中，锰、锌含量较高，但钙、铜、硒等元素含量较低（表3-4）。

表3-4 小麦的养分含量

养分	实测值
干物质/%	87.0
粗蛋白/%	13.9±1.5
粗脂肪(EE)/%	1.7±0.5
粗纤维(CF)/%	1.9±0.5
粗灰分/%	1.9±0.3
钙/%	0.17±0.07
磷/%	0.41±0.07
消化能(猪)(兆焦/千克)	14.36±0.33
代谢能(鸡)(兆焦/千克)	12.72±0.50

（五）米糠

由于加工米糠的原料和所采用的加工技术不同，米糠的组成成分并不完全一样。一般来说，米糠中平均含蛋白质12%左右，糖3%～8%，水分10%左右，热量大约为125.1千焦/克（表3-5），常作为辅料，在鸡饲料中不宜超过8%。在蛋鸡日粮中加入适量$ZnCO_3$，可适量提高日粮中米糠的使用量。

表3-5 米糠和脱脂米糠的营养成分 单位：%

成分	米糠		脱脂米糠	
	期待值	范围	期待值	范围
水分	10.5	10.0～13.5	11.0	10.0～12.5
粗蛋白	12.5	10.5～13.5	14.0	13.5～15.5

续表

成分	米糠		脱脂米糠	
	期待值	范围	期待值	范围
粗脂肪	14.0	10.0～15.0	1.0	0.4～1.4
粗纤维	11.0	10.5～14.5	14.0	12.0～14.0
粗灰分	12.0	10.5～14.5	16.0	14.5～16.5
钙	0.10	0.05～0.15	0.10	0.1～0.2
磷	1.60	1.00～1.80	1.4	1.1～1.6

二、蛋白饲料

是指饲料干物质中粗纤维含量低于18%、粗蛋白含量在20%以上的豆类、饼粕类饲料等。根据来源不同，蛋白质饲料可分为植物性蛋白质饲料和动物性蛋白质饲料等。

（一）植物性蛋白质饲料

此类饲料的共同特点是粗蛋白质含量高，一般可达30%～50%。主要包括豆类籽实以及油料作物籽实加工副产品。

1. 大豆饼（粕）

蛋白质含量为40%～50%，粗纤维含量为5%左右，钙3.6%、磷5.6%，是蛋鸡良好的蛋白质饲料。豆饼（粕）（表3-6）中所含有的氨基酸足以平衡蛋鸡的营养。但要注意大豆饼中含有抗胰蛋白酶、血细胞凝集素、皂角苷和脲酶，生榨豆饼不宜直接饲用。

表3-6　豆饼（粕）的常规成分含量　　单位：%

成分	豆饼	豆粕	脱皮大豆粕
水分	10.0	10.5	10.0
粗蛋白	42.0	45.5	49.0
粗脂肪	4.0	0.5	0.5
粗纤维	6.0	6.5	3.0
粗灰分	6.0	6.0	6.0
钙	0.25	0.25	0.20
磷	0.60	0.60	0.60

2. 花生饼（粕）

花生饼（粕）（表 3-7）的饲用价值仅次于豆粕（饼），蛋白质含量高，可利用能含量也较高，但花生粕蛋白质中赖氨酸和蛋氨酸的含量较低，分别为 1.35%和 0.39%，而精氨酸和甘氨酸含量却分别为 5.16%和 2.15%。因此在使用时宜与含精氨酸低的饲料如菜籽粕、鱼粉等搭配使用，同时，还必须补充维生素 B_{12} 和钙。花生饼粕的粗纤维、粗脂肪较高，易发生酸败。

表 3-7　花生饼（粕）的营养成分　　单位：%

成分	花生饼		花生粕		带壳花生粕
	期待值	范围	期待值	范围	
水分	9.0	8.5～11.0	9.0	8.5～11.0	11.4
粗蛋白	45.0	41.0～47.0	47.0	42.5～48.0	29.33
粗脂肪	5.0	4.0～7.0	1.0	0.5～2.0	9.89
粗纤维	4.2	—	—	—	27.9
粗灰分	5.5	4.0～6.5	5.5	5.5～7.0	6.3
钙	0.20	0.15～0.30	0.20	0.15～0.30	0.26
磷	0.5	0.45～0.65	0.60	0.45～0.65	0.29

3. 棉籽饼（粕）

棉籽饼、粕（表 3-8）的营养价值相差较大，主要原因是棉籽脱壳程度及制油方法的差异。完全脱壳的棉仁制成的棉仁饼（粕），粗蛋白质可达 40%；而不脱壳的棉籽直接榨油生产出的棉籽饼粗纤维含量达 16%～20%，粗蛋白质仅 20%～30%。棉籽饼（粕）蛋白质组成不平衡，精氨酸含量高（3.6%～3.8%），赖氨酸含量低（1.3%～1.5%），蛋氨酸也不足，约 0.4%。赖氨酸是棉籽饼（粕）的第一限制性氨基酸。棉籽饼粕中含有棉酚，鸡过量摄取或摄取时间较长，可导致生长迟缓、繁殖性能及生产性能下降，甚至导致死亡。

表 3-8　棉籽饼（粕）的营养成分

营养成分	土榨饼	螺旋压榨饼	浸出粕
粗蛋白质/%	20～30	32～38	38～41
粗脂肪/%	5～7	3～5	1～3
粗纤维/%	16～20	10～14	10～14
粗灰分/%	6～8	5～6	5～6
代谢能/(兆焦/千克)	<7	8.2	7.9

4. 菜籽饼（粕）

菜籽饼（粕）的蛋白质含量为36%左右，蛋氨酸含量较高，与大豆饼（粕）配合使用可以提高日粮中蛋氨酸含量；精氨酸含量较低；与棉籽粕配合可改善赖氨酸与精氨酸的比例。由于其粗纤维含量较高，可利用能量较低（表3-9），适口性差，不宜作为蛋鸡的唯一蛋白质饲料。

表 3-9　菜籽饼（粕）常规成分

种类	干物质/%	粗蛋白/%	粗纤维/%	粗脂肪/%	粗灰分/%	消化能/(兆焦/千克)	代谢能/(兆焦/千克)	钙/%	磷/%
菜籽饼	88.0	34.3	11.6	9.3	7.7	2.88	1.95	0.64	1.02
菜籽粕	88.0	38.0	12.1	1.7	7.9	2.43	1.77	0.75	1.13

（二）动物性蛋白质饲料

包括牛奶、奶制品、鱼粉、蚕蛹、蚯蚓等。

1. 主要特点

① 粗蛋白质含量高、品质好，必需氨基酸齐全，特别是赖氨酸和色氨酸含量很丰富。

② 含碳水化合物很少，几乎不含粗纤维，因而鸡的消化率高。

③ 矿物质中钙磷含量较多，比例恰当，鸡能充分利用，另外微量元素含量也很丰富。

④ B族维生素含量丰富，特别是维生素B_6含量高，还含有一

定量脂溶性维生素，如维生素 D、维生素 A 等。

⑤ 动物性蛋白质饲料还含有一定的未知生长因素，它能提高鸡对营养物质的利用率，促进鸡的生长和产蛋。

2. 鱼粉

鱼粉（表 3-10）生物学价值较高，是一种含蛋白质高、优质的动物蛋白质，可占混合料的5%～10%。

表 3-10　鱼粉养分含量　　单位：%

种类	干物质	粗蛋白	粗脂肪	粗灰分	钙	磷
国产鱼粉	88	45～55	5～12	6～25	1.0～5.0	1.0～3.0
进口鱼粉	89	60～67	7～10	5～15	3.9～4.5	2.5～4.5

三、矿物质饲料

（一）矿物质饲料的类型

通常分为常量元素和微量元素两大类。常量元素系指在动物体内的含量占到体重的0.01%以上的元素，包括钙、磷、钠、氯、钾、镁、硫等；微量元素系指含量占动物体重0.01%以下的元素，包括钴、铜、碘、铁、锰、钼、硒和锌等（表 3-11）。饲养实践中，通常常量元素可自行配制，而微量元素需要量微小，且种类较多，需要一定的比例配合以及特定机械搅拌，因而建议通过市售商品预混料提供。

表 3-11　产蛋鸡对常量矿物质元素和微量矿物质元素最低需要量

元素	蛋鸡	元素	蛋鸡
钙/%	3.5	铁/(毫克/千克)	40
磷/%	0.6	锰/(毫克/千克)	60
钠/%	0.15	锌/(毫克/千克)	40
氯/%	0.20	铜/(毫克/千克)	5
钾/%	0.50	硒/(毫克/千克)	0.20
镁/%	0.05	碘/(毫克/千克)	0.30
硫/%	0.10	钴/(毫克/千克)	0.05
		钼/(毫克/千克)	0.10

（二）矿物质饲料的类型

蛋鸡饲料中需添加的常量矿物质饲料如下。

1. 食盐

在畜禽配合饲料中用量一般为0.25%～0.5%，食盐不足可引起食欲下降，采食量降低，生产性能下降，并导致异嗜癖。采食过量，饮水不足时，可能出现食盐中毒，若雏鸡料中含盐达0.9%以上则会出现生长受阻，严重时会出现死亡现象。因此，使用含盐量高的鱼粉、酱渣等饲料时应特别注意。

2. 含钙饲料

石粉为天然的碳酸钙，含钙在35%以上。同时还含有少量的磷、镁、锰等。一般来说，碳酸钙颗粒越细，吸收率越好。用于蛋鸡产蛋期以粗粒为好，产蛋鸡料用量在7%左右。贝壳粉主要成分为碳酸钙，一般含碳酸钙96.4%，折合含钙量为36%左右。贝壳粉用于蛋鸡、种鸡饲料中，可增强蛋壳强度。贝壳粉价格一般比石粉贵1～2倍，所以饲料成本会因此上升，特别是产蛋鸡、种鸡料需钙含量高，用贝壳粉会比石粉明显增加成本。优质蛋壳粉含钙可达34%以上，还含有粗蛋白质7%、磷0.09%。蛋壳粉用于蛋鸡、种鸡饲料中，可增加蛋壳硬度，其效果优于使用石粉。有资料报道，蛋壳粉生物利用率甚佳，是理想的钙源之一。

3. 含磷饲料

磷酸二氢钠含磷在26%以上，含钠为19%，重金属以Pb计不应超过20毫克/千克。生物利用率高，既含磷又含钠，适用于所有饲料。

4. 钙磷平衡饲料

骨粉是以家畜（多为猪、牛、羊）骨骼为原料，经蒸汽高压灭菌后干燥粉碎而制成的产品，按其加工方法不同，可分为蒸制骨粉、脱胶骨粉和焙烧骨粉。骨粉含钙24%～30%，含磷10%～15%，含蛋白质10%～13%。由于原料质量变异较大，骨粉质量也不稳定。在鸡的配合饲料中的使用量为1%～3%。

磷酸氢钙（磷酸二钙），含钙量不低于23%，含磷量不低于

18%。是优质的钙、磷补充料，鸡饲料使用量为1.2%～2.0%。

磷酸钙（磷酸三钙），含钙38.69%、磷19.97%。其生物利用率不如磷酸氢钙，但也是重要的补钙剂之一。

磷酸二氢钙（磷酸一钙），磷酸二氢钙为白色结晶粉末，含钙量不低于15%，含磷不低于22%。其水溶性、生物利用率均优于磷酸氢钙，是优质钙、磷补充剂，利用率优于其他磷源。

钙、磷及其二者之间的平衡，是蛋鸡日粮配合中最重要的部分（表3-12）。蒸汽灭菌后的骨粉一般含钙24%～30%、磷10%～15%，比例平衡，利用率高，是蛋鸡最佳的钙、磷补充料，一般可占混合料的1%～2.5%。贝壳粉主要补充钙质的不足，可占混合料的1%～7%，产蛋母鸡宜多用，其他鸡宜少用。磷酸氢钙等，也是优质的钙、磷补充剂。

表3-12　鸡对钙、磷的需要量　　单位：%

种类	雏鸡(0～8周)	生长鸡(8～20周)	产蛋鸡	种鸡
钙	0.8	0.7	3.5	3.4
总磷	0.70	0.6	0.6	0.6
有效磷	0.4	0.35	0.33	0.33

四、青绿饲料

各种新鲜的青绿蔬菜用量可占混合料的20%～30%。树叶类饲料如洋槐、紫穗槐等绿树叶，一般可占混合料的10%～15%。尤其是紫花苜蓿，是各类畜禽的上等饲草，不仅营养丰富，且适口性好。其营养成分列于表3-13。

表3-13　紫花苜蓿不同生长时期的营养成分（以干草计）

单位：%

生长期	干物质	粗蛋白质	粗脂肪	粗纤维	无氮浸出物	粗灰分
苗期	18.8	26.1	4.5	17.2	42.2	10.0
现蕾期	19.9	22.1	3.5	23.6	41.2	9.6

续表

生长期	干物质	粗蛋白质	粗脂肪	粗纤维	无氮浸出物	粗灰分
初花期	22.5	20.5	3.1	25.8	41.5	9.3
盛花期	25.3	18.2	3.6	28.5	41.5	8.2
结实期	29.3	12.3	2.4	40.6	37.2	7.5

五、维生素饲料

作为饲料添加剂的维生素主要有：维生素 D_3、维生素 A、维生素 E、维生素 K_3、硫胺素、核黄素、维生素 B_{12}、氯化胆碱、尼克酸、泛酸钙、叶酸、生物素等（表 3-14）。维生素饲料应随用随买，随配随用，不宜与氯化胆碱以及微量元素等混合储存，也不宜长期储存。

表 3-14　商品维生素推荐量（Lesson 和 Summers，1997）

维生素(每千克日粮)	肉雏鸡		产蛋鸡	
	NRC	商品推荐量	NRC	商品推荐量
维生素 A/IU	1500	6500	3000	7500
维生素 D_3/IU	200	3000	300	2500
维生素 E/IU	10	30	5	25
维生素 K/毫克	0.5	2.0	0.5	2.0
硫胺素/毫克	1.8	4.0	0.7	2.0
核黄素/毫克	3.6	5.5	2.5	4.5
烟酸/毫克	35	40	10	40
泛酸/毫克	10	14	2	10
吡哆醇/毫克	3.5	4.0	2.5	3.0
叶酸/毫克	0.55	1.0	0.25	0.75
生物素/微克	150	200	100	150
维生素 B_{12}/微克	10	13	4	10
胆碱/毫克	1300	800	1050	1200

六、添加剂饲料

（一）营养性添加剂

营养性添加剂包括微量元素、维生素和氨基酸等。这类添加剂的作用是增加日粮营养成分，使其达到营养平衡和全价性。

1. 微量元素

日粮中一般添加的微量元素有铁、锌、铜、硒、锰、碘、钴。最常用的化合物有硫酸亚铁、硫酸铜、氯化锌、硫酸锌、硫酸锰、氧化锰、亚硒酸钠、碘化钾等。

2. 维生素

亦即维生素饲料，根据日粮营养需要，依据蛋鸡生长发育与生产需要添加一定数量的维生素，其种类如前所述。

3. 氨基酸

主要用于日粮中不足的必需氨基酸，以提高蛋白质的利用效率。

（二）非营养性添加剂

这一类添加剂，虽然本身不具备营养作用，但可以延长饲料保质期、具有驱虫保健功能或改善饲料的适口性、提高采食量等功效。包括抗氧化剂、促生长剂（如酵母等）、驱虫保健剂、防霉剂以及调味剂、香味剂等。在应用过程中，须考虑符合无公害食品生产的饲料添加剂使用准则。最好应用生物制剂，或无残留污染、无毒副作用的绿色饲料添加剂。国家允许使用的饲料添加剂品种见表 3-15。

表 3-15　国家允许使用的饲料添加剂品种目录

类别	饲料添加剂名称
饲料级氨基酸7种	L-赖氨酸盐酸盐；DL-蛋氨酸；DL-羟基蛋氨酸；DL-羟基蛋氨酸钙；*N*-羟甲基蛋氨酸；L-色氨酸；L-苏氨酸

续表

类别	饲料添加剂名称
饲料级维生素26种	β-胡萝卜素；维生素A；维生素A乙酸酯；维生素A棕榈酸酯；维生素D_3；维生素E；维生素E乙酸酯；维生素K_3（亚硫酸氢钠甲萘醌）；二甲基嘧啶醇亚硫酸甲萘醌；维生素B_1（盐酸硫胺）；维生素B_1（硝酸硫胺）；维生素B_2（核黄素）；维生素B_6；烟酸；烟酰胺；D-泛酸钙；DL-泛酸钙；叶酸；维生素B_{12}（氰钴胺）；维生素C（L-抗坏血酸）；L-抗坏血酸钙；L-抗坏血酸-2-磷酸酯；D-生物素；氯化胆碱；L-肉碱盐酸盐；肌醇
饲料级矿物质、微量元素43种	硫酸钠；氯化钠；磷酸二氢钠；磷酸氢二钠；磷酸二氢钾；磷酸氢二钾；碳酸钙；氯化钙；磷酸氢钙；磷酸二氢钙；磷酸三钙；乳酸钙；七水硫酸镁；一水硫酸镁；氧化镁；氯化镁；七水硫酸亚铁；一水硫酸亚铁；三水乳酸亚铁；六水柠檬酸亚铁；富马酸亚铁；甘氨酸铁；蛋氨酸铁；五水硫酸铜；一水硫酸铜；蛋氨酸铜；七水硫酸锌；一水硫酸锌；无水硫酸锌；氨化锌；蛋氨酸锌；一水硫酸锰；氯化锰；碘化钾；碘酸钾；碘酸钙；六水氯化钴；一水氯化钴；亚硒酸钠；酵母铜；酵母铁；酵母锰；酵母硒
饲料级酶制剂12类	蛋白酶（黑曲霉，枯草芽孢杆菌）；淀粉酶（地衣芽孢杆菌，黑曲霉）；支链淀粉酶（嗜酸乳杆菌）；果胶酶（黑曲霉）；脂肪酶；纤维素酶（木霉）；麦芽糖酶（枯草芽孢杆菌）；木聚糖酶；β-葡聚糖酶；甘露聚糖酶；植酸酶（黑曲霉，米曲霉）；葡萄糖氧化酶（青霉）
饲料级微生物添加剂12种	干酪乳杆菌；植物乳杆菌；粪链球菌；屎链球菌；乳酸片球菌；枯草芽孢杆菌；纳豆芽孢杆菌；嗜酸乳杆菌；乳链球菌；啤酒酵母菌；产朊假丝酵母；沼泽红假单胞菌
饲料级非蛋白氮9种	尿素；硫酸铵；液氨；磷酸氢二铵；磷酸二氢铵；缩二脲；异丁叉二脲；磷酸脲；羟甲基脲
抗氧剂4种	乙氧基喹啉；二丁基羟基甲苯（BHT）；没食子酸丙酯；丁基羟基茴香醚（BHA）
防腐剂、电解质平衡剂25种	甲酸；甲酸钙；甲酸铵；乙酸；双乙酸钠；丙酸；丙酸钙；丙酸钠；丙酸铵；丁酸；乳酸；苯甲酸；苯甲酸钠；山梨酸；山梨酸钠；山梨酸钾；富马酸；柠檬酸；酒石酸；苹果酸；磷酸；氢氧化钠；碳酸氢钠；氯化钾；氢氧化铵
着色剂6种	β-阿朴-8′-胡萝卜素醛；辣椒红；β-阿朴-8′-胡萝卜素酸乙酯；虾青素；β，β-胡萝卜素4，4-二酮（斑蝥黄）；叶黄素（万寿菊花提取物）

续表

类别	饲料添加剂名称
调味剂、香料 6 种(类)	糖精钠;谷氨酸钠;5′-肌苷酸二钠;5′-鸟苷酸二钠;血根碱;食品用香料均可作饲料添加剂
黏结剂、抗结块剂和稳定剂 13 种(类)	α-淀粉;海藻酸钠;羧甲基纤维素钠;丙二醇;二氧化硅;硅酸钙;三氧化二铝;蔗糖脂肪酸酯;山梨醇酐脂肪酸酯;甘油脂肪酸酯;硬脂酸钙;聚氧乙烯 20 山梨醇酐单油酸酯;聚丙烯酸树脂Ⅱ
其他 10 种	糖萜素;甘露低聚糖;肠膜蛋白素;果寡糖;乙酰氧肟酸;天然类固醇萨洒皂角苷(YUCCA);大蒜素;甜菜碱;聚乙烯聚吡咯烷酮(PVPP);葡萄糖山梨醇

第二节　蛋鸡的饲养标准与不同阶段需求

一、蛋鸡的饲养标准

动物营养学家通过长期的饲养研究，根据蛋鸡不同生长阶段，科学地规定出每只鸡应当喂给的能量及各种营养物质的数量和比例，这种按蛋鸡的不同情况规定的营养指标，就称为饲养标准(表 3-16)。饲养标准是以鸡在生长发育、繁殖、生产等生理活动中每天对能量、蛋白质、维生素和矿物质等营养物质的需要量制定的。

目前，鸡的营养标准有多种，在具体应用过程中受到如鸡的品种、饲料来源（产地)、饲料加工调制、饲料分析方法、环境气候条件及饲养方式等许多因素的影响。有了饲养标准，可以避免实际饲养中的盲目性，对饲粮中的各种营养物质能否满足鸡的需要，与需要量相比有多大差距，可以做到心中有数，不至于因饲粮营养指标偏离鸡的需要量或比例不当而降低鸡的生产水平。蛋鸡养殖要重点考虑蛋白质、能量、矿物质、维生素、食盐以及钙和磷的营养需要，以最大限度地促进鸡的生长、产蛋。

表 3-16 生长蛋鸡饲养标准（NY/33～2004）

营养指标	单位	0～8周龄	9～18周龄	19～开产
代谢能	兆焦/千克（兆卡/千克）	11.91(2.85)	11.70(2.80)	11.50(2.57)
粗蛋白	%	19.0	15.1	17.0
蛋白能量比	克/兆焦(克/兆卡)	15.95(66.67)	13.25(55.30)	14.78(61.82)
赖氨酸能量比	克/兆焦(克/兆卡)	0.84(3.51)	0.58(2.43)	0.61(2.55)
赖氨酸	%	1.00	0.68	0.70
蛋氨酸	%	0.37	0.27	0.34
蛋氨酸+胱氨酸	%	0.74	0.55	0.64
苏氨酸	%	0.66	0.55	0.62
色氨酸	%	0.20	0.18	0.19
精氨酸	%	1.18	0.98	1.02
亮氨酸	%	1.27	1.01	1.07
异亮氨酸	%	0.71	0.59	0.60
苯丙氨酸	%	0.64	0.53	0.54
苯丙氨酸+酪氨酸	%	1.18	0.98	1.00
组氨酸	%	0.31	0.26	0.27
脯氨酸	%	0.50	0.34	0.44
缬氨酸	%	0.73	0.60	0.62
甘氨酸+丝氨酸	%	0.82	0.68	0.71
钙	%	0.90	0.80	2.00
总磷	%	0.70	0.60	0.55
非植酸磷	%	0.40	0.35	0.32
钠	%	0.15	0.15	0.15
氯	%	0.15	0.15	0.15
铁	毫克/千克	80	60	60
铜	毫克/千克	8	6	8
锌	毫克/千克	60	40	80

续表

营养指标	单位	0～8周龄	9～18周龄	19～开产
锰	毫克/千克	60	40	60
碘	毫克/千克	0.35	0.35	0.35
硒	毫克/千克	0.30	0.30	0.30
亚油酸	%	1	1	1
维生素A	IU/千克	4000	4000	4000
维生素D	IU/千克	800	800	800
维生素E	IU/千克	10	8	8
维生素K	毫克/千克	0.5	0.5	0.5
硫胺素	毫克/千克	1.8	1.3	1.3
核黄素	毫克/千克	3.6	1.8	2.2
泛酸	毫克/千克	10	10	10
烟酸	毫克/千克	30	11	11
吡哆醇	毫克/千克	3	3	3
生物素	毫克/千克	0.15	0.10	0.10
叶酸	毫克/千克	0.55	0.25	0.25
维生素 B_{12}	毫克/千克	0.010	0.003	0.004
胆碱	毫克/千克	1300	900	500

注：根据中型体重鸡制定，轻型鸡可减少10%；开产日龄按5%产蛋率计算。

二、蛋鸡不同阶段对营养的需求

一般情况下0～6周龄选择育雏料（蛋小鸡料），7～15周龄选择育成料（蛋中鸡料），16周～鸡群5%开产期间选择预产期料（开产前期料），鸡群达到5%～85%产蛋率时选择产蛋高峰料，产蛋高峰过后选择高峰后期料（表3-17）。

表3-17　蛋鸡不同阶段日粮营养需求

阶段	代谢能/(千卡/千克)	粗蛋白/%	蛋氨酸/%	赖氨酸/%	有效磷/%	钙/%
0～2周龄	11.91～12.12	19.5	0.48	1.1	0.48	1

续表

阶段	代谢能/(千卡/千克)	粗蛋白/%	蛋氨酸/%	赖氨酸/%	有效磷/%	钙/%
3～6 周龄	11.50～11.70	19	0.45	1.0	0.45	1
7～8 周龄	11.50～11.70	16	0.4	0.9	0.44	1
9～15 周龄	11.50～11.70	15.5	0.35	0.7	0.37	1
16 周龄～5%开产	11.29～11.50	16	0.42	0.85	0.45	2.25
5%开产～32 周龄	11.08～11.29	16.5	0.4	0.8	0.4	3.75
33～45 周龄	11.29～11.50	16	0.37	0.75	0.36	3.8
46～55 周龄	11.50～11.70	15.5	0.32	0.7	0.33	3.85
56 周龄～淘汰	11.50～11.70	15	0.29	0.65	0.3	3.9

(一) 蛋雏鸡

蛋鸡 0～6 周龄为育雏期。此阶段由于雏鸡消化系统发育不健全，采食量较小，消化力低。营养需求上要求比较高，需要高能量、高蛋白、低纤维含量的优质饲料，并要补充较高水平的矿物质和维生素。设计配方时可使用玉米、鱼粉、豆粕等优质原料(表 3-18、表 3-19)。

表 3-18　产蛋鸡后备母鸡日粮的营养规格

项目	育雏期(0～6 周)	生长期(7～15 周)	预产期(16～18 周)
蛋白水平/%	18	15	17
氨基酸			
精氨酸/%	1.05	0.80	0.80
赖氨酸/%	0.93	0.72	0.70
蛋氨酸/%	0.45	0.34	0.40
蛋氨酸+胱氨酸/%	0.75	0.60	0.70
色氨酸/%	0.19	0.16	0.17
组氨酸/%	0.33	0.28	0.30

续表

项目	育雏期（0～6周）	生长期（7～15周）	预产期（16～18周）
亮氨酸/%	1.16	0.95	1.00
异亮氨酸/%	0.62	0.51	0.55
苯丙氨酸/%	0.58	0.48	0.51
苯丙氨酸＋酪氨酸/%	1.13	0.93	1.00
苏氨酸/%	0.6	0.52	0.50
缬氨酸/%	0.69	0.67	0.67
营养水平			
代谢能/(千卡/千克)	2950	2850	2850
钙/%	1.0	0.85	2.0
有效磷/%	0.44	0.39	0.43
钠/%	0.18	0.18	0.18

表 3-19　育雏期和生长期日粮示例

项目	示例1	示例2	示例3	示例4	示例5	示例6
组分						
玉米/千克	709.5	—	374	737.0	—	392.0
小麦/千克	—	796.5	372.5	—	822.0	392.0
豆粕(48%)/千克	238.0	150.0	200.0	205.0	120.0	158.0
脂肪/千克	10.0	10.0	10.0	10.0	10.0	10.0
石粉/千克	15.0	15.0	15.0	15.0	15.0	15.0
磷酸氢钙(20%P)/千克	15.0	15.0	15.0	20.0	20.0	20.0
盐/千克	2.5	2.5	2.5	2.5	2.5	2.5
预混料/千克	10.0	10.0	10.0	10.0	10.0	10.0
蛋氨酸/千克	0.88	1.25	1.1	0.8	1.0	0.8
营养水平						
粗蛋白/%	17.6	17.6	17.7	16.2	16.6	16.1

续表

项目	示例1	示例2	示例3	示例4	示例5	示例6
可消化蛋白/%	16.0	16.0	16.1	14.8	14.9	14.7
粗脂肪/%	3.8	2.3	3.1	3.9	2.3	3.2
粗纤维/%	2.5	2.8	2.6	2.5	2.8	2.6
代谢能/(千卡/千克)	3045	2970	3010	3059	2800	3030
钙/%	0.94	0.95	0.95	1.04	1.06	1.05
有效磷/%	0.41	0.43	0.42	0.50	0.53	0.51
钠/%	0.17	0.19	0.18	0.16	0.19	0.18
蛋氨酸/%	0.41	0.40	0.40	0.37	0.35	0.34
蛋氨酸+半胱氨酸/%	0.66	0.68	0.67	0.61	0.61	0.58
赖氨酸/%	0.90	0.88	0.90	0.80	0.80	0.78

（二）育成蛋鸡

蛋鸡7～18周龄为育成期。该阶段鸡生长发育旺盛，体重增长速度比较稳定，消化器官逐渐发育成熟，骨骼生长速度超过肌肉生长速度，因此，对能量、蛋白等营养成分的需求相对较低，对纤维素水平的限制可以适量放宽，可以使用一些粗纤维较高的原料如糠麸、草粉等，以降低饲料成本。育成后期为限制体重增长，还可使用麸皮等稀释饲料营养浓度。18周龄至开产可以使用过渡性高钙饲料，以加快骨钙的储备（表3-20、表3-21）。

表3-20　育成蛋鸡日粮营养规格

项目	采食量/[克/(只·天)]		
	120	100	90
蛋白水平/%	14.0	17.0	19.0
氨基酸			
精氨酸/%	0.60	0.75	0.82
赖氨酸/%	0.56	0.70	0.77
蛋氨酸/%	0.31	0.37	0.41

续表

项目	采食量/[克/(只·天)]		
	120	100	90
蛋氨酸＋胱氨酸/%	0.53	0.64	0.71
色氨酸/%	0.12	0.15	0.17
组氨酸/%	0.14	0.17	0.19
亮氨酸/%	0.73	0.91	1.00
异亮氨酸/%	0.50	0.63	0.69
苯丙氨酸/%	0.38	0.47	0.52
苯丙氨酸＋酪氨酸/%	0.65	0.83	0.91
苏氨酸/%	0.50	0.63	0.69
缬氨酸/%	0.56	0.70	0.77
营养水平			
代谢能/(千卡/千克)	2700	2800	2850
钙/%	3.00	3.50	3.60
有效磷/%	0.35	0.40	0.42
钠/%	0.17	0.18	0.19

表 3-21　育成蛋鸡日粮示例

项目	示例 1	示例 2	示例 3
组分			
玉米/千克	596.0	—	300.0
小麦/千克	—	682.0	360.0
大麦/千克	—	—	—
豆粕(48%)/千克	280.0	195.0	222.0
脂肪/千克	20.0	20.0	15.0
石粉/千克	78.0	78.0	78.0
磷酸氢钙(20%)/千克	11.5	11.5	11.5
盐/千克	3.5	2.5	2.5
预混料/千克	10.0	10.0	10.0

续表

项目	示例1	示例2	示例3
蛋氨酸/千克	1.0	1.0	0.75
营养水平			
粗蛋白/%	18.60	17.90	17.80
可消化蛋白/%	17.00	16.00	16.10
粗脂肪/%	4.40	3.20	3.30
粗纤维/%	2.30	3.30	2.80
代谢能/(千卡/千克)	2860	2768	2800
钙/%	3.30	3.30	3.30
有效磷/%	0.41	0.43	0.41
钠/%	0.19	0.19	0.18
蛋氨酸/%	0.42	0.37	0.36
蛋氨酸+半胱氨酸/%	0.70	0.66	0.54
赖氨酸/%	1.02	0.96	0.95

（三）产蛋鸡

蛋鸡19周龄至淘汰为产蛋期。这一时期按产蛋率高低分为产蛋前期、中期和后期。

1. 产蛋前期

开产至40周龄或产蛋率由5%到70%，因负担较重，对蛋白的需要量随产蛋率的提高而增加。此外，蛋壳的形成需要大量的钙，因此对钙的需要量增加。蛋氨酸、维生素、微量元素等营养指标也应适量提高，以确保营养成分供应充足，力求延长产蛋高峰期，充分发挥其生产性能。含钙原料应选用颗粒较大的贝壳粉和粗石粉，便于挑食。尽可能少用玉米蛋白粉等过细饲料原料，以免影响采食。

2. 产蛋中期

40～60周龄或产蛋率由80%～90%的高峰期过后，这一时期蛋鸡体重几乎没有增加，产蛋率开始下降，营养需要较高峰期略有降低。但由于蛋重增加，饲粮中的粗蛋白质水平不可降得太快，应采取试探性降低蛋白质水平较为稳妥。

3. 产蛋后期

60周龄以后或产蛋率降至70%以下，这一时期的产蛋率持续下降。由于鸡龄增加，对饲料中营养物质的消化和吸收能力下降，蛋壳质量变差，饲粮中应适当增加矿物质饲料的用量，以提高钙的水平。产蛋后期随产蛋量下降，母鸡对能量的需要量相应减少，在降低粗蛋白质水平的同时不可提高能量水平，以免使鸡变肥而影响生产性能（表3-22）。

表3-22　产蛋鸡营养需要

营养指标	单位	开产～高峰期	高峰后期	种鸡
代谢能	兆焦/千克（兆卡/千克）	11.29(2.70)	10.87(2.65)	11.29(2.70)
粗蛋白	%	16.5	15.5	18.0
蛋白能量比	克/兆焦（克/兆卡）	14.61(61.11)	14.26(58.49)	15.94(66.67)
赖氨酸能量比	克/兆焦（克/兆卡）	0.64(2.67)	0.61(2.54)	0.63(2.63)
赖氨酸	%	0.75	0.70	0.75
蛋氨酸	%	0.34	0.32	0.34
蛋氨酸＋胱氨酸	%	0.65	0.56	0.65
苏氨酸	%	0.55	0.50	0.55
色氨酸	%	0.16	0.15	0.16
精氨酸	%	0.76	0.69	0.76
亮氨酸	%	1.02	0.98	1.02
异亮氨酸	%	0.72	0.66	0.72
苯丙氨酸	%	0.58	0.52	0.58
苯丙氨酸＋酪氨酸	%	1.08	1.06	1.08
组氨酸	%	0.25	0.23	0.25
缬氨酸	%	0.59	0.54	0.59

续表

营养指标	单位	开产～高峰期	高峰后期	种鸡
甘氨酸＋丝氨酸	%	0.57	0.48	0.57
可利用赖氨酸	%	0.66	0.60	—
可利用蛋氨酸	%	0.32	0.30	—
钙	%	3.5	3.5	3.5
总磷	%	0.60	0.60	0.60
非植酸磷	%	0.32	0.32	0.32
钠	%	0.15	0.15	0.15
氯	%	0.15	0.15	0.15
铁	毫克/千克	60	60	60
铜	毫克/千克	8	8	6
锌	毫克/千克	80	80	60
锰	毫克/千克	60	60	60
碘	毫克/千克	0.35	0.35	0.35
硒	毫克/千克	0.30	0.30	0.30
亚油酸	%	1	1	1
维生素 A	IU/千克	8000	8000	10000
维生素 D	IU/千克	1600	1600	2000
维生素 E	IU/千克	5	5	10
维生素 K	毫克/千克	0.5	0.5	1.0
硫胺素	毫克/千克	0.8	0.8	0.8
核黄素	毫克/千克	2.5	2.5	3.8
泛酸	毫克/千克	2.2	2.2	10
烟酸	毫克/千克	20	20	30
吡哆醇	毫克/千克	3	3.0	4.5
生物素	毫克/千克	0.10	0.10	0.15
叶酸	毫克/千克	0.25	0.25	0.35
维生素 B_{12}	毫克/千克	0.004	0.004	0.004
胆碱	毫克/千克	500	500	500

注：根据中型体重鸡制定，轻型鸡可减少10%；开产日龄按5%产蛋率计算。

三、蛋鸡饲料配方实例

（一）常规饲料原料配制0～8周龄生长蛋鸡饲料配方（表3-23）

表3-23　常规饲料原料配制0～8周龄生长蛋鸡饲料配方

原料/%	配方1	配方2	配方3	配方4
玉米	64.75	63.37	63.50	65.00
小麦麸	4.46	7.48	3.94	7.00
大豆饼	18.00	14.35	15.50	—
菜籽饼	3.00	—	—	—
大豆粕	—	—	—	15.00
玉米蛋白粉	—	—	—	4.00
向日葵仁粕	—	4.00	8.00	—
鱼粉	7.00	8.00	6.00	5.00
氢钙	0.66	0.51	0.72	1.00
石粉	0.92	0.98	1.00	1.00
食盐	0.15	0.11	0.14	0.80
蛋氨酸	0.06	0.10	0.10	0.10
赖氨酸	—	0.10	0.10	0.10
预混料	1.00	1.00	1.00	1.00
总计	100.00	100.00	100.00	100.00
代谢能/(兆焦/千克)	11.93	11.93	11.93	12.06
粗蛋白	19.32	19.00	19.08	19.15
钙	0.90	0.90	0.90	0.93
非植酸磷	0.49	0.48	0.47	0.50
钠	0.15	0.15	0.15	0.39
氯	0.17	0.15	0.16	0.55
赖氨酸	1.00	1.05	1.00	1.00
蛋氨酸	0.43	0.47	0.47	0.45
含硫氨基酸	0.74	0.76	0.77	0.77

（二）常规饲料原料配制 9～18 周龄生长蛋鸡饲料配方（表 3-24）

表 3-24　常规饲料原料配制 9～18 周龄生长蛋鸡饲料配方

原料/%	配方 1	配方 2	配方 3	配方 4	配方 5
玉米	68.21	69.01	69.22	67.21	70.60
小麦麸	7.27	7.60	7.53	7.69	8.00
米糠饼	3.00	—	—	—	—
苜蓿草粉	—	1.00	—	—	—
花生仁饼	—	1.00	—	2.00	—
芝麻饼	—	—	—	2.00	—
棉籽蛋白	—	—	2.00	—	—
大豆粕	9.00	12.00	—	—	—
大豆饼	—	—	14.00	14.00	10.00
菜籽粕	3.00	—	—	—	—
向日葵仁粕	4.00	5.00	—	—	—
麦芽根	—	—	—	—	2.00
玉米蛋白粉	—	—	—	—	2.00
玉米胚芽饼	—	—	2.00	—	—
玉米 DGGS	—	—	—	2.00	—
蚕豆粉浆蛋白粉	0.38	0.09	—	—	2.00
鱼粉	2.00	1.00	2.00	2.00	2.00
氢钙	0.69	0.82	0.78	0.84	1.00
石粉	1.19	1.18	1.15	1.00	1.00
食盐	0.24	0.26	0.27	0.22	0.27
蛋氨酸	—	0.01	0.04	—	0.03
赖氨酸	0.02	0.02	—	0.04	0.10
预混料	1.00	1.00	1.00	1.00	1.00
总计	100.00	100.00	100.00	100.00	100.00
代谢能/(兆焦/千克)	11.72	11.72	11.70	11.72	11.83

续表

原料/%	配方 1	配方 2	配方 3	配方 4	配方 5
粗蛋白	15.50	15.56	15.55	15.50	15.50
钙	0.80	0.80	0.80	0.80	0.80
非植酸磷	0.35	0.35	0.37	0.39	0.41
钠	0.15	0.15	0.15	0.15	0.15
氯	0.20	0.21	0.21	0.19	0.22
赖氨酸	0.68	0.68	0.70	0.70	0.76
蛋氨酸	0.27	0.27	0.31	0.28	0.30
含硫氨基酸	0.56	0.55	0.55	0.55	0.56

（三）常规饲料原料配制 19 周龄至开产蛋鸡饲料配方（表 3-25）

表 3-25 常规饲料原料配制 19 周龄至开产蛋鸡饲料配方

原料/%	配方 1	配方 2	配方 3	配方 4	配方 5
玉米	64.99	59.90	60.88	59.11	62.97
高粱	—	—	—	10.00	3.00
小麦麸	3.88	—	—	—	—
大麦(裸)	—	7.00	7.00	—	—
麦芽根	—	—	—	—	2.06
米糠	—	5.00	—	—	—
大豆粕	15.00	15.00	15.00	14.00	20.00
棉籽饼	—	—	—	3.00	3.00
向日葵仁粕	4.00	—	—	3.00	—
蚕豆粉浆蛋白粉	—	—	—	4.00	—
菜籽粕	3.00	3.00	—	—	—
玉米胚芽粕	—	—	—	—	2.00
玉米蛋白粉	—	—	3.87	—	—
苜蓿草粉	—	—	4.00	—	—
鱼粉	3.00	4.00	3.00	—	—

续表

原料/%	配方1	配方2	配方3	配方4	配方5
氢钙	0.40	0.24	0.60	0.87	0.82
石粉	4.49	4.47	4.23	4.62	4.64
食盐	0.21	0.19	0.21	0.30	0.31
蛋氨酸	0.04	0.10	0.10	0.10	0.10
赖氨酸	—	0.10	0.10	—	0.10
预混料	1.00	1.00	1.00	1.00	1.00
总计	100.00	100.00	100.00	100.00	100.00
代谢能/(兆焦/千克)	11.51	11.65	11.59	11.77	11.50
粗蛋白	17.02	16.94	17.00	17.04	16.83
钙	2.00	2.00	2.00	2.00	2.00
非植酸磷	0.32	0.32	0.36	0.32	0.32
钠	0.15	0.15	0.15	0.15	0.15
氯	0.19	0.17	0.20	0.23	0.24
赖氨酸	0.78	0.88	0.83	0.79	0.86
蛋氨酸	0.34	0.39	0.40	0.36	0.36
含硫氨基酸	0.64	0.69	0.68	0.64	0.65

（四）常规饲料原料配制开产至产蛋高峰蛋鸡饲料配方（表3-26）

表3-26　常规饲料原料配制开产至产蛋高峰蛋鸡饲料配方

原料/%	配方1	配方2	配方3	配方4	配方5
玉米	64.41	62.20	64.59	64.77	64.67
小麦麸	0.55	0.40	—	0.78	0.37
米糠饼	—	5.00	—	—	—
大豆粕	12.00	15.00	18.00	13.89	16.00
菜籽粕	3.00	—	—	—	3.00
麦芽根	—	—	1.28	—	—
花生仁粕	—	3.00	—	—	—

续表

原料/%	配方 1	配方 2	配方 3	配方 4	配方 5
向日葵仁粕	3.00	—	—	—	—
玉米胚芽饼	—	—	1.66	—	—
玉米 DGGS	—	—	—	3.00	—
啤酒酵母	—	—	—	4.00	—
玉米蛋白粉	3.00	—	—	—	3.00
鱼粉	3.62	4.00	4.00	3.00	2.24
氢钙	1.13	1.08	1.09	1.31	1.39
石粉	8.00	8.00	8.00	8.00	8.00
食盐	0.19	0.19	0.20	0.15	0.24
蛋氨酸	0.06	0.10	0.09	0.09	0.07
赖氨酸	0.05	0.03	0.10	—	0.02
预混料	1.00	1.00	1.00	1.00	1.00
总计	100.00	100.00	100.00	100.00	100.00
代谢能/(兆焦/千克)	11.30	11.30	11.30	11.30	11.30
粗蛋白	16.50	16.50	16.50	16.50	16.50
钙	3.50	3.50	3.50	3.50	3.50
非植酸磷	0.49	0.49	0.49	0.50	0.50
钠	0.15	0.15	0.15	0.15	0.15
氯	0.18	0.18	0.19	0.16	0.20
赖氨酸	0.75	0.81	0.90	0.80	0.75
蛋氨酸	0.36	0.38	0.37	0.38	0.36
含硫氨基酸	0.65	0.65	0.65	0.65	0.65

第三节　蛋鸡饲料的选择与使用

目前，养殖市场上蛋鸡浓缩饲料、预混料、全价料等饲料品种很多，初养鸡者如何识别和使用显得尤其重要。

一、蛋鸡浓缩饲料

（一）蛋鸡浓缩饲料的特点

浓缩饲料又称平衡用配合料，通常为全价饲料中除去能量饲料的剩余部分，一般占全价配合饲料的20%～40%。由添加剂预混料、蛋白质饲料、常用矿物质饲料（包括钙、磷饲料、钠和氯）三部分原料构成。矿物质，包括骨粉、石粉（钙粉）或贝壳粉；微量元素，包括硫酸铜、硫酸锰、硫酸锌、硫酸亚铁、碘化钾、亚硒酸钠等；还有氨基酸、抗氧化剂、抗生素、蛋白质饲料以及多种维生素等。它是按照蛋鸡对蛋白质、维生素、微量元素、氨基酸等核心营养素所需的营养标准进行计算，采用现代化的加工设备，将以上原料充分混合而制成的。养殖户为了降低饲料成本，可用谷实类或粮食加工类副产品等能量饲料配以浓缩饲料制成配合饲料，不需要再添加其他添加剂。市场上浓缩饲料有25%、40%等规格。

（二）浓缩饲料的正确应用

1. 配足能量饲料

浓缩饲料是一种高蛋白质饲料，必须加入足够的能量饲料（如玉米、碎米、糠麸等）才能成为全价配合饲料。在配料时要注意糠麸用量应控制在10%以下；禁用其他添加剂。因为在配制浓缩饲料时已经加入了足够需用的各种添加剂，若再额外添加不仅会造成成本增加，还可能导致中毒或抑制畜禽生长；切勿再加蛋白质饲料，因为浓缩饲料蛋白质含量较高，如果过多加入蛋白质饲料，蛋能比不平衡，会影响畜禽的生长。

2. 正确配比稀释

使用浓缩饲料时，一定要按产品说明书推荐的比例正确稀释，建议采用逐级稀释法混合：即先取部分能量饲料与浓缩饲料拌匀，逐步扩大，最后加入全部能量饲料。若混合不均匀，轻者导致营养不良，严重时造成中毒，浓缩饲料在配合饲料中的比例一般不超过30%。

3. 浓缩料在蛋鸡日粮中的比例

根据产品说明书中营养含量和推荐的比例，一般来说浓缩料可占25%～40%。如在雏禽日粮中：玉米60%、麦麸5%、浓缩料35%；在育成蛋鸡日粮中：玉米65%、麦麸10%、浓缩料25%。

4. 其他

养殖场规模较大、有简单的饲料加工设备，周边玉米价格较低、蛋白类原料不丰富时，可选择浓缩饲料。

二、蛋鸡预混料

（一）蛋鸡预混饲料的特点

预混料全称为预混合饲料，是由蛋鸡生长发育必需的各种单项维生素、微量元素以及人工添加的各项氨基酸等营养物质组成，是配合饲料的核心。

（二）蛋鸡预混料的正确应用

① 预混料不宜直接使用，需与能量饲料和蛋白饲料一起混合，预混料的添加量通常为1%～5%。

② 预混合饲料选择时可根据原料及推荐配方选用不同的浓度，现在市场上预混料有1%、3%和5%等。

③ 预混料在畜禽日粮中比例很小，一般为1%～6%，也是以其营养含量而异。例如在雏禽日粮中，玉米60%、麦麸4%、饼粕30%、预混料6%；在育成蛋鸡日粮中，玉米65%、麦麸10%、饼粕20%、预混料5%。

④ 养殖场规模大、养殖人员专业技术高、饲料加工设备较先进、周边各种原料充足、交通便利的情况下可选择预混合饲料。

三、蛋鸡全价料

营养完全的配合饲料，叫做全价饲料。该饲料内含有能量、蛋白质和矿物质饲料以及各种饲料添加剂等。各种营养物质种类齐全、数量充足、比例恰当，能满足蛋鸡生产需要。可直接用于蛋鸡喂养，一般不必再补充任何饲料。

第四节　养殖户自配蛋鸡饲料注意事项

农村养鸡户为了能充分利用本地饲料资源，有效降低饲养成本，可以自配饲料，需要掌握和注意以下几方面。

一、日粮配合的概念

单一饲料不能满足蛋鸡对营养素的全面需要，应按饲料配方的要求，选取不同数量的若干种饲料原料进行合理搭配，使其所提供的各种养分均符合蛋鸡饲养标准所规定的数量，这个步骤，称为日粮配合。

二、饲料配方设计的一般原则

进行饲料配方设计时要注意掌握饲料产品的四个特性，即营养性、生理性、安全性和经济性。

（一）营养性

饲料种类多样化，能量优先考虑，粗蛋白质、氨基酸、矿物质（主要包括食盐、钙、磷等）和维生素重点考虑。同时注意能量与蛋白质等营养素的合理搭配，使之尽量与饲养标准相符。

（二）生理性

鸡没有牙齿，特别是雏鸡对粗纤维的消化能力差，因此饲料中粗纤维的含量，雏鸡不超过3%，育成鸡和产蛋鸡要控制在7%以内。雏鸡要多选用高能量、高蛋白的原料，忌用有刺激性异味、霉变或含有其他有害物质的原料；粉料不可磨得太细，否则鸡吃起来发黏，会降低适口性。其粒度一般在1.5～2毫米为宜。

（三）安全性

遵循随用随配的原则，一般一次配7～10天日粮的量。混合饲料湿度较大，通气性差，时间过长会造成脂肪、维生素等营养物质的损失，特别是夏季，高温高湿极易发霉变质。饲料存放要保证室内通风、避光、干燥、防鼠、防污染。袋装饲料要离地离墙堆放，最好用木架搭空离地 20 厘米以上，饲料堆放不要堆压过高过重。

抗菌药物要从我国批准在饲料中使用的抗生素类药物中选择。养殖户可以根据当地中草药分布情况，选择合适的抗菌中草药如金银花、野菊花、蒲公英、鱼腥草、紫花地丁、苍术、姜黄、大蒜、大葱叶等作为添加剂。

（四）经济性

要因地制宜，尽量选用营养丰富、价格低廉、来源方便的饲料进行配合，以降低饲养成本。

三、饲料配方设计步骤

制定饲料配方，至少需要两方面的资料：蛋鸡的营养需要量和常用饲料营养成分含量。试差法是一种实用的饲料配方方法，对于初养鸡者以及没有学习过饲料配方的人员较容易掌握，只要了解饲料原料主要特性并且合理利用饲养标准，就可在短时间内配制出实用、廉价、效果理想的饲料配方。

假设养殖场有玉米、豆饼、花生粕、棉粕、鱼粉、麦麸、磷酸氢钙、石粉、食盐、赖氨酸（98%）、蛋氨酸（99%）、0.5%复合预混料等原料，为 0～8 周龄的罗曼蛋雏鸡设计配合饲料。

（一）查标准，定指标

查罗曼蛋鸡的饲养标准，确定 0～8 周龄的罗曼蛋雏鸡的营养需要量。蛋鸡的营养需要中考虑的指标一般有代谢能、粗蛋白质、钙、有效磷、蛋氨酸＋胱氨酸、赖氨酸（表 3-27）。

表 3-27　0～8 周的罗曼蛋雏鸡的饲养标准

代谢能 /（兆焦/千克）	粗蛋白 /%	钙 /%	总磷 /%	有效磷 /%	蛋氨酸＋胱氨酸/%	赖氨酸 /%
11.91	18.50	0.95	0.7	0.45	0.67	0.95

（二）根据原料种类，列出所用饲料的营养成分

在我国一般直接选用《中国饲料成分及营养价值表》中的数据即可。对照各种饲料原料列出其营养成分含量（表 3-28）。

表 3-28 饲料的营养成分含量

饲料	代谢能/(兆焦/千克)	粗蛋白质/%	钙/%	总磷/%	有效磷/%	蛋氨酸+胱氨酸/%	赖氨酸/%
玉米	13.56	8.7	0.02	0.27	0.1	0.38	0.24
麦麸	6.82	15.7	0.11	0.92	0.3	0.39	0.58
豆粕	9.83	44.0	0.33	0.62	0.18	1.30	2.66
花生粕	10.88	47.8	0.27	0.56	0.33	0.81	1.40
棉粕	8.49	43.5	0.28	1.04	0.36	1.26	1.97
鱼粉	12.18	62.5	3.96	3.05	3.05	2.21	5.12

（三）初拟配方

参阅类似配方或自己初步拟定一个配方，配比不一定很合理，但原料总量接近 100%。根据饲料原料的具体情况，初拟饲料配方并计算营养物质含量。

根据实践经验，雏鸡饲料中各类饲料的比例一般为：能量饲料 65%～70%，蛋白质饲料 25%～30%，矿物质饲料等 3%～3.5%（包括 0.5%复合预混料）。初拟配方时，蛋白质饲料按 27%估计，棉粕适口性差并含有毒素，占日粮的 3%；花生粕定为 2%，鱼粉价格较高，占日粮的 3%，豆粕则为 19%（27%－3%－2%－3%），玉米充足，占日粮的比例较高 65%；小麦麸粗纤维含量高，占日粮的 5%；矿物质饲料等 3%。

一般配方中营养成分的计算种类和顺序是：能量→粗蛋白质→钙→磷→食盐→氨基酸→其他矿物质→维生素。计算各种原料营养素的含量方法为，各种原料营养素的含量×原料配比，然后把每种原料的计算值相加得到某种营养素在日粮中的浓度。代谢能与粗蛋白质的含量见表 3-29。

表 3-29　代谢能与粗蛋白质的含量

原料	比例/%	代谢能/(兆焦/千克)		粗蛋白质/%	
		原料中	饲粮中	原料中	饲粮中
玉米	65	13.56	13.56×0.65=8.814	8.7	8.7×0.65=5.66
麦麸	5	6.82	6.82×0.05=0.341	15.7	15.7×0.05=0.785
豆粕	19	9.83	9.83×0.19=1.868	44	44×0.19=8.36
花生粕	2	10.88	10.88×0.02=0.218	47.8	47.8×0.02=0.956
棉粕	3	8.49	8.49×0.03=0.255	43.5	43.5×0.03=1.305
鱼粉	3	12.18	12.18×0.03=0.365	62.5	62.5×0.03=1.875
合计	97		11.86		18.94
标准			11.92		18.5
与标准比			−0.06		+0.44

以上饲粮，和饲养标准相比，代谢能偏低，需要提高代谢能，降低粗蛋白质。

(四) 调整配方

方法是用一定比例的某一种原料替代同比例的另外一种原料。计算时可先求出每代替1%时，饲粮能量和蛋白质改变的程度，然后根据第三步中求出的与标准的差值，计算出应该代替的百分数。用能量高和粗蛋白质低的玉米代替豆粕，每代替1%可使能量提高(13.56−9.83)×1%＝0.0373 兆焦/千克，粗蛋白质降低（44−8.7)×1%＝0.353 个百分点。要使粗蛋白质含量与标准中的18.5%相符，需要降低豆粕比例为（0.44/0.35)×100%＝1.3%，玉米相应增加1.3%。调整配方后代谢能与粗蛋白质的含量见表3-30。

表 3-30　调整配方后代谢能与粗蛋白质的含量

原料	比例/%	代谢能/(兆焦/千克)		粗蛋白质/%	
		原料中	饲粮中	原料中	饲粮中
玉米	66.3	13.56	13.56×0.663=8.814	8.7	8.7×0.663=5.768

续表

原料	比例/%	代谢能/(兆焦/千克)		粗蛋白质/%	
		原料中	饲粮中	原料中	饲粮中
麦麸	5	6.82	6.82×0.05=0.341	15.7	15.7×0.05=0.785
豆粕	17.7	9.83	9.83×0.177=1.74	44	44×0.177=7.78
花生粕	2	10.88	10.88×0.02=0.218	47.8	47.8×0.02=0.956
棉粕	3	8.49	8.49×0.03=0.255	43.5	43.5×0.03=1.305
鱼粉	3	12.18	12.18×0.03=0.365	62.5	62.5×0.03=1.875
合计	97		11.91		18.47
标准			11.92		18.5
与标准比			−0.01		−0.03

(五)计算矿物质和氨基酸含量

用表3-30中的计算方法得出矿物质和氨基酸用量，见表3-31。

表3-31 矿物质和氨基酸含量

原料	比例/%	钙/%	总磷/%	有效磷/%	蛋氨酸+胱氨酸/%	赖氨酸/%
玉米	66.3	0.0133	0.179	0.0663	0.2519	0.1591
麦麸	5	0.0055	0.046	0.015	0.0195	0.029
豆粕	17.7	0.0584	0.1097	0.0318	0.2301	0.4708
花生粕	2	0.0054	0.0112	0.0066	0.0162	0.028
棉粕	3	0.0084	0.0312	0.0108	0.0378	0.0591
鱼粉	3	0.1188	0.0915	0.0915	0.0663	0.1536
合计	97	0.21	0.468	0.222	0.6218	0.8996
标准		0.95	0.7	0.45	0.67	0.95
与标准比		−0.74	−0.232	−0.228	−0.0482	−0.0504

和饲养标准相比，钙、磷、蛋氨酸+胱氨酸、赖氨酸都不能满足需要，都需要补充。钙比标准低0.74%，磷比标准低0.232%，蛋氨酸+胱氨酸比标准低0.0482%，赖氨酸比标准低0.0504%。

因磷酸氢钙中含有钙和磷，先用磷酸氢钙补充磷，需要磷酸氢钙0.232%÷16%=1.45%。1.45%的磷酸氢钙可为饲粮提供21%×1.45%=0.305%的钙，还差0.74%-0.305%=0.435%，用含钙36%的石粉补充，需要石粉0.435%÷36%=1.2%。市售的赖氨酸实际含量为78.8%，添加量为0.0504%÷78.8%=0.06%；蛋氨酸纯度为99%，添加量为0.0482%÷99%=0.05%。

（六）补充各种添加剂

预配方中，各种矿物质饲料和添加剂总量为3%，食盐按0.3%，复合预混料按0.5%添加，再加上（磷酸氢钙+石粉+赖氨酸+蛋氨酸）的总量为3.56%，比预计的多出0.56%，可以将麸皮减少0.56%。

（七）确定配方

最终配方见表3-32。

表 3-32 最终配方及主要营养指标

饲料	比例/%	营养指标	含量
玉米	66.3	代谢能/(兆焦/千克)	11.91
麦麸	4.44	粗蛋白质/%	18.5
豆粕	17.7	钙/%	0.95
花生粕	2	总磷/%	0.7
棉粕	3	有效磷/%	0.45
鱼粉	3	蛋氨酸+胱氨酸/%	0.67
石粉	1.2	赖氨酸/%	0.95
磷酸氢钙	1.45		
食盐	0.30		
蛋氨酸	0.05		
赖氨酸	0.06		
预混料	0.5		
合计	100		

第五节 鸡场饲料的安全管理控制

饲料是鸡群正常生长和维持生产性能的基础，因此，在日常管理中加强饲料的选择、运输储存、饲喂等管理，可以最大限度地保证鸡群健康、生产性能并降低饲养成本。

一、饲料选购

（一）注意生产厂家的资质

正规饲料生产企业具备有效的饲料生产企业审查合格证或生产许可证；饲料标签上标明“本产品符合饲料卫生标准”，此外还应该明示饲料名称、饲料成分分析保证值、原料组成、产品标准编号（国标或企标）、加入药物或添加剂的名称、使用说明、净含量、生产日期、保质期、审查合格证或生产许可证的编号及质量认证（ISO 9001、HACCP 或 ISO 22000、产品认证）等 12 项信息。

（二）饲料选择

1. 根据饲料种类选择

养殖场（户）可根据生产规模、设备、周边原料的种类、质量、价格及运输等因素选择配合料、浓缩料或预混料。

一般养殖场规模小，距离饲料场近可选择配合饲料；养殖场规模较大、有简单的饲料加工设备，周边玉米价格较低，蛋白类原料不丰富时可选择浓缩饲料；养殖场规模大，饲料加工设备较先进、周边各种原料充足、交通便利的情况下可选择预混料。浓缩饲料和预混料选择时可根据原料及推荐配方选用不同的浓度，现在市场上浓缩饲料有 25%、40%等，预混合料有 1%、3%和 5%等。

2. 饲料的营养水平

根据鸡群生长的不同时期对各种营养素的需要不同，要选择能够满足当时鸡群营养需要的饲料。一般情况下，0～6 周龄选择育雏料（蛋小鸡料），7～15 周龄选择育成料（蛋中鸡料），16 周～鸡群5%开产期间选择预产期料（开产前期料），鸡群达到5%～85%产蛋率时选择产蛋高峰料，产蛋高峰过后选择高峰后期料。

3. 药物添加剂使用

饲料中添加抗球虫类、抗生素类等药物应是国家允许的品种和剂量，即符合《饲料和饲料添加剂管理条例》《饲料药物添加剂使用规范》等国家、行业相关法律法规规定，以保证鸡肉、鸡蛋的安全。

二、饲料的运输与储存

运输车辆使用前应进行清扫消毒，保证无鸡毛、鸡粪等各种杂物，避免与有毒有害及其他污染物进行混装，运输途中注意防护，避免因雨淋、受潮等引起饲料发霉变质。运输车辆禁止进入生产区，饲料运到养殖场后要进行熏蒸消毒，由专用车辆转运至鸡舍。

料间或料塔应具备隔热、防潮功能，每次进料前对残留饲料或者其他杂物进行清扫和整理，用3克/立方米强力熏蒸粉进行熏蒸消毒20分钟；储存期间做好防鼠、防鸟和防虫工作，减少污染和浪费。

三、饲料的饲喂

喂料时遵循“少添勤喂”的原则，一般每天可喂料4次（上午、下午各2次），每次喂料最好不超过料槽厚度的1/3。为了增加采食量，每次喂料后及时匀料；夏季可在晚上关灯前及早晨开灯后进行补饲。此外，在雏鸡引进、换料、鸡群染病等特殊时期进行不同的饲喂管理。

1. 雏鸡引进

雏鸡进场后应该先饮水后开食，在保证采食点充足的情况下少喂、勤添，人员充足时可2小时添料1次。为了增加采食量可饲喂颗粒料，也可饲喂1～3天潮拌料（应即拌即喂），一般料水比例为50∶15，以手握成团，松手能自由散开为宜。

2. 换料管理

换料时除考虑鸡群日龄和生产性能外，还要关注鸡群骨骼发育及体重情况，以保证鸡群生产性能的发挥。如京红 1 号，8 周龄体重达到 680 克，胫骨长达到 80 毫米，就可以更换成育成料；18 周龄时体重达到 1550 克，且产蛋率达到 5%时，就可以更换成高峰料。

换料时应采用“渐进式”的方法。如育成料更换成预产期料：先用 1/3 育成料＋2/3 预产期料混合饲喂 2 天，然后用 1/2 育成料＋1/2 预产期料饲喂 2 天、1/3 育成料＋2/3 预产期料饲喂 3 天，之后调整为预产期料。换料前后，最好每天准确测量鸡只耗料量，如果采食量下降，要及时采用匀料、饲料潮拌等方法刺激采食，增加采食量；为减小换料对鸡群的应激，可在饲料中适当添加维生素 C 或水溶性多维。

3. 鸡群异常

日常加强巡视和称重，及时淘汰病残鸡和无饲养价值的鸡只；将鸡冠发育不良和体重不达标的鸡只挑出进行单笼饲养，并在饲料中连续添加 1%～2%植物油 3～7 天，以“少量多次”的方式促进采食，增加体重。当鸡群染病时，可根据疾病的不同采取不同的管理措施。如鸡法氏囊病对肾脏造成损害，代谢的压力加大，饲喂时需要降低饲料的蛋白含量，同时添加营养和通肾利尿的药物；鸡群发生啄肛、啄羽现象，排除管理和光照的原因后，饲喂时调整氨基酸平衡，适当增加粗纤维、锌等的比例；鸡群软壳蛋超过总数的 1%时，可在饲料中增加钙粉的含量，同时添加维生素 A、维生素 D_3 粉以促进钙的吸收。总之，鸡群异常时更要关注饲料的营养和饲喂，以提高鸡群体质，增强抵抗力。

4. 饲料异常

当饲料中添加较多的骨粉、羽毛粉或饲料发霉变质时，饲料会产生腥臭味或霉味，此时应立即停止饲喂并尽快准备同等质量的饲料，避免鸡群拒食或引起霉菌毒素中毒造成更加严重的损失。

第四章　蛋鸡安全饲养管理技术

第一节　雏鸡的安全饲养

一、雏鸡的生理特点与环境控制标准

雏鸡是指0～6周龄的鸡。雏鸡的培育工作是养鸡业中艰巨的中心工作之一，它直接关系着后备鸡的生长发育、成活及将来的生产力和种用价值，与经济效益密切相关。

（一）雏鸡的生理特点

1. 雏鸡体温调节机能差

幼雏体温较成年鸡体温低3℃，雏鸡绒毛稀短、皮薄、皮下脂肪少、保温能力差，体温调节机能要在2周龄之后才逐渐趋于完善。所以维持适宜的育雏温度，对雏鸡的健康和正常发育是至关重要的。

2. 生长发育迅速、代谢旺盛

蛋雏鸡1周龄时体重约为初生重的2倍，至6周龄时约为初生重的15倍，其前期生长发育迅速，在营养上要充分满足其需要。

由于生长迅速，雏鸡的代谢很旺盛，单位体重的耗氧量是成鸡的3倍，在管理上必须满足其对新鲜空气的需要。

3. 消化器官容积小、消化能力弱

幼雏的消化器官还处于一个发育阶段，每次进食量有限，同时消化酶的分泌能力还不太健全，消化能力差。所以配制雏鸡料时，必须选用质量好、容易消化的原料，配制高营养水平的全价饲料。

4. 抗病力差

幼雏由于对外界的适应力差，对各种疾病的抵抗力也弱，在饲养管理上稍疏忽即有可能患病。30日龄之内雏鸡的免疫机能还未发育完善，虽经多次免疫，自身产生的抗体水平还是难以抵抗强毒的侵扰，所以应尽可能为雏鸡创造一个适宜的环境。

5. 敏感性强

雏鸡不仅对环境变化很敏感，由于生长迅速对一些营养素的缺乏也很敏感，容易出现某些营养素的缺乏症，对一些药物和霉菌等有毒有害物质的反应也十分敏感。所以在注意环境控制的同时，选择饲料原料和用药时也都需要慎重。

6. 群居性强、胆小

雏鸡胆小、缺乏自卫能力，喜欢群居，并且比较神经质，稍有外界的异常刺激，就有可能引起混乱炸群，影响正常的生长发育和抗病能力。所以育雏需要安静的环境，要防止各种异常声响、噪声以及新奇颜色入内，防止鼠、雀、害兽的入侵，同时在管理上要注意鸡群饲养密度的适宜性。

7. 初期易脱水

刚出壳的雏鸡含水率在76%以上，如果在干燥的环境中放置时间过长，则很容易在呼吸过程中失去很多水分，造成脱水。育雏初期干燥的环境也会使雏鸡因呼吸失水过多而增加饮水量，影响消化机能。所以在出雏之后的放置期间、运输途中及育雏初期，注意湿度问题就可以提高育雏的成活率。

（二）雏鸡对环境条件的要求标准

在育雏阶段的环境条件中，需要满足雏鸡对温度、湿度、通风换气、密度、光照和卫生等条件的需要。

1. 温度

温度是培育雏鸡的首要环境条件，温度控制得好坏直接影响育雏效果。观察温度是否适宜，除看温度计外（注意：温度计要挂在鸡活动区域里，高度与鸡头水平），主要看雏鸡的表现。当雏鸡在笼内（或地面、网上）均匀分布，活动正常，采食、饮水适中时，则表示温度适宜；当雏鸡远离热源，两翅张开，卧地不起，张口喘气，采食减少，饮水增加，则表示温度高，应设法降温；当雏鸡紧靠热源，砌堆挤压，吱吱叫，则为温度低，应加温。不同育雏方式的育雏温度要求详见表 4-1。进入 6 周龄，开始训练脱温，以便转群后雏鸡能够适应育成舍的温度，当发现鸡群体质较差、体重不足时，应适当推迟脱温的时间。建议育雏温度见表 4-1。

表 4-1　建议的育雏温度

日龄/天	育雏温度/℃	
	笼育	平育
2	32	27
3～6	31	25
7～13	30	24
14～20	27	24
21～27	24	22
28	21	20

注：表中温度是指雏鸡活动区域内鸡头水平高度的温度。

近年来养鸡场（户）广泛采用高温育雏。所谓高温育雏，就是在 1～2 周龄采用比常规育雏温度高 2℃左右的给温规定。即第 1 周龄 33～34℃，第 2 周龄 30～32℃（常规育雏温度：第 1 周 30～32℃，第 2 周 29～30℃）。实践证明，高温育雏能有效地控制雏鸡白痢病的发生和蔓延，对提高雏鸡成活率效果明显。

2. 相对湿度

育雏要有合适的温湿度相结合，雏鸡才会感觉舒适，发育正常。一般育雏舍的相对湿度是：1～10日龄为60%～70%，10日龄以后为50%～60%。随着雏鸡日龄增长，至10日龄以后，呼吸量与排粪量也相应增加，室内容易潮湿，因此要注意通风，勤换垫料，经常保持室内干燥清洁。

3. 通风换气

通风换气的目的是排出室内污浊的空气，换进新鲜的空气，并调整室内的温度和湿度。

通风换气方法：选择晴暖无风的中午开窗换气或安装排风扇进行通风。空气的新鲜程度以人进入舍内感到较舒适，即不刺眼、不呛鼻、无过分臭味为宜。值得注意的是，不少鸡场为了保持育雏舍温度而忽略通风，结果是雏鸡体弱多病，死亡数增多。更严重的是，有的鸡场将取暖煤炉盖打开，企图达到提高室温的目的，结果造成煤气中毒事故。为了既保持室温，又有新鲜空气，可先提高室温，然后进行通风换气，但切忌过堂风、间隙风，以免雏鸡受寒感冒。

4. 合理的密度

饲养密度是指育雏舍内每平方米所容纳的雏鸡数。密度对于雏鸡的正常生长和发育有很大影响。密度过大，生长则慢，发育不整齐，易感染疾病和发生恶癖，死亡数也增加。因此要根据鸡舍的构造、通风条件、饲养方式等具体情况而灵活掌握。育雏期不同育雏方式雏鸡饲养密度可参考表4-2。

表4-2 不同育雏方式雏鸡的饲养密度

地面平养		立体笼养		网上平养	
周龄	密度/(只/平方米)	周龄	密度/(只/平方米)	周龄	密度/(只/平方米)
0～6周	10～20	0～1周	60	0～6周	20～24
		1～3周	40		
		3～6周	34		
6～12周	5～10	6～11周	24	6～18周	14～20
12～20周	5	11～20周	14		

5. 光照

光照对雏鸡的生长发育是非常重要的，1～3 日龄每天可光照 23 小时，有助于雏鸡饮水和寻食。渐减光照制度是：4～5 日龄每天光照改为 20 小时，6～7 日龄每天光照 15～16 小时，以后每周把光照递减 20 分钟，直到 20 周龄时每天只有 9 小时光照。另一种光照方法是采用固定不变的形式，即从 4 日龄至 20 周龄每天固定 8～9 小时光照。光的颜色以红色或白炽光照为好，能防止和减少啄羽、啄肛、殴斗等恶癖发生。

1 周龄的小鸡要求光照强度适当强一点，每平方米 3.5～4 瓦。1 周以后光照强度以弱些为宜。一般可用 15 瓦或 25 瓦灯泡，按灯高 2 米，灯与灯的间距为 3 米来计算。

6. 保持环境卫生，严格控制疫病流行

雏鸡体小，抗病力差，饲养密集，一旦感染疾病，难以控制，并且传染快、死亡高、损失大。因此，育雏中必须贯彻预防为主的方针。在实行严格消毒，经常保持环境卫生的同时，还要按时做好各种疫苗的防疫注射工作，并认真贯彻执行定时防疫和消毒制度。对于育雏室、用具、饲槽等要实行全面清扫消毒，彻底消灭一切病菌。这些都是保持雏鸡健康的重要措施。

二、育雏前的准备工作

进鸡前首要工作就是制定工作计划和对全部员工、尤其是饲养员进行全面技术培训，对养殖流程、操作细节、规范化的日常工作等进行培训，使饲养员熟悉设备操作和养殖流程。

（一）制定育雏计划

根据本场的具体条件制定育雏计划，每批进雏数应与育雏舍、成鸡舍的容量大体一致。一般是育雏舍和成鸡舍比例为 1∶2。

（二）设备设施检修

为了进鸡后各项设备都能正常工作，减少设备故障的发生率，进鸡前第五天开始对舍内所有设备重新进行一次检修，主要检修工作如下。

1. 供暖设备、烟囱、烟道

要求把供暖设备清理干净，检查运转情况，保证正常供暖；烟囱、烟道接口完好，密封性好，无漏烟漏气现象。

2. 供水系统

主要检查压力罐、盛药器、水线、过滤器。要求压力罐压力正常，供水良好；水线管道清洁，水流通畅；过滤网过滤性能完好；水线上调节高度的转手能灵活使用，水线悬挂牢固、高度合适、接口完好、管腔干净，乳头不堵、不滴、不漏。

3. 检查供料系统

料线完好，便于调整高度，打料正常，料盘完好，无漏料现象。

4. 通风系统

风机电机、传送带完好，转动良好，噪声小；风机百叶完整，开启良好；电路接口良好，线路良好，无安全隐患。

5. 清粪系统

刮粪机电机、链条、牵引绳子、刮粪板完好、结实，运转正常，刮粪机出口挡板关闭良好。

6. 供电系统

照明灯干净明亮、开关完好。其他供电设备完好，正常工作。

7. 鸡舍

门窗密封性好，开启良好，无漏风现象，并在入舍门口悬挂好棉被。

（三）全场消毒

在养鸡生产中，进雏前消毒工作彻底与否，关系到鸡只能否健康生长发育，所以广大养殖场（户）进雏前应彻底做好消毒工作。

1. 清扫

进雏前 7～14 天，将鸡舍内粪便及杂物清除干净，清扫天棚、墙壁、地面、塑料网等处。

2. 水冲

用高压喷枪对鸡舍内部及设施进行彻底冲洗。同时，将鸡舍内所有饲养设备如开食盘、料桶、饮水器等用具都用清水洗干净，再用消毒水浸泡半小时，然后用清水冲洗 2～3 次，放在鸡舍适当位置风干备用。

3. 消毒

待鸡舍风干后，可用 2%～3%的火碱溶液对鸡舍进行喷雾消毒，要求消毒药液浓度要足，喷洒不留空白。墙壁可用 20%石灰乳加 2%的火碱粉刷消毒，也可用酒精喷灯进行火焰消毒。如果采用地面平养，应该在地面风干后铺上 7～10 厘米厚的垫料。

4. 熏蒸

在进雏前 3～4 天对鸡舍、饲养设备、鸡舍用具以及垫料进行熏蒸消毒。具体消毒方法是将鸡舍密封好，在鸡舍中央位置，依据鸡舍长度放置若干瓷盆，同时注意盆周围不可堆积垫料，以防失火。对于新鸡舍，可按每立方米空间用高锰酸钾 14 克、福尔马林 28 毫升的药量；对污染严重的鸡舍，用量加倍。将以上药物准确称量后，先将高锰酸钾放入盆内，再加等量的清水，用木棒搅拌湿润，然后小心地将福尔马林倒入盆内，操作人员迅速撤离鸡舍，关严门窗。熏蒸 24 小时以后打开门窗、天窗、排气孔，将舍内气味排净。注意消毒时要使禽舍温度达 20℃以上、相对湿度达到 70%左右，这样才能取得较好的消毒效果。在秋冬季节气温寒冷时，在消毒前，应先将鸡舍加温、增湿，再进行消毒。消毒过的鸡舍应将门窗关闭。

（四）鸡舍内部准备

1. 确定育雏面积，悬挂塑料隔断

根据进鸡数量和季节确定育雏面积。通常情况下冬春季节育雏面积占整栋舍饲养面积的三分之一，夏季育雏面积占整栋舍的二分之一。悬挂塑料隔断，从上到下，降低育雏空间，便于升温和保温。夏秋季节可用一层隔断，冬春季节可用两层隔断，两层隔断之间的距离正好是第一次扩群所要到达的位置。同时注意关闭好隔断处水线上的阀门，鸡群到哪里，水就能流到哪里。

2. 铺设垫料

地面平养蛋鸡，进鸡前第2天铺好垫料，要求垫料厚度保持8～10厘米，舍内要均匀分布，一次性铺设好。

3. 铺好开食布、开食盘，悬挂温度表、干湿度表、温度探头

进鸡前一天，铺好开食布或开食盘，注意不要置于水线正下方，以免影响雏鸡喝水或漏湿开食布；同时把温度表、干湿度表、温度探头悬挂于舍内合适的位置，高度与鸡背相平，并注意负压表的连接。

4. 育雏舍的试温和预温

无论采用哪种方式育雏和供温，进雏前2～4天（根据育雏季节和加热方式而定）对舍内保温设备进行检修和调试。采用地下火道或地上火笼加热方式的，在冬季和早春要提前4天预温，其他季节提前3天预温；其他加热方式一般提前2天进行预温。在雏鸡转入育雏舍前1天，要保证舍内温度达到育雏所需要的温度，并注意加热设备的调试以保持温度的稳定。试温的主要目的在于提高舍内空气温度，加热地面、墙壁和设备，同时要保持鸡舍内的相对湿度在70%左右。试温期间要在舍温升起来后打开门窗通风排湿，舍内湿度高会影响雏鸡的健康和生长发育，因此新建的鸡舍或经过冲洗的鸡舍，雏鸡进舍前必须采取措施调整舍内湿度。

5. 开启茶水炉

提前一天点着茶水炉烧开水，一是雏鸡饮用，二是喷洒加湿。尤其是进鸡当天喷洒热水的加湿效果明显好于凉水。

6. 保证舍内合理湿度

进鸡前一天可用喷雾器向舍内墙上、走廊上、炉道及烟囱下面适当喷洒清水，最好选用温水或热水，加湿效果好；地面养鸡要避开垫料、防止垫料潮湿引发疾病。要求进鸡前相对湿度达到65%～70%。

7. 饲料药物准备

准备好开口料、雏鸡开口用的营养性药物和预防性药物，做好雏鸡开口用药计划。

（五）具体工作日程

1. 进雏前 14 天

舍内设备尽量在舍内清洗；清理雏鸡舍内的粪便、羽毛等杂物；用高压喷枪冲洗鸡舍、网架、储料设备等。冲洗原则为：由上到下，由内到外；清理育雏舍周围的杂物、杂草等；对进风口、鸡舍周围地面用 2%火碱溶液喷洒消毒；鸡舍冲洗、晾干后，修复网架等养鸡设备；检查供温、供电、饮水系统是否正常。

初步清洗整理结束后，对鸡舍、网架、储料设备等消毒一遍，消毒剂可选用季铵盐、碘制剂、氯制剂等。为达到更彻底的消毒效果，可对地面等进行火焰喷射消毒。如果上一批雏鸡发生过某种传染病，需间隔 30 天以上方可进雏，且在消毒时需要加大消毒剂剂量；计算好育雏舍所能承受的饲养能力；注意灭鼠、防鸟。

2. 进雏前 7 天

将消毒彻底的饮水器、料盘、粪板、灯伞、小喂料车、塑料网等放入鸡舍；关闭门窗，用报纸密封进风口、排风口等，然后用甲醛熏蒸消毒；进雏前 3 天打开鸡舍，移出熏蒸器具，然后用次氯酸钠溶液消毒一遍；鸡舍周围铺撒生石灰并洒水，起到环境消毒的作用；调试灯光，可采用 60 瓦白炽灯或 13 瓦节能灯，高度距离鸡背部 50～60 厘米为宜。

准备好雏鸡专用料（开口料）、疫苗、药物（如支原净、恩诺沙星等）、葡萄糖粉、电解多维等；检查供水、照明、喂料设备，确保设备运转正常；禁止闲杂人员及没有消毒过的器具进入鸡舍，等待雏鸡到来。

采购的疫苗要在冰箱中保存（按照疫苗瓶上的说明保存）。

3. 进雏前 1 天

进雏前 1 天，饲养人员再次检查育雏所用物品是否齐全，比如消毒器械、消毒药、营养药物及日常预防用药、生产记录本等；检查育雏舍温度、湿度能否达到基本要求，春、夏、秋季提前 1 天预温，冬季提前 3 天预温，雏鸡所在的位置能够达到 35℃；鸡舍地面洒适量的水，或舍内喷雾，保持合适的湿度。

鸡舍门口设消毒池（盆），进入鸡舍要洗手、脚踏消毒池（盆）；地面平养蛋鸡，铺好垫料。

三、雏鸡的选择和接运标准

（一）雏鸡的选择

1. 蛋鸡饲养品种的选择

（1）优良蛋鸡品种应该具备的特征

① 具有很高的产蛋性能，年平均产蛋率达75%～80%，平均每只入舍母鸡年产蛋16～18千克。

② 有很强的抗应激能力，抗病力、育雏成活率、育成率和产蛋期存活率都能达到较高水平。

③ 体质强健，体力充沛，能维持持久的高产。

④ 蛋壳质量好，即使在产蛋后期和夏季仍然保持较小的破蛋率。

（2）蛋鸡饲养品种的选择依据

① 根据市场需求选择。

② 在饲养经验不足，鸡的成活率较低的地方，应该首选抗病力和抗应激能力比较强的鸡种。

③ 有一定饲养经验，并且鸡舍设计合理，鸡舍控制环境能力较强的农户，可以首选产蛋性状突出的鸡种。

④ 小鸡蛋受欢迎的地区和鸡蛋以个计价销售的地区，可以养体型小、蛋重小的鸡种。鸡蛋以斤计价销售的地区与喜欢大鸡蛋的地区，应选养蛋重大的鸡。

⑤ 天气炎热的地方应饲养体型较小、抗热能力强的鸡种，寒冷地带应饲养抗寒能力强、体重稍大的鸡种。

2. 雏鸡孵化场家的选择

优质健康的雏鸡来源于优良的种鸡场，所以在计划购进雏鸡时，应多方打听和实地考察，无论选购什么样的鸡种，必须在有生产许可证、有相当经验、有很强技术力量、规模较大、没发生严重疫情的种鸡场购雏。管理混乱、生产水平不高的种鸡场，很难提供具有高产能力的雏鸡。

首先，要选择具有一定饲养规模、知名度高、信誉良好的雏鸡供应场家。这样的雏鸡场种鸡存栏数量大、饲养设备先进、管理正规、种鸡疾病防控比较到位，也只有这样的种鸡场才能够一次性提供大量的、优质的、健康的雏鸡，才能够拥有良好的售后服务。

其次，当雏鸡处于高价位运行时，在雏鸡选择上和开口药的使用上要谨慎；因为雏鸡处于高价位运行时，雏鸡的质量往往难以保障，雏鸡之所以处于高价位运行，多数是因为雏鸡供应数量减少，而造成雏鸡供应数量减少的原因主要是种鸡群生病或淘汰增多，造成种鸡产蛋率和孵化率降低，这种情况下种蛋的筛选和雏鸡的挑选都不会太严格，加上一些疾病的垂直传播，雏鸡的质量往往难以保障。所以此阶段育雏，在选雏上更要谨慎，选一些品牌大、规模大、信誉好的雏鸡厂家，并且做好各项育雏工作的准备，保证育雏阶段的顺利进行。

3. 雏鸡个体的选择与运输

选择生长发育好、品种特征显著、生产性能优良、精神饱满、健康无病的适龄种鸡群生产的雏鸡，是肉鸡养殖成功的重要前提。好的雏鸡要求出壳时间正常、集中、整齐，出壳过早或过迟是因种蛋质量差或孵化温度不当所致，饲养难度大。

（1）优质雏鸡的表现　优质健康的雏鸡表现为眼大有神、叫声响亮、活泼好动、挣扎有力、反应灵敏；腹部大小适中、柔软，脐部愈合良好，无毛区小并被周围绒毛覆盖；肛门周围干净，肛周绒毛干燥；个体均匀，雏鸡平均体重应在 40 克以上；畸形雏如三条腿雏、歪嘴雏、无下颌雏等较少。

弱雏、残雏表现为呆立、低头、闭眼、反应迟钝，抓在手中挣扎无力；脐部吸收不良，有血迹，无毛区大，腹部膨大且硬，颜色不正常；肛周粘有粪便，绒毛稀少；腿、爪、喙异常，跛行，有眼疾。对于先天有病的雏鸡，坚决不能进，不要贪图一时的价格便宜，更不要期望进鸡后通过药物治疗可以改善；雏鸡应无白痢、支原体、尖峰死亡综合征等垂直传播疾病。

（2）优质雏鸡的个体选择

① 雏鸡须孵自 52～65 克重的种蛋，对过小或过大的种蛋孵出的雏鸡必须单独饲养，同一批雏鸡应来自同一批种鸡的后代。

② 羽毛良好，清洁而有光泽。

③ 脐部愈合良好，无感染，无肿胀，不残留黑线，肛门周围羽毛干爽。

④ 眼睛圆而明亮，站立姿势正常，行动机敏、活泼，握在手中挣扎有力。对拐腿、歪头、眼睛有缺陷或交叉嘴的雏鸡要剔出。

⑤ 鸡爪光亮如蜡，不呈干燥脆弱状。

⑥ 出壳时间在入孵后 20.5～21 天之间。

⑦ 对挑选好的雏鸡，准确清点数量，同时要签订购雏合同。

（二）雏鸡运输的标准化要求

雏鸡是比较适合运输的动物，因在出雏的 2 天内，雏鸡仍处于后发育状态。在实际生产中，我们经常会发现，在孵化场内放置 24 小时的雏鸡，看起来比刚出雏不久的雏鸡精神状况更好。雏鸡脐部在 72 小时内是暴露在外部的伤口，72 小时后会自己愈合并结痂脱落。雏鸡卵黄囊重 5～7 克，内含有供雏鸡生命所需的各种营养物质，雏鸡靠它能存活 5～7 天。雏鸡开始饮水、采食越早，卵黄吸收越快。研究显示，青年种母鸡的后代和成年或老龄种母鸡的后代相比，在育雏的温度、尤其是湿度上要得到更好的保证。

雏鸡的接运是一项技术性强的细致工作，要求迅速、及时、安全、舒适到达目的地。

1. 接雏时间

应在雏鸡羽毛干燥后开始，至出壳后 36 小时结束，如果远距离运输，也不能超过 48 小时，以减少中途死亡。

2. 装运工具

运雏时最好选用专门的运雏箱或运雏盒（如硬纸箱、塑料箱、木箱等），规格一般为 60 厘米×45 厘米×20 厘米，内分 2 个或 4 个格，箱壁四周适当设通气孔，箱底要平而且柔软，箱体不得变形。在运雏前要注意雏箱的清洗消毒，根据季节不同每箱可装80～100 只雏鸡。运输工具可选用车、船、飞机等。

3. 装车运输

主要考虑防止缺氧闷热造成窒息死亡或寒冷冻死，防止感冒拉稀。装车时箱与箱之间要留有空隙，确保通风。夏季运雏要注意通风防暑，避开中午运输，防止烈日曝晒发生中暑死亡。冬季运输要注意防寒保温，防止感冒及冻死，同时也要注意通风换气，不能包裹过严，防止闷死。春、秋季节运输气候比较适宜，春、夏、秋季节运雏要备有防雨用具。如果天气不适而又必须运雏时，则要加强防护措施，在途中还要勤检查，观察雏鸡的精神状态是否正常，以便及时发现问题，及时采取措施。无论采用哪种运雏工具，都要做到迅速、平稳，尽量避免剧烈震动，防止急刹车，尽量缩短运输时间，以便及时开食、饮水。

4. 接雏程序

① 不论春夏秋冬，要在进雏前 1～2 天预温鸡舍，接雏时鸡舍温度 28～30℃即可，放完鸡后，再慢慢升至规定温度。

② 雏鸡运到鸡场后，要迅速卸车。雏鸡盒放到鸡舍后，不能码放，要平摊在地上，同时要随手去掉雏鸡盒盖，并在半小时内将雏鸡从盒内倒出，散布均匀。

③ 有的客户在接到雏鸡后要检查质量和数量，最好把要检查的雏鸡盒卸下车，并摊开放置，再指派专人去查。不能在车内抽查或在鸡舍内全群检查，这样往往会造成热应激而得不偿失。雏鸡临界热应激温度是 35℃，研究显示，夏季运雏车停驶 1 分钟，雏鸡盒内温度升高 0.5℃。

四、雏鸡的安全饲养技术

（一）育雏方式

人工育雏按其占用地面和空间的不同，分为平面育雏和立体育雏 2 种。

1. 平面育雏

常采用以下两种育雏形式。

(1) 火炕育雏　即靠火炕供温，把雏鸡饲养在炕面上，用烧火大小调节育雏温度。其优点是舍温稳定，雏鸡脱温安全，不受电的控制，育雏成本低。

(2) 网上育雏　将雏鸡饲养在离地面 50～60 厘米高的铁丝网上，其网眼为 1.25 厘米×1.25 厘米。这种育雏方式可节省大量垫料，而且雏鸡不与粪便接触，降低了消化道疾病的感染机会。

2. 立体育雏

又叫笼育，即将雏鸡饲养在分层的育雏笼内。育雏笼一般分 3～5 层，采用叠层式排列。其优点是：充分利用鸡舍建筑面积，育雏保温比较容易，节省保温供热成本，雏鸡不接触粪便，减少球虫病的发生。其缺点是：投资较大，同时，笼养后备鸡或产蛋鸡容易过肥。

(二) 育雏期的饲养管理

0～6 周龄称为育雏期，是培育优质蛋鸡的初始和关键阶段，需要通过细致、科学的饲养管理，培育出符合品种生长发育特征的健壮合格鸡群，为以后蛋鸡阶段生产性能的充分发挥打下基础。

1. 育雏期饲养管理目标

① 鸡群健康，无疾病发生，育雏期末存活率在 99.0%以上。

② 体重周周达标，均匀度在 85%以上，体型发育良好。

③ 育雏期末，新城疫抗体均值达到 6lg2，禽流感 H5 抗体值 5lg2、H9 抗体值 6lg2，抗体离散度 2～4，法氏囊阳性率达到 100%。

2. 育雏期饲养管理关键点

(1) 饮水管理　饮水管理的目标是：保证饮水充足、清洁卫生。

① 初饮。雏鸡到达后要先饮水后开食。初饮最好选择 18～20℃的温开水。初饮时要仔细观察鸡群，对没有喝到水的雏鸡进行调教。

雏鸡卵黄囊内各种营养物质齐全（包括水），能保证雏鸡 3 天内正常生命活动需要，所以不要担心雏鸡在运输途中脱水，在最初 1～2 天的饮水中添加电解质、维生素或所谓开口药是多此一举，也是没有必要的。除非雏鸡出雏超过 72 小时或在运输途中超过 48 小时，且又长时间处在临界热应激温度中，在接雏后的第 2 遍饮水中，可添加一些多维、电解质，每次饮水 2 小时为限，每天一次，2 天即可。如果雏鸡已开食了，就不需要了。

如果不喂开口药心里不踏实，或者为了净化雏鸡肠道内的大肠杆菌和沙门菌，预防白痢和脐炎发生，提高成活率，也可选择抗生素类药物作为开口药。但是，要在说明书推荐用量的基础上，再加倍兑水稀释，而不是加倍加药，每天喂的时间不应超过 2 小时，喂 2 天即可。雏鸡开口药禁用喹诺酮类药物（如氧氟沙星、环丙沙星、诺氟沙星等）。此类药物损害雏鸡的骨骼，影响雏鸡的生长发育，严重者可造成雏鸡瘫腿。氯霉素及磺胺类药物（如氟苯尼考、甲砜霉素等），这类药物可抑制母源抗体，用了这类药物可导致过早出现新城疫和法氏囊，不宜作为开口药使用。氨基糖苷类药物（如庆大霉素、卡那霉素等），这类药物有肾脏毒性，损害雏鸡的肾脏和神经系统，也不宜作为开口药使用。

近年来，雏鸡因喂开口药中毒事件很多。原因：a. 由于竞争激烈，药厂为增加卖点，把电解质、维生素与抗生素混合在一起，这种含抗生素少，含食盐、葡萄糖多的混合制剂价格便宜，诱惑性大。b. 这种混合制剂当抗生素用没什么效果。通过药厂的宣传，养殖户拿它当药用，并且习惯于加大剂量。c. 说明书模糊不清，夸大药效，没有考虑到雏鸡在最初几天内是全天光照、饮水、喂料。

② 饮水工具。前 3～4 天使用真空饮水器，然后逐渐过渡到乳头饮水器。要及时调整饮水管高度，一般 3～4 天上调一次，保证雏鸡饮水方便。

③ 饮水卫生。使用真空饮水器时每天清洗 1 次，饮水管应半个月冲洗消毒 1 次。建议建立饮水系统清洗、消毒记录。

（2）喂料管理　喂料管理的总体要求是：营养、卫生、安全、充足、均匀。

① 饲料营养。开食时选择营养全面、容易消化吸收的饲料，建议前10天饲喂幼雏颗粒料，11～42天饲喂雏鸡开食料。

② 雏鸡开食。开食时饲喂强化颗粒料，每次每只鸡喂1克料，每2～3小时喂一次，将料潮拌后均匀地撒到料盘上。第4天开始使用料槽，使用料槽后应注意：及时调整调料板的高度，方便雏鸡采食；每天饲喂2～4次，至少匀料3～4次，保证每只鸡摄入足够的饲料，开灯时需匀一遍料，喂料不均匀易造成个别鸡发育不好。

③ 饲料储存。饲料要储存在干燥、通风良好处，定期对储料间进行清理，防止饲料发霉、污染和浪费。

④ 监测和记录鸡群的日采食量（雏鸡的采食量可参考表4-3），详细了解鸡群的采食情况。

表4-3　蛋用型雏鸡饲料需要量

周龄	每天每只料量/克	每周每只料量/克	累计料量/千克
1	10	70	0.07
2	18	126	0.19
3	26	182	0.38
4	33	231	0.60
5	40	280	0.88
6	47	329	1.21
7	52	364	1.58
8	57	399	1.98
9	61	427	2.40
10	64	448	2.58
11	66	462	3.31
12	67	469	3.78
13	68	476	4.26
14	69	483	4.74

续表

周龄	每天每只料量/克	每周每只料量/克	累计料量/千克
15	70	490	5.23
16	71	497	5.73
17	72	504	6.23
18	73	517	6.75
19	75	525	7.27
20	77	539	7.81

（3）光照管理　科学正确的光照管理，能促进后备鸡骨骼发育，适时达到性成熟。对于初生雏，光照主要影响其对饲料的摄取和休息。雏鸡光照的原则是：让雏鸡快速适应环境，避免产生啄癖。

出壳头 3 天，雏鸡的视力弱，为了保证采食和饮水，一般采用昼夜 24 小时光照、也可采用昼夜 23 小时连续光照、1 小时黑暗的办法，以便使雏鸡能适应万一停电时的黑暗环境。第 1 周光照强度应控制在 20 勒克斯以上，可以使用 60 瓦白炽灯。从第 4 天起光照时间每天减少 1 小时。为防止啄癖发生，2～3 周龄后光照强度要逐渐过渡到 5 勒克斯（5 瓦节能灯）。

（4）温度管理　育雏育成阶段的温度管理分为温度稳定期、温度下降期和温度适应期三个阶段。

① 温度稳定期（0～3 周龄）。此阶段温度管理以保温为主、通风为辅，保证鸡舍温度的适宜、稳定、均匀，对管理人员要求较高。若冬季供暖不足，容易出现低温现象，增加死淘率；夏季高温高湿，影响雏鸡生长，出现大量弱雏；温度不稳定容易诱发呼吸道现象，甚至出现假母鸡。具体管理要做到“时间上的稳定”、“源头上的稳定”和“空间上的稳定”。

时间上的稳定：鸡群所需适宜温度随日龄的增加而逐渐降低，初始温度是 35～37℃，以后每周下降 2℃，最终稳定在 18～22℃。

具体方法如下：按照标准设定鸡舍温度，逐渐降温，适应雏鸡生理需要。不要过于追求“高温育雏”，育雏前期的温度并非越高越有利于鸡群生长。实践表明，前3周体重增长与温度呈负相关，即说明温度过高会抑制体重增长，且第2周最明显。

要求前3周内每2小时记录一次鸡舍实际温度，并检查和保证温度计的准确性。

学会“看鸡施温”。育雏温度是否适宜，仅仅依靠温度计测量是不够的，实际生产中还要根据鸡群的行为表现加以适当调整，做到看鸡施温。温度适宜时，雏鸡活泼好动，精神旺盛，叫声轻快，羽毛平整光滑，食欲良好，饮水适度，粪便多呈条状；休息时，在笼上分布均匀，头颈伸直熟睡，无异常状态或不安的叫声，鸡舍安静。温度过低时，雏鸡行动缓慢，集中在热源周围或挤于一角，并发出“叽叽”（慌乱）叫声，生长缓慢、大小不均，易发生感冒或下痢致死。温度过高时，雏鸡远离热源，精神不振，张口喘息，两翅展开趴于笼面，采食量降低，饮水量增加，长时间高温会导致雏鸡热射病，进而大批死亡。

源头上的稳定：重点是保证锅炉供暖温度的稳定，要求每天锅炉温度控制在±5℃之内，鸡舍温度控制在±1℃之内。

空间上的稳定：要求鸡舍不同部位（前后、各面、上下）温度差控制在1℃之内。

② 温度下降期（4～6周龄）。此阶段要逐渐对鸡舍脱温，并增加通风量，实现育雏向育成的平稳过渡，重点做好通风的合理匹配，防止因为通风管理不当，诱发鸡群的呼吸道疾病。

具体通风原则是：在保温的基础上通风和换气；白天要适当增加通风量，夜间以满足换气即可。

③ 温度适应期（7周龄以后）。此时鸡群进入育成阶段，需要让鸡群逐渐适应外界环境的变化，顺利向蛋鸡阶段过渡，防止因为转群、季节变化等因素诱发鸡群条件性疾病。

温度控制原则是：适应外界环境，主要是指适应季节和气温变化；适应蛋鸡舍内环境，完成温度的衔接和过渡。此阶段结束后需要将鸡群转移到蛋鸡舍，尤其注意转群前后的温度管理，转群前1

周将雏鸡舍温度过渡到蛋鸡舍温度水平：冬季脱温至13～14℃，蛋鸡舍提前预温至12℃，春秋季节保持在15～16℃，夏季保持在18～22℃；转群要选择晴朗的天气进行，夏季在凉爽的早晨，冬季在上午9点以后；远程转群，冬季应采取防护措施，保证车内温度在12℃以上，夏季避免因空气流通受阻而出现死鸡现象。

（5）湿度管理　湿度是创造舒适环境的另一个重要因素，适宜的湿度和雏鸡体重增长密切相关。湿度管理的目标是：前期防止雏鸡脱水；后期防止呼吸道疾病。

① 湿度控制要求。育雏前2周，湿度要控制在55%～65%；第3周后，控制在45%～55%，要保持鸡舍湿度的稳定。

② 湿度控制不好的危害。育雏前期湿度过低，雏鸡易脱水，空气中粉尘增多易损伤雏鸡呼吸道黏膜，诱发呼吸道病；湿度过高（超过75%），尤其是在夏季，会影响雏鸡的生长，且死亡率增高。

高温低湿时，可以通过带鸡消毒的方式增加湿度、降低温度，同时净化舍内环境；高温高湿时可以通过增加通风量方式，减小高温高湿对鸡群的不利影响。

（6）通风管理　风速适宜、稳定，换气均匀。保证鸡舍内充足的氧气含量；排热、排湿气；减少舍内灰尘和有害气体的蓄积。

① 0～4周龄，以保温为主、通风为辅，确保鸡群正常换气；5周龄以后以通风为主，保温为辅。以鸡群需求换气量为基础，做好进气口和排风口的匹配。

② 育雏前期，采用间歇式排风，安排在白天气温较高时进行，通风前要先提高舍温1～2℃。

③ 进风口要添加导流装置，使进入鸡舍的冷空气充分预温后均匀吹向鸡群；要杜绝漏风，防止贼风吹鸡；检查风速，前4周风速不能超过0.15米/秒，否则容易吹鸡造成发病。

（7）体重管理　育雏期要求雏鸡体重周周达标，均匀度达到80%，变异系数在0.8以内。

育雏期各阶段鸡的体重和均匀度是衡量鸡群生长发育好坏的重要指标，应重点做好雏鸡体重测量工作。

① 称测时间。从第1周龄开始称重，每周称重1次，每次称测时间应固定，在上午鸡群空腹时进行。

② 选点。每次称测点应固定，称测时每层每列的鸡笼都应涉及，料线始末的个体均应称重。

③ 措施。体重称测后，如果出现发育迟缓、个体间差异较大等问题，应立即查找原因，制定管理对策使其恢复成正常鸡群。对不同体重的鸡群采用不同的饲喂计划，促进鸡群整体均匀发育。

（8）断喙　导致啄癖的原因有很多，如日粮不平衡、饲养密度过大、温度过高、通风不良、光照强、断水或缺料等。除克服以上问题外，目前防止啄癖普遍采用的主要措施就是断喙。断喙既可防止啄癖，又节约饲料，促进雏鸡的生长发育。一般进行两次断喙，在6～9日龄进行第一次断喙，将上喙断去1/2～2/3（指鼻孔到喙尖的距离），下喙断去1/3。具体方法：待断喙器的刀片烧至褐红色，用食指扣住喉咙，上下喙同时断，断烙的时间为1～2秒；若发现有的个别鸡断后出血，应再行烧烙。

在给雏鸡断喙时应注意：鸡群受到应激时不要断喙，如刚接种过疫苗的鸡群等，待恢复正常时才能进行；在用磺胺类药物时不要断喙，否则易引起流血不止；在断喙前后一天饲料中可适当添加维生素K（4毫克/千克）有利于凝血；断喙后2～3天内，料槽内饲料要加得满些，以利雏鸡采食，减少碰撞槽底，断喙后要供应充足的清凉饮水，加强饲养管理；断喙时应注意不能断得过长或将舌尖断去，以免影响雏鸡采食。

（9）日常管理

① 经常检查饲槽、水槽（饮水器）的采食饮水位置是否够用，规格是否需要更换，并通过喂料的机会，观察雏鸡对给料的反应、采食的速度、争抢的程度、饮水的情况，以了解雏鸡的健康状况。一般雏鸡减食或不食有以下几种情况：饲料质量下降，饲料品种或喂料方法突然更换；饲料发霉变质或有异味；育雏温度经常波动，饮水供给不足或饲料中长期缺少砂粒等；鸡群发生疾病等。

② 经常观察雏鸡的精神状态，及时剔除鸡群中的病、弱雏，病、弱雏常表现出离群、闭眼呆立、羽毛蓬松不洁、翅膀下垂、呼吸有声等。经常检查鸡群中有无恶癖，如啄羽、啄肛、啄趾及其他异食等现象，检查有无瘫鸡、软脚等，以便及时判断日粮中营养是否平衡。

③ 每天早晨要注意观察雏鸡粪便的颜色和形状是否正常，以便于判定鸡群是否健康或饲料的质量是否发生问题。雏鸡正常的粪便应该是：刚出壳尚未采食的幼雏排出的胎粪为白色和深绿色稀薄液体，采食以后便呈圆柱形、条状、颜色为棕绿色，粪便的表面有白色的尿酸盐沉着，有时早晨单独排出盲肠内的粪便呈黄棕色糊状，这也属于正常粪便。

病理状态的粪便可能有以下几种情况：肠炎腹泻，排出黄白色、黄绿色附有黏液、血液等的恶臭粪便（多见于新城疫、霍乱、伤寒等急性传染病时）；尿酸盐成分增加，排出白色糊状或石灰浆样的稀粪（多见于雏鸡白痢、传染性法氏囊等）；肠炎、出血，排出棕红色、褐色稀便，甚至血便（多见于球虫病）等。

④ 采用立体笼育的要经常检查有无跑鸡、别翅、卡脖、卡脚等现象。要经常清洁饲料槽，每天冲洗饮水器，垫料勤换勤晒，保持舍内清洁卫生。保持空气新鲜，无刺激性气味。

⑤ 适时分群。由于雏鸡出壳有迟有早，体质有强有弱，开食有好有坏以及疾病等的影响，使雏鸡生长有快有慢、参差不齐，必须及时将弱小的雏鸡分群管理，使其生长一致，提高成活率。按时接种疫苗，检查免疫效果。

⑥ 定期称重。各种类型的雏鸡在其生长发育过程中均有一定的规律，在正确的饲养和管理条件下都有其不同的标准体重。定期称测 50～100 只雏鸡，取其平均数与标准体重对比，若相差太大，应及时查明原因，采取措施，保证雏鸡正常生长发育。

（三）育雏成绩的判断标准

1. 育成率的高低是个重要指标

良好的鸡群应该有 95%以上的育雏成活率，但它只表示死淘率的高低，不能体现培育出的雏鸡质量如何。

2. 检查平均体重是否达到标准体重，能大致地反应鸡群的生长情况

良好的鸡群平均体重应基本上按标准体重增长，但平均体重接近标准的鸡群中也可能有部分鸡体重小，而又有部分鸡体重超标。

3. 检查鸡群的均匀度

鸡群的均匀度是检查育雏好坏的最重要指标之一。如果鸡群的均匀度低则必须追查原因，尽快采取措施。鸡群在发育过程中，各周的均匀度是变动的。当出现均匀度比上一周差时，说明过去一周的饲养过程中一定有某种因素产生了不良影响，应及时发现问题，避免造成大的损失。

4. 耗料量

每只鸡要求耗料量在（1.8±0.18)千克。

以上这四项指标也可以作为生产指标应用于管理之中，若超标则奖，低标则罚。这种生产指标承包式管理可以激发全体员工工作的积极性和创造性。

（四）育雏失败的原因

1. 第一周死亡率高

（1）细菌感染　大多是由种鸡垂直传染，或种蛋保管过程及孵化过程中卫生管理上的失误引起的。为避免这种情况造成较大损失，可在进雏后正确投服开口药。

（2）环境因素　第一周的雏鸡对环境的适应能力较低，温度过低鸡群扎堆，部分雏鸡被挤压窒息死亡，某段时间在温度控制上的失误，雏鸡也会腹泻得病。因此，要加强环境控制。

2. 体重落后于标准

（1）现在的饲养管理手册制定的体重标准都比较高，育雏期间多次免疫，还要进行断喙，应激因素太多，所以难以完全按标准体重增长。

（2）体重落后于标准太多时应多方面追查原因

① 饲料营养水平太低。

② 环境管理失宜。育雏温度过高或过低都会影响采食量，活动正常的情况下，温度稍低些，雏鸡的食欲好，采食量大。舍温过低，采食量会下降，并能引发疾病。通风换气不良，舍内缺氧时，鸡群采食量下降，从而影响增重。

③ 鸡群密度过大。鸡群内秩序混乱，生活不安定，情绪紧张，长期生活在应激状态下，影响生长速度。

④ 照明时间不足，雏鸡采食时间不足。

3. 雏鸡发育不齐

① 饲养密度过大，生活环境恶化。

② 饮食位置不足。群体内部竞争过于激烈，使部分鸡体质下降，增长落后于全群。

③ 疾病的影响。感染了由种鸡带来的白痢、支原体等病或在孵化过程被细菌污染的雏鸡，即使不发病，增重也会落后。

4. 饲养环境控制失误

如局部位置温度过低，部分雏鸡睡眠时受凉或通风换气不良等因素，产生严重应激，生长会落后于全群。

5. 断喙失误

部分雏鸡喙留得过短，严重影响采食，导致增重受阻，所以断喙最好由技术熟练的工人操作。

6. 饲料营养不良

饲料中某种营养素缺乏或某种成分过多，造成营养不平衡，由于鸡个体间的承受能力不同，增长速度会产生差别。即使是营养很全面的饲料，如果不能使鸡群中的每个鸡都同时采食，那么先采食的鸡抢食大粒的玉米、豆粕等，后采食的鸡只能吃剩下的粉面状饲料，由于粉状部分能量含量低、矿物质含量高，营养很不平衡，自然严重影响增重，使体重小的鸡越来越落后。

7. 未能及时分群

如能及时挑出体重小、体质弱的鸡，放在竞争较缓、更舒适的环境中培养，也能逐步赶上大群的体重。

第二节　育成鸡的安全饲养

一、育成鸡的生理特点

7～18 周龄称为育成期，该阶段的管理重点是合理控制好体成熟和性成熟。育成期管理目标是：鸡群健康，体重和均匀度周周达标，体成熟和性成熟同步，适时开产。

育成鸡的生理特点如下。

① 具有健全的体温调节能力和较强的生活能力，对外界环境适应能力和疾病抵抗能力明显增强。

要做好季节变化和转群两个关键时期的鸡群管理，防止鸡群发生呼吸道病、大肠杆菌病等环境条件性疾病。

② 消化能力强，生长迅速，是肌肉和骨骼发育的重要阶段。

整个育成期体重增幅最大，但增重速度不如雏鸡快。

③ 育成后期鸡的生殖系统发育成熟。

在光照管理和营养供应上要注意这一特点，顺利完成由育成期到产蛋期的过渡。

二、体重和均匀度管理

体重是鸡群发挥良好生产性能的基础，能够客观反映鸡群发育水平；均匀度是建立在体重发育基础上的又一指标，反映了鸡群的整体质量。如果鸡群性成熟时体重达标整齐、骨骼发育良好，则鸡群开产整齐，产蛋高峰高，产蛋高峰期维持时间长。

（一）体重管理

体重周周达标，为产蛋储备体能。

1. 育成期不同阶段体重管理重点

7～8 周龄称为过渡期。重点是通过转群或分群，使鸡只饲养密度由每平方米 30 只增加到 20 只，在转群或分群过程中，注意保持舍内环境的稳定。转群前建议投饮多维，减小对鸡群的应激。

9～12 周龄为快速生长期。该阶段鸡只周增重在 100～130 克，重点是确保鸡群健康和体重快速增长；周体增重最好超过标准，如果不达标，后期体重将很难弥补。

13～18 周龄为育成后期。体重增长速度随着日龄增加而逐渐减慢。鸡群体型逐渐增大，笼内开始变得拥挤；并且该时期免疫较多，对鸡群应激大，所以该时期要密切关注体重和均匀度变化趋势。

2. 确保体重达标的管理措施

①确保环境稳定、适宜，特别在转群前后和季节转换时期要密切关注；②及时分群，确保饲养密度适宜，不拥挤；③控制饲料质量，确保营养全价、均衡；④由雏鸡舍转育成鸡舍后，如果鸡只体重不达标，可增加饲喂量和匀料次数；仍然不达标时，可推迟更换育成期料，但最晚不超过 9 周龄。

（二）均匀度管理

每周均匀度达到 85％以上。提高鸡群均匀度的管理措施如下。

① 做好免疫与鸡群饲养管理，确保鸡群健康，保持鸡只的正常生长发育。

② 喂料均匀，保证每只鸡获得均衡、一致的营养。

③ 采取分群管理。6 周龄末根据体重大小将鸡群分为三组：超重组（超过标准体重 10％）、标准组、低标组（低于标准体重 10％）。对低标组的鸡群，在饲料中可增加多维或添加 0.5％的植物油脂，对超标组的鸡群限制饲喂。

（三）换料管理

1. 换料种类及时间

7～8 周龄将雏鸡料换成育成鸡料，16～17 周龄将育成鸡料换成产蛋前期饲料。

2. 换料注意事项

换料时间以体重为参考标准。在 6 周龄、16 周龄末称量鸡只体重，达标后更换饲料，如果体重不达标，可推迟换料时间，但不应晚于9周龄末和17周龄末。

注意过渡换料，换料至少有一周的过渡时间。参照以下程序执行：第1～2天，2/3的本阶段饲料＋1/3待更换饲料；第3～4天，1/2本阶段饲料＋1/2待更换饲料；第5～7天，1/3本阶段饲料＋2/3待更换饲料。

三、光照管理

1. 光照对性成熟的影响

光照是控制蛋鸡性成熟的主要方式，前8周龄光照时间和强度对鸡只的性成熟影响较小，8周龄以后影响较大，尤其是13～18周龄的育成后期，鸡体的生殖系统包括输卵管、卵巢等进入快速发育期，会因光照的渐增或渐减而造成性成熟的提早或延迟。只有好的饲养管理，配合正确的光照程序，才能得到最佳的产蛋结果。

2. 育成期光照管理基本原则

（1）育成期光照时间不能延长，建议实施8～10小时的恒定光照程序。

（2）进入产蛋前期（一般17周龄）增加光照后，光照时间不能缩短。

3. 光照程序

（1）能利用自然光照的开放鸡舍　对于从4月至8月间引进的雏鸡，由于育成后期的日照时间是逐渐缩短的，可以直接利用自然光照，育成期不必再加人工光照。

对于9月中旬至来年3月引进的雏鸡，由于育成后期光照时间逐渐延长，需要利用自然光照加人工光照的方法来防止其过早开产。具体方法有两种。

一是光照时数保持稳定法：即查出该鸡群在20周龄时的自然日照时数，如是14小时，则从育雏开始就采用自然光照加人工补充光照的方法，一直保持每日光照14小时至20周龄，再按产蛋期的要求，逐渐延长光照时间。

二是光照时间逐渐缩短法：先查出鸡群20周龄时的日照时数，

将此数再加上 4 小时，作为育雏开始时的光照时间。如 20 周龄时日照时数为 13.5 小时，则加上 4 小时后为 17.5 小时，在 4 周龄内保持这个光照时间不变，从 4 周龄开始每周减少 15 分钟的光照时间，到 20 周龄时的光照时间正好是日照时间，20 周龄后再按产蛋期的要求，逐渐增加光照时间。

（2）密闭式鸡舍　密闭鸡舍不透光，完全是利用人工光照来控制照明时间，光照的程序就比较简单。一般一周龄为 22～23 小时的光照，之后逐渐减少，至 6～8 周龄时降低到每天 10 小时左右，从 18 周龄开始再按产蛋期的要求增加光照时间。

对育成末期的光照原则：鸡群达到开产体重时，方可增加光照时间，不能过早加光；过早加光则极易导致产蛋率低、高峰维持时间短、蛋重小。如褐壳罗曼蛋鸡只有体重达到 1400 克时，方可增加光照而刺激鸡群开产。如果达到开产日龄而体重却不达标，也不能加光，而要等到体重到时方可加光。

四、温度管理

① 育成期将温度控制在 18～22℃，每天温差不超过 2℃。

② 夏季高温季节，提高鸡舍内风速，通过风冷效应降低鸡群体感温度；推荐安装水帘降温系统，将温度控制在 30℃以内，防止高温影响鸡群生长，尤其是在密度逐渐增大的育成后期。

③ 冬季为了保证鸡只的正常生长和舍内良好的通风换气，舍内温度要控制在 13～18℃，最低不低于 13℃；如果有条件可以安装供暖装置，将舍温控制在 18℃左右，确保温度适宜和良好换气。

④ 在春、秋季节转换时期，要防止季节变化导致的鸡舍温差剧烈变化或风速过大引起的冷应激。春季要预防刮大风和倒春寒天气；秋季要提前做好舍内降温工作，以利于鸡只适应外界气温的变化。

五、转群管理

（一）转群前管理

① 转群前 6～12 小时停止喂料，但不停止供水。

② 转群前将鸡舍温度降低到待转入鸡舍温度，防止转群前后舍内温差过大导致的转群环境应激。

③ 转群前将体重较小的鸡只挑选出来，转到育成舍或蛋鸡舍后单独饲养。

（二）转群时管理重点

① 转群时做好防疫工作，防止人员、车辆、物品等传播疾病。对转群使用的车辆、物品、道路等彻底消毒一遍。

② 转群时间，夏季宜在天气凉爽的早晨进行，冬季在天气暖和时进行，避免在刮风、雨雪天气转群。

③ 转群前后在饲料中添加抗应激药物。

④ 规范抓鸡、拎鸡和装鸡动作，做到轻抓轻放，避免对鸡只造成伤害。

（三）转群结束后的管理

① 转群后 1 周内，密切观察鸡群饮水和采食是否正常，以便及时采取措施。

② 及时调整鸡群，将体重偏小和体况不好的鸡只挑选出来，单独饲养。

六、疫病控制

1. 免疫管理

蛋鸡育成期的免疫接种较多，要根据当地的流行病制定免疫程序，选择质量过关的疫苗和适宜的接种方法。免疫时要减少鸡群的应激，免疫后注意观察鸡群情况并在免疫后 7～14 天检测抗体滴度，确保保护率达标，一般新城疫抗体血凝平板凝集试验不低于 7，禽流感 H5 株、H4 株不低于 6，H9 株不低于 7，各种抗体的离散度均在 4 以内。

2. 严格消毒

消毒时要内外环境兼顾，舍内消毒每天一次，舍外消毒每天两次，消毒前注意环境的清扫以保证消毒效果。消毒药严格按照配比浓度配制并定期更换消毒药。

3. 鸡群巡视及治疗

每天要认真观察鸡群，发现病弱鸡及时隔离，并尽快查找原因，决定是否进行全群治疗，避免疾病在鸡群中蔓延。选药时，要用敏感性强、高效、低毒、经济的药物。

七、防止推迟开产

实际生产中，5～7 月份培育的雏鸡容易出现开产推迟的现象，主要原因是雏鸡在夏季期间采食量不足，体重落后于标准。在培育过程中可采取以下措施：

① 育雏期间夜间适当开灯补饲，使鸡的体重接近于标准；

② 在体重没有达到标准之前持续用营养水平较高的育雏料；

③ 适当地提高育成后期饲料的营养水平，使育成鸡 16 周后的体重略高于标准；

④ 在 18 周龄之前开始增加光照时间。

八、日常管理

① 鸡群的日常观察。发现鸡群在精神、采食、饮水、粪便等有异常时，要及时请有关人员处理。

② 经常淘汰残次鸡、病鸡。

③ 经常检查设备运行情况，保持照明设备的清洁。

④ 每周或隔周抽样称量鸡只体重，由此分析饲养管理方法是否得当，并及时改进。

⑤ 制定合理的免疫计划和程序，进行防疫、消毒、投药工作，培育前期尤其要重视法氏囊病的预防。法氏囊病的发生不仅影响鸡的生长发育，而且会造成鸡的免疫力降低，对其它疫苗的免疫应答能力下降，如新城疫、马立克氏病等。切实做好鸡白痢、球虫病、呼吸道病等疾病的预防，以减少由于疾病造成的体重不达标和大小不匀。

⑥ 补喂沙粒。为了提高育成鸡只的消化机能及饲料利用率，

有必要给育成鸡添喂沙子，沙子可以拌料饲喂，也可以单独放入沙子槽饲喂。沙子的喂量和规格可以参考表4-4。

表4-4　沙子的喂量及规格

周龄	沙子数量/[千克/(千只·周)]	规格/毫米
4～8	4	3
8～12	8	4～5
12～20	11	6～7

第三节　产蛋鸡的安全饲养

一、蛋鸡产蛋期营养需求的特点

(一) 产蛋鸡的生理特点

1. 开产前生殖器官快速发育，开产后身体仍在发育

蛋鸡进入14周龄后卵巢和输卵管的体积、重量开始出现较快的增加，17周龄后其增长速度更快，19周龄时大部分鸡的生殖系统发育接近成熟。发育正常的母鸡14周龄时的卵巢重量约4克，18周龄时达到25克以上，22周龄能够达到50克以上。刚开产的母鸡虽然已经性成熟，开始产蛋，但机体尚未发育完全，18周龄体重仍在继续增长。

2. 体重快速增加

在18～22周龄期间，平均每只鸡体重增加350克左右，这一时期体重的增加对以后产蛋高峰持续期的维持是十分关键的。体重增加少会表现为高峰持续期短，高峰后死淘率上升。

3. 不同时期对营养物质的利用率不同

刚到性成熟时期，母鸡身体储存钙的能力明显增强。在18～20周龄期间，骨的重量增加15～20克，其中有4～5克为髓质钙。髓质钙是接近性成熟的雌性家禽所特有的，存在于长骨的骨腔内，在蛋壳形成的过程中，可将分解的钙离子释放到血液中用于形成蛋壳，白天在非蛋壳形成期采食饲料后又可以合成。髓质钙沉积不足，则在产蛋高峰期常诱发笼养蛋鸡疲劳综合征等问题。

随着开产到产蛋高峰，鸡对营养物质的消化吸收能力增强，采食量持续增加。而到产蛋后期，其消化吸收能力减弱而脂肪沉积能力增强。

开产初期产蛋率上升快，蛋重逐渐增加，这时如果采食量跟不上产蛋的营养需要，那么被迫动用育成期末体内储备的营养物质，结果体重增加缓慢，以致抵抗力降低，产蛋不稳定。

4. 产蛋鸡富有神经质，对于环境变化非常敏感

鸡产蛋期间，饲料配方的变化，饲喂设备的改换，环境温度、湿度、通风、光照、密度的改变，饲养人员和日常管理程序等的变换，鸡群发病、接种疫苗等应激因素等，都会对产蛋产生不利影响。

在寒冷季节遇到寒流侵袭时，若鸡舍保温条件不好，往往随寒流的过去，出现产蛋率下降的现象，因此会影响后期的产蛋成绩。

5. 产蛋规律

产蛋母鸡在第一个产蛋周期体重、蛋重和产蛋量均有一定规律性的变化，依据这些变化特点，可分为三个时期：产蛋前期、产蛋高峰期、产蛋后期。

（二）蛋鸡产蛋期营养需求的特点

1. 蛋鸡产蛋期营养需求的特点

（1）产蛋期蛋鸡的日粮能量水平取决于母鸡体重、产蛋变化、环境温度等因素　环境温度对鸡的能量需要影响很大，以白来航母鸡为例，当气温高于29℃时，每日代谢能约为4.73兆焦，而在结冰天气中的未绝热鸡舍内则高达6.65兆焦。但对蛋白质、氨基酸、维生素和矿物质的绝对需求量几乎无影响。一般在母鸡的产蛋前期、高峰期和产蛋后期，不同时期供给不同营养水平的日粮。碳水化合物、脂肪等养分是提供能量的主要物质。

（2）蛋鸡产蛋期营养需求的特点　产蛋鸡日粮中蛋白质的利用

效率很大程度上取决于日粮中氨基酸的组成。日粮的氨基酸构成愈接近产蛋鸡的需要量，日粮蛋白质的利用率就愈高。蛋氨酸和赖氨酸是产蛋鸡玉米-豆粕型日粮中的第一和第二限制性氨基酸。因此，产蛋鸡日粮中添加蛋氨酸和赖氨酸可提高蛋白质的利用率。据报道，饲粮蛋氨酸和赖氨酸保持平衡，从而使平衡的后备母鸡日粮蛋白质利用率接近61%，而不平衡的日粮只有55%。产蛋鸡维生素的需要量与生长鸡相比，脂溶性维生素的需要量为生长鸡的1.5～2.5倍。矿物质中钙、磷的需要量为生长鸡的3～4倍，同时还应注意其他矿物质元素的供给。

2. 蛋鸡不同产蛋阶段营养需求的特点

（1）产蛋前期　在开产前1个月，鸡日采食量变化很小，从开产前4天起，日采食量减少20%，且保持低采食量至开产；在开产的最初4天内，采食量迅速增加；此后采食量以中等速度增加，直到产蛋第四周后，采食量增加缓慢。从开产前2～3周至开产后1周，母鸡体重也有所增加，增加340～450克，其后体重增加特别缓慢。研究表明，产蛋早期（开产后前2～3个月）适当增加营养即能量和蛋白质摄入量，对产蛋高峰的尽快到来是非常重要的。研究发现，第一枚蛋的重量与能量摄入的关系比与蛋白质摄入量的关系更为重要，能量的摄入多少是影响产蛋量的重要因素。因此，开产后前2～3周到产蛋高峰期这段时间的能量需要，对产蛋鸡的一生至关重要。在产蛋前期，饲粮中添加脂肪非常有效。在日粮中添加一定脂肪（1.5%～2.0%），不仅能提高日粮中的能量水平，而且能改善日粮的适口性，提高日粮的采食量。

日粮蛋白质、氨基酸含量对产蛋期的产蛋量和蛋重都有影响，但对产蛋初期的蛋重无明显影响。产蛋期前8～10周的日粮应具有以下特征：粗粉料，含谷物量高；添加2.0%～2.5%的脂肪，至少含有2.0%的亚油酸；日粮的代谢能不低于11.6兆焦/千克；粗蛋白质含量不高于18%，应含有足够数量的蛋氨酸-胱氨酸、赖氨酸、苏氨酸和色氨酸；最多含有3.5%的钙，且为粗颗粒钙。

（2）产蛋高峰期　从第26～28周龄进入产蛋高峰期直到40周

龄，产蛋率达到90%左右，蛋重也从开产时的40克提高到56克以上。母鸡体重增加也较快，一般体重从1350克增至约1800克。产蛋高峰期，应使用高营养水平日粮，对维持较长的产蛋高峰至关重要，应特别注意提高蛋白质、氨基酸（特别是蛋氨酸）、矿物质和维生素水平，并且应保持营养物质的平衡。

（3）产蛋后期　产蛋高峰过后，进入产蛋后期，一般从41周龄到60周龄。产蛋高峰过后，蛋鸡已经成熟，鸡体用于自身生长的营养需要将消失，产蛋率下降，而蛋重则有所增加。另外，产蛋高峰过后的鸡群，采食量也较固定。随着周龄增加，养分摄入便过剩，体重增加，饲料利用效率下降。如此时能量摄入过多，易发生脂肪肝。此阶段的营养目的是使产蛋率缓慢和平稳地下降。产蛋高峰期过后，仔细调节日粮中蛋白质和蛋氨酸水平可有效控制蛋重。产蛋下降后的3～4周内，日粮蛋白质的含量最多可降低0.5%。如果产蛋量下降超过预期水平，最安全的办法是减少日粮中的蛋氨酸水平，而不是日粮中的蛋白质水平，此期一般采用限制饲养。限食程度取决于产蛋鸡的体重、环境温度、产蛋率和日粮营养水平等因素，一般采食量限制为正常的90%～95%较好。

二、蛋鸡不同产蛋期的标准化饲养管理

（一）产蛋前期的饲养管理

1. 产蛋前期蛋鸡自身生理变化的特点

（1）内分泌功能的变化　18周龄前后鸡体内的促卵泡素、促黄体生成素开始大量分泌，刺激卵泡生长，使卵巢的重量和体积迅速增大。同时大、中卵泡中又分泌大量的雌激素、孕激素，刺激输卵管生长、耻骨间距扩大、肛门松弛，为产蛋做准备。

（2）法氏囊的变化　法氏囊是鸡的重要免疫器官，在育雏育成阶段在抵抗疾病方面起到很大作用。但是在接近性成熟时，由于雌激素的影响而逐渐萎缩，开产后逐渐消失，其免疫作用也消失。因此，这一时段是鸡体抗体青黄不接的时候，比较容易发病。因此要加强各方面的饲养管理（主要是环境、营养与疾病预防）。

（3）内脏器官的变化　除生殖器官快速发育外，心脏、肝脏的重量也明显增加，消化器官的体积和重量增加得比较缓慢。

2. 产蛋前期的管理目标

（1）管理目标　让鸡群顺利开产，并快速进入产蛋高峰期；减少各种应激，尽可能地避免意外事件的发生；储备抗病能力。

（2）管理工作的重点

① 做好转群工作。此阶段鸡群由后备鸡舍转入产蛋鸡舍，转群是这个阶段最大的应激因素。

环境过渡要平稳：鸡群在短时间能够适应环境变化，顺利进行开产前体能的储备。转群工作如果控制不好，应激过大，往往造成转群后鸡群体质下降，增重减缓，严重时甚至有条件性疾病的发生，影响产蛋水平。

转群前做好空舍消毒工作，保证空舍时间在15天以上，切断上下批次病原的传播。对于发生过疾病的栋舍更应彻底做好空舍、栋内原有物品、周围环境的消毒工作。转群前还要做好设备检修、人员配备、抗应激药物使用等环节的工作。

关于转群时机，由于近年来选育的结果，鸡的开产日龄提前，转群最好能在16周龄前进行，但注意此时体重必须达到标准。

搞好环境控制：充分做好转群后蛋鸡舍与育成舍环境控制的衔接工作，认真了解鸡群在育成舍的温度、湿度、风机开启数量、进风口面积及其他环境参数，尽可能减少转群前后环境差异造成的应激。冬季应当特别注意湿度对环境的影响，湿度过大（大于40%）造成风寒指数增高，鸡群受寒着凉，抵抗力下降，容易诱发条件性疾病。

防疫、隔离卫生：产蛋前期的鸡群各项抗体水平还没有达到最高峰，由于转群、免疫等应激因素影响，鸡群抵抗力降低，容易受到疾病（如新城疫、传染性支气管炎、禽流感等）的侵袭。一旦发生此类疾病，常造成开产延迟或达不到应有的产蛋水平。此阶段除做好日常饲养管理外，还要做好鸡群的各项防疫隔离措施，防止疾病的传入。

在转群前，最好接种新城疫油苗加活苗，减蛋综合征灭活苗及其他疫苗。转群后最好进行一次彻底的驱虫工作，对体表寄生虫如螨、虱等可用喷洒药物的方法。对体内寄生虫可内服丙硫咪唑20～30毫克/千克体重，或用阿福丁拌入料中服用。转群、接种前后在料中应加入多种维生素、抗菌素以减轻应激反应。

保持舍内日常卫生干净整洁，认真做好带鸡消毒工作，保持饲养人员的稳定。

② 适时更换产前料，满足鸡的营养需要。当鸡群在17～18周龄，体重达到标准，马上更换产前料能增加体内钙的储备和让小母鸡在产前体内储备充足营养和体力。实践证明，根据体重和性发育，较早些时间更换产前料对将来产蛋有利，过晚使用钙料会出现瘫痪，产软壳蛋的现象。

从18周龄开始给予产前料：青年鸡自身的体重、产蛋率和蛋重的增长趋势，使产蛋前期成了青年母鸡一生中机体负担最重的时期，这期间青年母鸡的日采食量从75克逐渐增长到120克左右，由于种种原因，很可能造成营养的吸收不能满足机体的需要。为使小母鸡能顺利进入产蛋高峰期，并能维持较长久的高产，减少高峰期可能发生的营养上的负平衡对生产的影响，从18周龄开始应该给予较高营养水平的产前料，让小母鸡产前在体内储备充足的营养。

一般地，当鸡群产蛋达到5%时应更换产前料。过早更换产前料容易造成鸡群拉稀，过晚更换会造成鸡只营养储备不足，影响产蛋。产前料使用时间不超过10天为宜，进而更换为产蛋高峰料，为高产鸡群提供充足的营养。

产前料是高峰料和育成料的过渡，放弃使用产前料，由育成料直接过渡到高峰料的做法是不科学的。

从18周龄开始，增加饲料中钙的含量：小母鸡在18周龄左右，生殖系统迅速发育，在生殖激素的刺激下，骨腔中开始形成骨髓，骨髓约占性成熟小母鸡全部骨骼重量的72%，是一种供母鸡产蛋时调用的钙源。从18周龄开始，及时增加饲料中钙的含量，促进母鸡骨骼的形成，有利于母鸡顺利开产，避免在高峰期出现瘫鸡，减少笼养鸡疲劳症的发生。

夏季添加油脂：对产蛋高峰期在夏季的鸡群，更应配制高能高蛋白水平的饲料，如有条件可在饲料中添加油脂。当气温高至35℃以上时，可添加2%的油脂；气温在30～35℃范围时，可添加1%的油脂。油脂含能量高，极易被鸡消化吸收，并可减少饲料中的粉尘，提高适口性，对于增强鸡的体质，提高产蛋率和蛋重有良好作用。

检查饲料是否满足青年母鸡营养需要：检查营养上是否满足鸡的需要，不能只看产蛋率情况。青春期的小母鸡，即使采食的营养不足，也会保持其旺盛的繁殖机能，完成其繁衍后代的任务。在这种情况下，小母鸡会消耗自身的营养来维持产蛋，所以蛋重会变得比较小。因此当营养不能满足需要时，首先表现在蛋重增长缓慢，蛋重小，接着表现在体重增长迟缓或停止增长，甚至体重下降；在体重停止增长或有所下降时，就没有体力来维持长久的高产，所以紧接着产蛋率就会停止上升或开始下降。产蛋率一旦下降，即使采取补救措施也难以恢复了。

③ 创造良好的生活环境，保证营养供给。开产是小母鸡一生中的重大转折，是一个很大的应激，在这段时间内小母鸡的生殖系统迅速发育成熟，青春期的体重仍需不断增长，大致要增重400～500克，蛋重逐渐增大，产蛋率迅速上升，消耗母鸡的大部分体力。因此，必须尽可能地减少外界对鸡的进一步干扰，减轻各种应激，为鸡群提供安宁稳定的生活环境，并保证满足鸡的营养需要。

体重能保持品种所需要的增长趋势的鸡群，就可能维持长久的高产，为此在转入产蛋鸡舍后，仍应掌握鸡群体重的动态，一般固定30～50只做上记号，1～2周称测一次体重。

在正常情况下，开产鸡群的产蛋率每月能上升3%～4%。

④ 光照管理。产蛋期的光照管理应与育成阶段光照具有连贯性。

饲养于开放式鸡舍，如转群处于自然光照逐渐增长的季节，且鸡群在育成期完全采用自然光照，转群时光照时数已达 10 小时或 10 小时以上，转入蛋鸡舍时不必补以人工照明，待到自然光照开始变短的时候，再加入人工照明予以补充。人工光照补助的进度是每周增加半小时，最多一小时，亦有每周只增加 15 分钟的，当自然光照加人工补助光照共计 16 小时，则不必再增加人工光照。若转群处于自然光照逐渐缩短的季节，转入蛋鸡舍时自然光照时数有 10 小时，甚至更长一些，但在逐渐变短，则应立即加补人工照明，补光的进度是每周增加半小时，最多 1 小时，当光照总数达 16 小时，维持恒定即可。

产蛋鸡的光照明强度：产蛋阶段所需要的光照强度比育成阶段强约一倍，应达 20 勒克斯。鸡获得光照强度和灯间距、悬挂高度、灯泡功率、有无灯罩、灯泡清洁度等因素有密切关系。

人工照明的设置，灯间距 2.5～3.0 米，灯高（距地面）1.8～2.0 米，灯泡功率为 40 瓦，行与行间的灯应错开排列，这样能获得较均匀的照明效果，每周至少要擦一次灯泡。

（二）产蛋高峰期的饲养管理

鸡群产蛋达到 80%就进入产蛋高峰期，一般在 21～47 周龄。这个时期，大多数鸡只已经开产，当产蛋率达到 90%后增长逐渐放缓，直到达到产蛋尖峰；产蛋率、体重、蛋重仍在增长，鸡只生理负担大，鸡群抗应激能力下降，对外界环境的变化较敏感，易发生呼吸道、大肠杆菌等条件性疾病；抗体消耗大，需要加强禽流感、新城疫等疾病的补充免疫。

产蛋高峰期管理的原则在于尽可能地让鸡维持较长的产蛋高峰，23 周龄产蛋率达 90%，产蛋尖峰值达 95%～96%，90%以上产蛋率维持 6 个月；产蛋高峰下降慢，48 周龄以后产蛋率从 90%逐步缓慢下降，72 周龄下降到 78%，每周平均下降 0.48 个百分点。

1. 饲喂管理

（1）选择优质饲料　要选择优质饲料，确保饲料营养的全价与稳定，新鲜、充足。

（2）关注鸡只的日耗料量和每天的喂料量　鸡只日耗料量，即鸡群每天的采食量，是判断鸡群健康状况的重要数据之一。通过测定鸡只的日耗料量，可以准确掌握鸡只每天喂料的数量，满足鸡群采食和产蛋期营养需要，为产蛋高峰的维持打下基础。

监测日耗料量，可选取1%～2%的鸡只进行人工饲喂。每天喂料量减去次日清晨剩余料量后所得值除以鸡只数，即为鸡只日耗料量（克/天）。当前后两天日耗料量（或日耗料量与推荐标准日耗料量相比）相差10%时，要及时关注鸡群健康状况，采取针对性应对措施。

用鸡只日耗料量乘以鸡只饲养量，即为每天喂料量。饲喂时，要求定时定量，分批饲喂。建议每天至少饲喂3次，匀料3次。每天开灯后3～4小时，关灯前2～3小时是鸡群的采食高峰期，要确保饲料供给充足。

高温季节，鸡只采食量下降，营养摄取不足，进而影响生产性能发挥。为保证夏季鸡只采食量的达标，推荐在夜间补光2小时，增加鸡只采食时间和采食量。补光原则为前暗区要比后暗区长，且后暗区不得小于2.5小时。

2. 饮水管理

（1）注意饮水温度　开放式饲养的鸡群，一般中小型蛋鸡场的供水、供料都在运动场，小型饲养户的饮水用具也多在室外。夏季气温高时，应将饮水器放在阴凉处，水温要比气温略低，切忌太阳暴晒。鸡的习性是不喜欢饮温热的水，相比之下对温度较低的水却不拒饮。冬季天气寒冷，气温低，最好给鸡饮温水，温水鸡爱喝，也能减少体热损失，增强抗寒能力，对鸡的健康和产蛋都有利。给水温度不得低于5℃，以15℃为佳。

（2）保证饮水卫生　饮水必须清洁卫生，被病菌或农药等污染的水不能用。鸡的饮用水是有标准的，凡人能饮用的水，鸡也可饮用。影响水质的因素有：水源、蓄水池或盛水用具、水槽或饮水用具、带菌的鸡。因此，要定期对盛水用具进行消毒。若用槽式水具，应每天擦洗，这是一项简单却又很难做好的事情；第三层水槽较高，不易擦洗，须特别注意。

（3）适时供给饮水　鸡每天出现3次饮水高峰期，即每天早晨8点、中午12点、下午6点左右。鸡的饮水时间大都在光照时间内。早上8点左右，鸡开始接受光照；中午12点左右，是鸡产蛋的高峰时间，母鸡产完蛋后，体内消耗较多的水分，感到非常口渴要喝水；下午6点左右，光照时间即将结束，准备进入晚上开始休息，鸡要喝足水以利晚上体内备用。如果产蛋鸡在这三个需水高峰期内喝不到水或喝不足水，鸡的产蛋和健康很快就会受到影响。

（4）适量供给饮水　通常情况下，每只鸡每天需水量及料水比为，春、秋季为200毫升左右，料水比1∶18；夏季为270～280毫升，料水比1∶3；冬季为100～110毫升，料水比1∶0.9，应根据季节调整供水量。用干料喂鸡时，饮水量为采食量的2倍；用湿料喂鸡，供水量可少些。当产蛋率升高时，需水量也随之增加。因为这时鸡产蛋旺盛，代谢加强，不仅形成蛋需要水分，而且随着鸡食量的增大，需水量也逐渐增大。

（5）不断水、不跑水　有的饲养员身材高度不够，就踩在第一层笼上或料槽上擦第三层水槽，会引起水槽坡度改变，使水槽有些段水深，有些段水浅，甚至跑水。所以，调整水槽坡度是饲养员经常性的任务之一。水槽中水的深度应在1.5厘米以上，低于0.5厘米时，鸡饮水就很困难，且饮水量不够。使用乳头式饮水器时，要勤检查水质、水箱压力、乳头有无堵塞不供水或关闭不经常流水。有的养鸡农户将水槽末端排水口堵塞，每天添几次水，这种供水方式容易造成断水和饮水量不足，这也是影响产蛋量的因素。

（6）处理浸湿的饲料　水槽跑水或漏水，在养鸡生产中是不可避免的。可分几种情况对待：料槽中个别段落饲料被水浸湿，数量不多时，与附近的干料拌和即可；被浸湿饲料数量多但未变质，可取出与干料拌和后分投在料线上喂给；对酸败、发霉的饲料，应立即取出，并对污染的饲槽段进行防霉处理。前两种处理方法，一是不浪费饲料，二是使含水量多的饲料尽可能分散让更多的鸡分担，以便不致影响干物质的进食量。

（7）做好供水记录　鸡的饮水量除与气温高低有关外，还可以作为观察鸡群是否有潜在疾病或中毒的依据。鸡在发病时，首先表现为饮水量降低，食欲下降，产蛋量有变化，然后才出现症状；有的急性病例根本看不到症状。而鸡中毒后则相反，是饮水量突然增加。养鸡一定要做到心中有数，如这群鸡一天饮几桶水，吃多少料，产多少蛋。

3. 体重管理

处于产蛋高峰期的鸡群，每10天平均生产9～9.5枚蛋，生产性能已经发挥到极致，体质消耗极大，如果体重不能达到标准，高峰期的维持时间则相应缩短。因此，这个时期，要确保体重周周达标，以保证高峰期的维持。

每周龄末，在早晨鸡群尚未给料空腹时，定时称测1%～2%的鸡群体重；所称的鸡只，要进行定点抽样，每次称测点应固定，每列鸡群点数不少于3个，分布均匀。

当平均体重低于标准30克以上时，应及时添加营养，如1%～2%植物油脂，连续潮拌4～6天。

4. 环境控制

（1）通风管理　通风管理是饲养管理的重中之重，高峰期一般采用相对谨慎的通风方式，在设定舍内目标温度、舍内风速控制等方面需谨慎。高峰期，产蛋鸡群舍内温度要控制在13～25℃，昼夜温差控制在3～5℃，湿度50%～65%，保持空气清新，风速适宜，冬季0.1～0.2米/秒，环境稳定。

春、秋季，鸡舍通风以维持温度的相对稳定为主。昼夜温差控制在3～5℃以内；舍温随季节上升或下降时，每天温度调整幅度不超过0.5℃。建议春初、秋末时，使用横向通风方式，其他时间使用纵向通风。

到了炎热的夏季，通风以防暑降温为主，要求舍内温度控制在32℃以下，建议使用纵向通风方式。通过增大通风量，降低鸡只体感温度。有条件的养殖场（户），建议使用湿帘降温系统，根据不同风速产生的风冷效果，结合舍内实际温度，确定所需要的风速，然后根据所需风速确定风机启动个数。

冬季以防寒保温为主。要求舍内温度控制在13℃以上，建议采用横向通风方式。在满足鸡只最小呼吸量［计算依据：0.015米^3/(千克体重/分钟)］的基础上，尽量减少通风量；根据计算的最小通风量，确定风机启动个数和开启时间。

（2）光照管理　合理的光照能刺激排卵，增加产蛋量。生产中应从蛋鸡20周龄开始，每周增加光照时间30分钟，直到每天达到16小时为止，以后每天光照16小时，直到产蛋鸡淘汰前4周，再把光照时间逐渐增加到17小时，直至蛋鸡淘汰。人工补充光照，以每天早晨天亮前效果最好。补充光照时，舍内地面以每平方米3～5瓦为宜。灯距地面2米左右，最好安装灯罩聚光，灯与灯之间的距离约3米，以保证舍内各处得到均匀的光照。

（3）温度管理　产蛋鸡最适宜的温度是13～23℃，温度过高过低均不利于产蛋。要保持鸡舍有一个适宜的温度，在夏季应注意鸡舍通风，可以加大换气扇的功率，改横向通风为纵向巷道式通风，使流经鸡体的风速加大，带走鸡体产生的热量。如结合喷水洒水，适当降低饲养密度，能更有效地降低舍内的温度。

（4）湿度管理　产蛋鸡最适宜的湿度为60%～70%，如果舍内湿度过低，就会导致鸡羽毛紊乱，皮肤干燥，羽毛和喙、爪等色泽暗淡，并且极易造成鸡体脱水和引起鸡群的呼吸道疾病。如果舍内湿度过高，就会使鸡呼吸时排散到空气中的水分受到限制，鸡体污秽，病菌大量繁殖，易引发各种疾病，引起产蛋量的下降。因此，生产中可通过加强通风，雨季采用室内放生石灰块等办法降低舍内湿度；通过空间喷雾提高舍内空气湿度。

5. 防疫管理

处于产蛋高峰期的鸡群，体质与抗体消耗均比较大，抵抗力随之下降，为各种疾病提供了可乘之机，因此在高峰阶段应严抓防疫关，杜绝烈性传染病的发生，降低条件性疾病发生的概率。

（1）关注抗体水平　制定详细的新城疫、禽流感H9、H5抗体监测计划，建议每月监测1次，抗体水平低于保护值时，及时补免；推荐2月免疫1次新支二联活疫苗，3～5月免疫1次禽流感灭活疫苗。

（2）产蛋高峰期新城疫疫苗的使用

① 使用时间。母鸡在开产前120天左右，需注射新城疫Ⅰ系苗和新城疫油苗。Ⅰ系苗的毒力相对Ⅱ系、Ⅲ系、Lasota株、Clone-30株等较强，生成体液抗体及细胞免疫抗体较高，可抵抗新城疫野毒及强毒的侵袭；新城疫油苗注射后，21天后可产生坚强的体液免疫抗体，抗体维持时间可达半年以上。

② 加强免疫。生产实践中，Ⅰ系苗的抗体效力能维持两个月左右，之后新城疫黏膜抗体及循环抗体便会逐渐降低，不能抵抗新城疫强毒以及野毒的侵入，此时若群体内抗体不均匀或低下便会发病。所以，母鸡在产蛋高峰期180天左右就必须加强免疫来提高新城疫黏膜抗体水平以及循环抗体水平，最晚不能到200天。加强免疫可选用新城疫弱毒苗Clone-30株或V4S株、VG/GA株等毒力较弱且提升、均匀抗体能力强的毒株，既能提升抗体，引起鸡群应激反应又较少。

180～200天免疫后，每隔一个月或一个半月，可根据鸡群状况做加强免疫，鸡群状况可根据蛋壳颜色、鸡冠变化做出判断。

也可以参考下列免疫程序：100～120日龄用新城疫Ⅳ系疫苗喷雾或点眼、滴鼻，用新城疫灭活苗注射免疫。170～200日龄用新城疫Ⅳ系或新威灵疫苗喷雾免疫1次，以后每隔一个月或一个半月，用新城疫Ⅳ系疫苗或新威灵喷雾免疫1次；或根据当地流行病学及抗体监测情况，在140～150日龄再用新城疫单联油苗和活苗进行加强免疫，确保鸡群在整个产蛋高峰期维持高的抗体水平，保证鸡群平稳度过产蛋高峰期。

（3）产蛋高峰期的药物预防　加强对产蛋高峰期鸡群的饲养管理，提高机体抗病力。采用高品质饲料，保证营养充足均衡，饮水中添加适量的电解多维。提供适宜的环境条件，舍温应在14℃以上，防止舍内温度忽高忽低，合理通风，保持一定的湿度。根据天气情况及鸡群状态适量投服药物，控制沙门菌、大肠杆菌、支原体、球虫等疾病的发生，使机体保持较好的抗病力。

生产实践中证明，在各种疫苗免疫比较成功的前提下，如果能很好地控制大肠杆菌、沙门菌、支原体等细菌性疾病，有利于提高母鸡自身抵抗力，减少禽流感、新城疫、产蛋下降综合征等多种病毒性疾病的发生。

（4）定期驱虫　母鸡在青年期已经驱过两次蛔虫、线虫和多次球虫了，但进入高峰期后，仍应坚持定期驱虫，特别是经过夏天虫卵繁殖迅速季节的鸡，除应注意蛔虫、线虫、球虫外还应注意绦虫的发生；所以高峰期内，如发现鸡群营养不良或粪便内有白色虫体时，应注意驱虫。可以使用左旋咪唑、吡喹酮、阿维菌素等对产蛋没有影响或影响较小的药物。近年来，产蛋鸡隐性球虫的发生率有所增加，应注意加强预防。

6. 应激管理

应激是指鸡群对外界刺激因素所产生的非特异性反应，主要包括停水、停电、免疫、转群、过热、噪声、通风不良等。鸡只处于应激期，将丧失免疫功能、生长与繁殖等非必需代谢基本功能，造成生长缓慢、产蛋量下降、饲料利用率降低等。

（1）制定预案　针对本场的实际情况，制定相应的各种应激事故预防预案，如转群管理应激控制预案，断水、断电控制预案、通风不良控制预案等。

对一些非可控应激因素，如免疫应激、夏季高温应激、转群应激等，建议投喂0.03%的维生素C、维生素E或其他抗应激药物，在饲料中添加或饮水投喂电解多维，可以减少和抵抗各种应激。

（2）员工培训　结合实际情况，加强宣传和教育工作，要让每一名员工了解应激的危害，进而约束个人行为（如大声喧哗、粗暴饲养等）；同时确保正常生产过程中遇到特殊情况（如转群、断电、免疫）时，员工能按要求进行正确应对，确保鸡群生产稳定。

组织全体人员特别是有关人员认真学习、掌握预案的内容和相关措施。定期组织演练，确保在工作的过程中尽量避免应激的产生，同时对于突发的应激事故，可以有条不紊地开展事故应急处理工作。

7. 产蛋高峰期鸡群健康状况的判断

（1）检查鸡冠，判断鸡群健康状况　鸡冠是鸡的第二性征，鸡冠的发育良好与否，与鸡群本身健康状况有很大关系。鸡冠正常呈鲜红色，手捏质地饱满且挺直；鸡进入产蛋期后，由于营养物质的流失，特别是高产鸡，鸡冠都不同程度的有些发白和倾斜，这些是营养供应不足的表现。鸡冠是鸡的身体外缘，营养不足时它表现的最敏感；如鸡冠顶端发紫或深蓝色，则见于高热疾病，如新城疫、禽流感、鸡霍乱等；如见鸡冠上面有黑色坏死点，除鸡痘和蚊虫叮咬外，应考虑禽流感、非典型新城疫或鸡白痢等；如果鸡冠苍白、萎缩或颜色淡黄，手捏质地发软，则常见于禽流感、非典型新城疫、产蛋下降综合征、变异性传支；如果鸡冠萎缩得特别严重，那么输卵管也会萎缩；如鸡冠表面颜色淡黄且上面挂满石灰样白霜，则见于产蛋鸡白痢、大肠杆菌等细菌性疾病；如鸡冠整个呈蓝紫色，且鸡冠发软，上面布满石灰样白霜，则基本丧失生产性能，属淘汰之列。

（2）观察蛋壳质量和颜色，判断鸡群健康状况　正常蛋壳表面均匀，呈褐色或褐白色。异常蛋壳的出现，如软壳蛋、薄壳蛋，多为缺乏维生素 D_3 或饲料中钙含量不足所致；蛋壳粗糙，多是饲料中钙、磷比例不当，或钙质过多引起，若蛋壳为异常的白壳或黄壳，则是大量使用四环素或某些带黄色易沉淀的物质所致；蛋壳由棕色变白色，应怀疑某些药物使用过多，或鸡患新城疫或传染性喉气管炎等传染病。

（3）观察鸡群外表，判断鸡群健康状况　正常的高产鸡鸡冠会随产蛋日期增长而微有发白，脸部呈红白色，嘴部变白，脚部逐渐由黄变白；肛门扁圆形湿润，摸裆部有四指或三指，腹部柔软，如出现裆部少于二指的鸡应挑选出来；如产蛋高峰期的鸡，鸡冠、脸鲜红色，鸡冠挺直，羽毛鲜亮，腿部发黄，则为母鸡雄性化的表现，不是高产鸡，应挑选、淘汰；如鸡群中有鸡精神沉郁，眼睛似睁似闭，则应挑出，单独饲养。

观察鸡群羽毛发育情况，如果鸡群头顶脱毛，且脚趾开裂，则为缺乏泛酸（维生素 B_5）的症状；如脚趾开裂且整个腿部跗关节以下鳞片角化严重，则为锌缺乏症状，应及时补充。

（4）观察产蛋情况，判断鸡群健康状况

① 看产蛋量。产蛋高峰期的蛋鸡，产蛋量有大小日，产量略有差异是正常的。但若波动较大，说明鸡群不健康；突然下降20%，可能是受惊吓、高温环境或缺水所引起，下降40%～50%，则应考虑蛋鸡是否患有减蛋综合征或饲料中毒等。

② 看蛋白。蛋白变粉红色，则是饲料中棉籽饼分量过高，或饮水中铁离子偏高的缘故。蛋白稀薄是使用磺胺药或某些驱虫药的结果。蛋白有异味是对鱼粉的吸收利用不良。蛋白有血斑、肉斑，多为输卵管发炎，分泌过多黏液与少量血色素混合的产物。蛋白内有芝麻状大小的圆点或较大片块，是蛋鸡患前殖吸虫病。

③ 看产蛋时间。70%～80%的蛋鸡多在上午12时前产蛋，余下20%～30%蛋鸡于下午2～4时前产完。如果发现鸡群产蛋时间参差不齐，甚至有夜间产蛋，均属异常表现，说明鸡群中已有鸡只发病。

8. 蛋鸡无产蛋高峰的主要原因

（1）饲养管理方面

① 饲养密度太大。由于受资金、场地、设备等因素的限制，或者饲养者片面追求饲养规模，养殖户育雏、育成的密度普遍偏高，直接影响育雏、育成鸡的质量。

② 通风不良。育雏早期为了保暖，门窗均封得很严，舍内的空气极为污浊。雏鸡生长在这样的环境中，流泪、打喷嚏、患关节炎等，处于一种疾病状态，严重影响生长发育，鸡的质量难以达标。

③ 饲槽、饮水器有效位置不够，致使鸡群均匀度差。由于育雏的有效空间严重不足，早期料桶、饮水器的数量不可能很多，造成鸡群均匀度差。

④ 同一鸡舍进入不同批次的鸡。个别养殖场（户），在同一鸡

舍装入不同日龄的鸡群，不同的饲养管理、不同的疫病的防治措施、不同的光照制度等因素，也是造成整栋鸡舍鸡产蛋不见高峰的原因之一。

⑤ 开产前体成熟与性成熟不同步。一般分为两种情况，一种是见蛋日龄相对偏早，产蛋率攀升的时间很长，表现为产蛋高峰上不去，高峰持续时间短，蛋重轻，死亡淘汰率高；另一种是见蛋日龄偏迟，全期耗料量增加，料蛋比高。

⑥ 产蛋阶段光照不稳定或强度不够。实践证明，蛋鸡每天有14～15小时的光照就能满足产蛋高峰期的需求。补光时一定要按时开关灯，否则就会扰乱蛋鸡对光刺激形成的反应。电灯应安装在离地面1.8～2米的高度，灯与灯之间的距离相等，40瓦灯泡，补充光照只宜逐渐延长，在进入高峰期时，光照要保持相对稳定，强度要适合。

⑦ 产蛋高峰期安排不合理。蛋鸡的产蛋高峰期大约在25～35周龄，这一时期蛋鸡产蛋生理机能最旺盛，必须有效利用这一宝贵的时期。若在早春育雏，鸡群产蛋高峰期就在夏季，由于天气炎热，鸡采食减少，多数鸡场防暑降温措施不得力，或者虽有一定的措施，但也很难达到鸡产蛋时期最适宜的温度。

（2）饲料质量问题　目前市场上销售的饲料由于生产地区、单位和批次的不同，其质量也参差不齐，存在掺杂使假或有效成分含量不足的问题。再者说，拿同一种料，养不同品种、不同羽色、不同体型的鸡，难以适合鸡群对代谢能、粗蛋白、氨基酸、钙、磷的需求。质量差的饲料，代谢能偏低，粗蛋白水平相对不低，但杂粕的比例偏高，饲料的利用率则会存在很大的差异，养殖户大多不注意这一点，没有从总耗料、体增重、死淘率、产蛋量、料蛋比、淘汰鸡的体重诸方面算总账，而是片面地盲从于某种饲料的价格。

（3）疾病侵扰　传染病早期发病造成生殖系统永久性损害（如传染性支气管炎），使鸡群产蛋难以达到高峰。

蛋鸡见蛋至产蛋高峰上升期相当关键，大肠杆菌病、慢性呼吸道病最易发生，经常造成卵黄性腹膜炎、生殖系统炎症而使产蛋率上升停滞或缓慢，甚至下降。

（三）产蛋后期的饲养管理

1. 产蛋后期鸡群的特点

当鸡群产蛋率由高峰降至80%以下时，就转入了产蛋后期（48周～淘汰）的管理阶段。这个阶段，鸡群的生理特点如下。

① 鸡群产蛋性能逐渐下降，蛋壳逐渐变薄，破损率逐渐增加。

② 鸡群产蛋所需的营养逐渐减少，多余的营养有可能变成脂肪使鸡变肥。

③ 由于产蛋后期抗体水平逐渐下降，对疾病抵抗力也逐渐减弱，并且对各种应激比较敏感。

④ 部分寡产鸡开始换羽。产蛋后期（48周～淘汰）是鸡群生产性能平稳下降的阶段，这个阶段鸡只体重几乎没有变化，但是蛋重增大、蛋壳质量变差，且脂肪沉积，易患输卵管炎、肠炎。然而，整个产蛋后期占到了产蛋期接近50%的比例，且部分养殖户在500多日龄淘汰时，产蛋率仍维持在70%以上的水平，所以产蛋后期生产性能的发挥直接影响养殖户的收益水平。

这些现象出现得早晚，与高峰期和高峰期前的管理有直接关系。因此应对日粮中的营养水平加以调整，以适应鸡的营养需求并减少饲料浪费，降低饲料成本。

2. 产蛋后期鸡群的管理要点

（1）饲料营养调整

① 适当降低日粮营养浓度。适当降低日粮营养浓度，防止鸡只过肥造成产蛋性能快速下降，加大杂粕类原料的使用比例。若鸡群产蛋率高于80%，可以继续使用产蛋鸡高峰期饲料；若产蛋率低于80%，则应使用产蛋后期料。喂料时，实施少喂、勤添、勤匀料的原则。料线不超过料槽的1/3；加强匀料环节，保证每天至少匀料3遍，分别在早、中、晚进行。

② 增加日粮中钙的含量。产蛋高峰期过后，蛋壳品质往往很差，破蛋率增加，在每日下午3～4点钟，在饲料中额外添加贝壳砂或粗粒石灰石，可以加强夜间形成蛋壳的强度，有效地改变蛋壳

品质。添加维生素 D_3 能促进钙磷的吸收。

产蛋后期饲料中钙的含量：42～62 周龄为 3.60％，63 周龄后为 3.80％。贝壳、石粉和磷酸氢钙是良好的钙来源，但要适当搭配，有的石粉含钙量较低，有的磷酸氢钙含氟量较高，要注意氟中毒。如全用石粉则会影响鸡的适口性，进而影响食欲，在实践中贝壳粉添 2/3，石粉添 1/3，不但蛋壳强度为最好，而且很经济。大多数母鸡都是夜间形成蛋壳，第 2 天上午产蛋。在夜间形成蛋壳期间，母鸡感到缺钙，如下午供给充足的钙，让母鸡自由采食，它们能自行调节采食量。在蛋壳形成期间，吃钙量为正常情况下的 92％，而非形成蛋壳期间仅为 86％。因此下午 3～4 点是补钙的黄金时间，对于蛋壳质量差的鸡群每 100 只鸡每日下午可补充 500 克贝壳或石粉，让鸡群自由采用。

③ 产蛋后期体重监测。轻型蛋鸡（白壳）产蛋后期一般不必限饲。中型蛋鸡（褐壳）为防止产蛋后期过肥，可进行限饲，但限饲的最大量为采食量的 6％～7％。限饲要在充分了解鸡群状况的条件下进行，每周监测鸡群体重，称重结果与所饲养的品种标准体重进行对比，体重超重了再进行限饲，直到体重达标。观测肥鸡、瘦鸡的比例，调整饲喂计划，及时淘汰寡产鸡。

在饲料中添加 0.1％～0.15％的氯化胆碱，可以有效地防止产蛋高峰期过后鸡体肥胖和产生脂肪肝。

（2）加强日常管理　严格执行日常管理操作规范，特别是要防止鸡只过度采食、变肥而影响后期产蛋。

① 控制好适宜的环境。环境的适宜与稳定是产蛋后期饲养管理的关键点。例如，温度要保持稳定，鸡群日常适宜的温度是13～24℃，产蛋的适宜温度在 18～24℃。保持 55％～65％的相对湿度和新鲜清洁的空气。注意擦拭灯泡，确保光照强度维持在 10～20 勒克斯，严禁降低光照强度、缩短光照时间和随意改变开关灯时间。

② 加强鸡群管理，减少应激。及时检修鸡笼设备，鸡笼破损处及时修补，减少鸡蛋的破损；防止惊群引起的产软壳蛋、薄壳蛋

现象。经常观察鸡群的采食、饮水、呼吸、精神和产蛋等情况，发现问题及时解决。做好生产记录，便于总结经验、查找不足。

随着鸡龄的增加，蛋鸡对应激因素愈来愈敏感。要保持鸡舍管理人员的相对稳定，提高对鸡群管理的重视程度，尽量避免陌生人或其他动物闯入鸡舍，避免停电、停水、称重等应激因素的出现。

③ 及时剔除弱鸡、寡产鸡。饲养蛋鸡的目的是为了得到鸡蛋。如果鸡不再产蛋应及时剔除，以减少饲料浪费，降低饲料费用。同时部分寡产鸡是因病休产的，这些病鸡更应及时剔除，以防疾病扩散，一般每2～4周检查淘汰一次。可从以下几个方面，挑出病弱、寡产鸡。

看羽毛：产蛋鸡羽毛较陈旧，但不蓬乱，病弱鸡羽毛蓬乱，寡产鸡羽毛脱落，正在换羽或已提前换完羽。

看冠、肉垂：产蛋鸡冠、肉垂大而红润，病弱鸡苍白或萎缩，寡产鸡已萎缩。

看粪便：产蛋母鸡排粪多而松散，呈黑褐色，顶部有白色尿酸盐沉积或呈棕色（由盲肠排出），病鸡有下痢且颜色不正常，寡产鸡粪便较硬，呈条状。

看耻骨：产蛋母鸡耻骨间距（竖裆）在3指（35毫米）以上，耻骨与龙骨间距（横裆）4指以上。

看腹部：产蛋鸡腹部松软适宜，不过分膨大或缩小。有淋巴白血病、腹腔积水或卵黄性腹膜炎的病鸡，腹部膨大且腹内可能有坚硬的疙瘩，寡产鸡腹部狭窄收缩。

看肛门：产蛋鸡肛门大而丰满，湿润，呈椭圆形。寡产鸡肛门小而皱缩，干燥，呈圆形。寡产鸡的体质、肤色、精神、采食、粪便、羽毛状况与高产鸡不一样。

（3）减少破损，提高蛋的商品率　鸡蛋的破损给蛋鸡生产带来相当严重的损失，特别是产蛋后期更加严重。

① 造成产蛋后期鸡蛋破损的主要因素。

遗传因素：蛋壳强度受遗传影响，一般褐壳蛋比白壳蛋蛋壳强度高，破损率低，产蛋多的鸡比产蛋少的鸡蛋壳破损率高。

年龄因素：鸡开产后随鸡的年龄增长，蛋逐渐增大，随着蛋的增大，其表面积也增大，蛋壳因而变薄，蛋壳强度降低，蛋易破损，后期破损率高于全程平均数。

气温和季节的影响：高温与采食量、体内的各种平衡、体质有直接的关系；从而影响蛋壳质量，导致强度下降。

某些营养不足或缺乏：如果日粮中的维生素 D_3、钙、磷和锰有一种不足或缺乏时，都会导致蛋壳质量变差而容易破损。

疾病：鸡群患有传染性支气管炎、减蛋综合征、新城疫等疾病之后，蛋壳质量下降，软壳、薄壳、畸形蛋增多。

鸡笼设备：当笼底网损坏时，易刮破鸡蛋，收蛋网角度过大时，鸡蛋易滚出集蛋槽摔破；角度较小时，鸡蛋滚不出笼易被鸡踩破。鸡笼安装不合理也易引起蛋被鸡啄食。每天拣蛋次数过少，常使先产的蛋与后产的蛋在笼中相互碰撞而破损。

② 减少产蛋后期破损蛋的措施。

查清引起破损蛋的原因：发现蛋的破损率偏高时，要及时查出原因，以便尽快采取措施。

保证饲料营养水平。

加强防疫工作，预防疾病流行：对鸡群定期进行抗体水平监测，抗体效价低时应及时补种疫苗。尽量避免场外无关人员进入场区。及时淘汰专下破蛋的母鸡。

及时检修鸡笼设备：鸡笼破损处及时修补，底网角度在安装时要认真按要求放置。

及时收拣产出的蛋：每天拣蛋次数应不少于 2 次，拣出的蛋分类放置并及时送入蛋库。

防止惊群：每天工作按程序进行，工作时要细心，尽量防止惊群引起的产软壳蛋、薄壳蛋现象。

（4）做好防疫管理工作

① 卫生管理。严格按照每周卫生清扫计划打扫舍内卫生。进入产蛋后期，必须保证舍内环境卫生及饮水的清洁卫生，避免条件性疾病的发生。饮水管或者饮水槽每 1～2 周消毒一次（可用过氧

乙酸溶液或高锰酸钾溶液)。

② 根据抗体水平的变化实施免疫。有抗体检测条件的，根据抗体水平的变化实施免疫新城疫和禽流感疫苗；没有抗体检测条件的，新城疫每2个月免疫一次，禽流感每3～4个月免疫一次油苗。

③ 预防坏死性肠炎、脂肪肝等病的发生。夏季是肠炎的高发季节，除做好日常的饲养管理外，可在饲料中添加5～15毫克/千克安来霉素来预防；要做好疾病的预防与治疗。防止霉菌毒素、球虫感染损伤消化道黏膜而引起发病；保护肠道黏膜，减少预防性用药次数，增加用药间隔时间。

三、产蛋鸡不同季节的管理要点

（一）春季蛋鸡的饲养管理

蛋鸡在一个产蛋周期（19～72周龄）的生产水平取决于其产蛋高峰所处的季节，一般立春前后上产蛋高峰的鸡群比立夏前后上高峰的鸡群平均饲养日产蛋数要多5～8枚。春季气温开始回升，鸡的生理机能日益旺盛，各种病菌易繁殖并侵害鸡体。因此，必须注意鸡的防疫和保健工作。

1. 关注鸡群产蛋率上升的规律，加强鸡群饲养管理

立春过后，外界气温逐渐回升，适合鸡群产蛋需要，当鸡舍温度上升至15℃时，产蛋高峰期（23～40周龄）、中期（41～55周龄）和后期（56～72周龄）鸡群产蛋均有上升的趋势。但是，随着温度升高，鸡群的采食量会降低。因此，饲养管理者要认真做好鸡群的日常饲养管理工作，必须保证供给鸡群优质、营养均衡、新鲜充足的饲料，尤其处于产蛋高峰期的鸡群，必须让鸡吃饱、吃好，维持体能，以缓解产蛋对鸡体造成的消耗，为夏季做好储备；保证水质、水源的绝对安全，并保障鸡群充足的饮水，以免影响产蛋性能的发挥。

2. 关注温度对鸡群产蛋的影响，正确处理保温和通风的矛盾

寒冷的冬季，由于绝大多数产蛋鸡舍没有供暖设施，鸡舍的热源主要来自于鸡群自身所产生的热量。鸡舍要保持在13～18℃的产蛋温度范围内，昼夜温差不可超过 3℃，每小时温差不超过 0.5℃，鸡笼上下层、鸡舍前中后的温差不超过 1℃。鸡舍一般采取最小通风模式，保证冬季鸡舍的最小换气量（采取间歇通风模式，风机开启时间为 9.6 小时）。特别注意，根据气温的变化及时调整风机开关数量及通风口的大小，达到既满足换气的需要，又实现调节温度的目的。

春季昼夜温差大，尤其是“倒春寒”现象，导致外界温度变化剧烈，极容易造成鸡群产蛋的不稳定，鸡群产蛋率一周波动范围达到 2%～3%，这就对管理者提出了很高的要求。遇到倒“春”寒天气时，管理上要以换气为主，通风为辅，减少温度的波动，及时上调风机的控制温度，减少风机的工作频率，通过调整小窗大小来减少进风量，保证温度平稳、适宜，减少温度波动造成的应激；遇到大风或沙尘天气时，进风量与风速是主要的控制点，应合理控制小窗开启的距离、数量，以减少进风量，减缓风速，防止贼风奇袭和减少粉尘。

3. 关注产蛋鸡群抗体消长规律，做好免疫、消毒工作

春季万物复苏，细菌病毒繁殖速度加快，尤其是养鸡多年的场区，极易爆发传染性支气管炎、鸡新城疫、禽流感等疾病，对产蛋造成不可恢复的影响。因此，春季应关注产蛋鸡群传染性支气管炎、鸡新城疫、禽流感等病毒病抗体的消长规律，适时补免，以维持产蛋的稳定。

（1）保证均匀有效的抗体　根据本场的具体情况，制定详细的免疫程序，并且坚持保质地完成免疫，特别是禽流感和新城疫。由于春季是禽流感和新城疫的高发季节，建议新城疫免疫每两个月气雾免疫一次（可以新城疫-传支二联苗与新城疫 Lasota 系交替使用）；流感免疫四个月注射免疫一次，并随时关注抗体变化。

加密抗体监测频率，在外界环境相对稳定的情况下，根据本场的具体情况可以一个月监测 1 次，如果外界环境不稳定，并且本场自身免疫程序不是很完善，则有必要每半个月监测 1 次。新城疫、传支、禽流感等病毒性疾病的抗体水平必须长期跟踪、时时关注。

如遇到抗体变化异常，周围情况不稳定或有疫情发生时，要及时地采取隔离封锁，适时加免，全群紧急免疫等措施，以增加抗体水平，提高鸡群免疫力。

注意春季疾病的非典型症状的出现。例如非典型新城疫主要发生于免疫鸡群和有母源抗体的雏鸡。当雏鸡和育成鸡发生非典型新城疫时，往往常见呼吸道症状，表现为呼吸困难，安静时可听见鸡群发出明显的呼噜声，病程稍长的可出现神经症状，如头颈歪斜、站立不稳，如观星状。病鸡食欲减退，排黄绿色稀便。成年鸡因为接种过几次疫苗，对新城疫有一定的抵抗力，所以一般只表现明显的产蛋下降，幅度为10%～30%，半个月后开始逐渐回升，直至2～3个月才能恢复正常。在产蛋率下降的同时，软壳蛋增多，且蛋壳褪色，蛋品质量下降，合格率降低。

（2）控制微生物滋生，把握内外环境的消毒　一些养殖场（户）为避免春季不稳定因素给鸡群带来的疾病困扰，则选择了减少通风，注意保温的方法。恰恰由于这样，导致了鸡舍内有害气体超标以及病原微生物大量滋生，给鸡群带来了更大的危害。

要养成白天勤开窗，夜间勤关窗，平时勤观察温度的习惯。当上午太阳出来，气温上升时，可将通风小窗或者棚布适当打开，以保证舍内有足够的新鲜空气；而当傍晚气温下降时，再将小窗等通风设施关闭好，以保证夜间舍内温度。

同时要做好舍内外环境以及饮水管线的消毒工作，尽可能降低有害物质的含量。内环境消毒时，要选择对鸡只刺激性小的消毒药进行带鸡消毒。可每天带鸡消毒1次，条件不允许的情况下，也要保证每周3次的带鸡消毒；消毒药可选择戊二醛类或季铵盐类。外环境消毒时，可适当选择对病毒有一定杀灭作用的消毒药，例如火碱或碘制剂；在消毒过程中要选择两种或两种以上消毒药交替使用，这样可以有效地避免微生物耐药性的产生。要定期对饮水管线进行消毒，可每周消毒1次或每半月消毒1次，消毒药可选用高锰酸钾，消毒药的浓度一定要准确。

（3）适时预防投药　此时期根据鸡群状况可以采取预防性投

药，特别是各种应激发生前后（如转群、免疫、天气发生急剧变化）应及时给予多维和抗生素的补充。尤其鸡群人工输精以后应当根据其输卵管状况、产蛋情况，适时地对输卵管进行预防性投药，防止输卵管炎的发生。

4. 关注硬件设施对鸡群产蛋的影响

为了保证鸡群的产蛋性能在春季得到更好的发挥，要关注硬件设施设备的改进，以减少应激因素对鸡群的影响。

春季对鸡群的应激因素主要有：昼夜温差大、“倒春寒”、日照时间长（对开放、半开放鸡舍的影响大）和条件性疾病的发生率高等几个方面。而这些因素的消除无不取决于鸡舍的硬件设施。春季是鸡群大肠杆菌病、呼吸道等条件性疾病的高发季节，改善饲养管理条件、提高鸡舍卫生水平、做好换季时的通风管理，是降低发病率的有效措施。尤其是鸡舍硬件设施改进后，可以使通风更加科学合理、鸡群生存的环境更加舒适、卫生条件得以改善、降低了条件性疾病的发生概率，进而将季节因素对鸡群生产性能的影响降至最小。

5. 关注不同生长阶段鸡的饲养管理

（1）春季雏鸡的饲养管理　每年 3～4 月份孵出的鸡为春雏，这个时期北方气候逐渐转暖，对雏鸡生长非常有利，育雏成活率高，新鸡到当年 8～9 月份开产，此时正是上年老鸡产蛋下降季节，能弥补淡季市场鲜蛋供应的不足，且产蛋期能延续到第二年秋末才换羽停产，经济效益较高。

每年 4 月下旬～5 月份孵出的鸡为晚春雏，这时气候转暖，管理省事，降低了保温成本，育雏成活率较高。新鸡在当年秋末冬初开产，高峰期在春节前，鸡蛋价格较高，能取得较好的经济效益。

无论是春雏还是晚春雏，最好都实行高温育雏。由于雏鸡刚出壳时卵黄没有吸收好，体质较弱，抵抗力差，采用高温育雏能促进卵黄吸收，降低死亡率。第一周 35～36℃，往后每周降低 2℃。由于育雏期温度较高，舍内湿度较低，容易干燥，造成尘埃飞扬，极易造成异物性气管炎。因此，应定期增加湿度，可带鸡喷雾消毒，也可在炉子上放一铁盆，定期放入含氯消毒剂，达到消毒和增加湿度两个目的。一般育雏期湿度为65%～70%。

为了防止发生啄癖，春季育雏时要对雏鸡进行断喙。一般第一次在6～10日龄，第二次在14～16周龄，用专门工具将上喙断去1/2～2/3，下喙断去1/3。有的养殖户怕发生啄癖，一次断去太多，上喙变成肉瘤，严重影响采食和生长；也有的舍不得断，到产蛋时发生啄癖。

第1～2周以保温为主，但不要忘记通风，第3周应增加通风量；饲养后期随鸡生长速度的加快，鸡只需要氧气亦相对增加，此阶段的通风换气尤为重要。春季应在保温的同时，定时进行通风换气，以减少舍内尘埃、二氧化碳和氨气等有害气体的浓度，降低舍内湿度，使空气保持新鲜，从而达到减少呼吸道、肠道疾病发生的目的。

育雏期容易发生的疾病有鸡白痢、脐炎、肠炎、法氏囊病、球虫等，应定期投放药物预防，同时做好防疫工作。

（2）春季对后备鸡群重点进行生长发育的调控　后备鸡群体型、体重的达标与否、均匀度的高低、性成熟的早晚直接影响产蛋性能的高低，直接关系到养鸡经济效益的高低。

由于鸡的骨骼在最初10周内生长迅速，8周龄雏鸡骨架可完成75%，12周龄完成90%以上，之后生长缓慢，至20周龄骨骼发育基本完成。体重的发育在20周龄时达全期的75%，以后发育缓慢，一直到36～40周龄生长基本停止。

为了避免出现胫长达标而体重偏轻的鸡群、胫长不达标而体重超标的鸡群，在育成期就要对鸡群进行适当的限制饲养。一般从8周龄时开始，有限量和限质两种方法。生产中多采用限量法，因为这样可保证鸡食入的日量营养平衡。限量法要求饲料质量良好，必须是全价料，每日将鸡的采食量减少为自由采食量的80%左右，具体喂量药根据鸡的品种、鸡群状况而定。

为避免出现早产、蛋小、脱肛、推迟开产现象的发生，在育成期必须控制好光照。为促其产蛋，只要具备下列条件之一，就应进行光刺激：一是体重达开产体重时，以增加光照来刺激其产蛋，促使卵泡的形成，抑制体型体重的继续生长，从而提高整个产蛋期的产蛋量和蛋料比；二是当群体产蛋率达5%时，及时给予光刺激，以满足其生殖发育的需要；三是如果是轻型蛋鸡达20周龄时仍未见蛋，应及时给予光刺激来提高产蛋量。

（3）春季加强蛋鸡开产前的饲养管理　开产前数周是母鸡从生长期进入产蛋期的过渡阶段。此阶段不仅要进行转群上笼、选留淘汰、免疫接种、饲料更换和增加光照等一系列工作，给鸡造成极大应激，而且这段时间母鸡生理变化剧烈，敏感，适应力较弱，抗病力较差，如果饲养管理不当，极易影响产蛋性能。

① 上笼。现代高产杂交配套蛋鸡一般在120日龄左右见蛋，因此必须在100日龄前上笼，让新母鸡在开产前有一段时间熟悉和适应环境，并有充足时间进行免疫接种、修喙、分群等工作。如果上笼过晚，会推迟开产时间，影响产蛋率上升；已开产的母鸡由于受到转群等强烈应激也可能停产，甚至有的鸡会造成卵黄性腹膜炎，增加死淘数。如上笼过早则影响生长，聊城一养鸡户于60日龄时过早上笼，因鸡太小，水槽太高，喝不上水而造成大批死亡。

② 分类入笼。上笼后及时淘汰体型过小、瘦弱和无饲养价值的残鸡，对于体重相对较小的鸡则装在温度较高、阳光充足的南侧笼内，适当增加维生素E、微量元素、优质鱼粉等营养，促进其生长发育，但喂料量应适当控制，以免过肥。过大鸡则应适当限饲。

③ 免疫接种。开产前要把应该免疫接种的疫苗全部接种完，流感灭活苗应接种两次，相隔30天左右，喉气管炎疫苗最好擦肛。接种后要检查接种效果，必要时进行抗体检测，确保免疫接种效果，使鸡群有足够的抗体水平来防御疾病的发生。

④ 驱虫。开产前要做好驱虫工作，110～130日龄的鸡，每千克体重用左旋咪唑20～40毫克，拌料喂饲，每天一次，连用2天以驱除蛔虫；每千克体重用硫双二氯酚100～200毫克，拌料喂饲，每天一次，连用2天以驱绦虫。

⑤ 增加光照。体重符合要求或稍大于标准体重的鸡群，可在

16～17 周龄时将光照时数增至 13 小时，以后每周增加 30 分钟直至光照时数达到 16 小时，而体重偏小的鸡群则应在 130 日龄，鸡群产蛋时开始光照刺激。光照时数应渐增，如果突然增加的光照时间过长，易引起脱肛；光照强度要适当，不宜过强或过弱，过强易产生啄癖，过弱则起不到刺激作用。开放鸡舍育成的新母鸡，育成期受自然光照影响，光照强，开产前后光照强度一般要保持在15～20 勒克斯范围内，否则光照效果差。

⑥ 更换饲料。开产前 2 周骨骼中钙的沉积能力最强，为使母鸡高产，降低蛋的破损率，减少产蛋鸡疲劳症的发生，增加光照时要将育成料及时转换为产蛋前期料（含钙 2%）或产蛋高峰料（含钙量为 3.5%）。

（4）春季对产蛋期蛋鸡的饲养管理　在气候多变的春季，饲养蛋鸡的目的是保持稳产和高产。

① 保温与通风。春季虽然舍外气温逐渐升高，但气候多变，早晚温差大。产蛋鸡每日采食量、饮水量较多，排粪也多，空气易污染，影响鸡的健康，降低产蛋率。因此，必须注意通风换气，使舍内空气新鲜。在通风换气的同时，还要注意保温。要根据气温高低、风力、风向而决定开窗次数、大小和方向。要先开上部的窗户，后开下部的，白天开窗，夜间关闭，温度高时开窗，而温度低时关窗，无风时开窗，有风时关窗。这样可避免春季发生呼吸道疾病，又可提高产蛋率。

② 光照管理。春季昼短夜长，自然光照不足，必须补充人工光照，以创造符合蛋鸡繁殖生理所需要的光照。方法是将带有灯罩的 25 瓦或 40 瓦灯泡（按每平方米 3 瓦的量计算）悬吊距地面约 2 米高处，灯与灯之间距离约 3 米。若有多排灯泡应交错分布，以使地面获得均匀光照和提高电灯的利用率。要采取早晚结合补光法，补光时间相对固定，防止忽前忽后，忽多忽少。要保持蛋鸡的总光照时间为 15～16 小时。

③ 提供充足的营养。高峰期的产蛋鸡，当产蛋率在 85%以上时，每日蛋白质进食量应为 18 克，代谢能为 1.26 兆焦，因此每千

克饲料中含代谢能11.56～11.95兆焦、粗蛋白质17%～18%、钙3.6%～3.8%、磷0.6%。为了保证产蛋鸡所需的能量，饲料中的麸皮应低于5%，在2～3月份可添加2%的油脂。

④ 添加预防药物。由于新母鸡产蛋高峰来得快、持续时间长，应在不同阶段添加预防药物，防止发生输卵管炎、腹泻、呼吸道等疾病。了解发生啄癖的原因，采取相应的防治措施。

（二）夏季蛋鸡的饲养管理

1. 调整日粮结构，提高营养浓度

（1）能量应该增加而不该减少　提高饲料中能量物质的含量可以改善热应激。该方式目前较为理想的方法是用脂肪来代替碳水化合物（玉米），脂肪可改变饲料的适口性，延长饲料在消化道内的停留时间，从而提高蛋鸡的采食量和消化吸收。热应激时，脂肪在饲料中的添加量以2%～3%为宜，相应的玉米用量减少4%～6%，但是脂肪易氧化变质，所以日粮中添加脂肪的同时应添加抗氧化剂，如乙氧喹类。

（2）蛋白质原料总量应该减少而不是增加　在热应激时传统方式往往是通过提高饲料中粗蛋白原料的含量，弥补产蛋鸡蛋白质摄入的不足，但是蛋白质代谢产生热量远高于碳水化合物和脂肪，增加了机体内的代谢产热积累，所以在调整饲料配方时不应该提高蛋白质原料的含量，而要适当减少。因此，建议减少日粮中杂粕等蛋白质利用率较低原料的用量，适当减少鱼粉等动物蛋白饲料的用量，增加豆粕等蛋白含量高、利用率高的原料，但不应增加总体蛋白质原料用量。

但是，为提高蛋白质的利用率，保证其营养需要，要根据日粮氨基酸的情况添加必需氨基酸。有研究发现，蛋氨酸、赖氨酸可以缓解热应激，它们是两种必须添加的基础氨基酸，一般在原有日粮基础上增添10%～15%，使它们的添加量达到每只鸡每天蛋氨酸360毫克、赖氨酸720毫克，并注意保持氨基酸的平衡。

（3）矿物质的调整　热应激能够影响蛋壳质量（蛋壳变薄、变脆），所以应根据采食量下降的幅度来调整夏季日粮配方中钙磷的

比例。如果其他季节的钙、有效磷水平分别为3.5%、0.36%，则夏季日粮钙、有效磷水平应调整为3.8%、0.39%以上，原则上钙的调整水平不要超过4%，有效磷调整水平不要超过0.42%，因为过高水平的钙会造成肠道环境中高渗透压环境，导致腹泻。还应注意钙源的供应粒度，最好2/3为粒状（小指甲盖分四半），磷源最好也采用颗粒磷源。

另外，在热应激条件下，矿物质在粪尿中的排泄量会增加。热应激会影响锰、硫、硒、钴等离子的吸收，对它们的需要量增加，所以应按照日粮摄入量的减少幅度相应地提高在饲料中的含量。

（4）维生素的调整　热应激对维生素E、维生素C和B族维生素的吸收影响较大，夏季添加量应调整为正常量的2～3倍。维生素C因与蛋壳形成有重要关系，应至少添加200克/吨，少了没有效果。

（5）调节电解质平衡　一般氯化钾的添加浓度为0.15%～0.30%。同时在饲料中添加0.3%～0.5%的小苏打，能减少次品蛋1%～2%，提高产蛋率2%～3%，使蛋壳厚度增加，提高日粮中蛋白质的利用率，但是要适当降低盐的用量。

（6）加喂抗应激药物　在饲料中添加0.004%杆菌肽锌，或0.1%丁酸二酯等化合物，或0.3%的柠檬酸，均可以缓解热应激，提高产蛋率和饲料报酬，使鸡增加采食量和提高产蛋率；在饲料或饮水中添加0.1%延胡索酸等，能有效缓解热应激反应，使蛋鸡采食量增加，产蛋率提高。

2. 向料槽中喷水，增加鸡群采食量

往料槽中喷水对饲料起到潮拌作用，特别是在炎热的夏季，喷水能够降低饲料温度，增强饲料适口性。建议在产蛋高峰到来之前和产蛋高峰期制定有规律的喷水计划。

（1）制定相应的计划　在炎热的夏季应该制定一个详细的喷水计划，并应用营养药物和抗菌类药物相结合的方式添加。例如，每10天喷水1次（添加营养类药物），每次2～3天；每20天添加1次抗菌类药物，每次3～4天。在喷水计划中要将对饲料和料槽的微生物监测计划列入其中，以便能够及时掌握饲料和料槽中的微生物含量，控制饲料的卫生。

喷水的时间应在每天的11：00～11：30这个时间段，此时正是温度逐渐升高的时间，喷水可以缓解高温带来的应激，在正常喂料的情况下，让鸡得到很好的采食，满足生长和生产的需要。

（2）喷水前的准备工作　喷水前首先与驻场兽医进行沟通，水里要添加一些营养药物及抗生素预防肠炎的发生，例如多维素0.1%、维生素C 0.03%，并提高鸡群的适口性。在兽医的指导下进行，要选择水溶性好的药物进行喷水。

喷水之前计算用水量，按照每10米长的料槽用0.5千克水计算；根据用水量的多少，确定用药量。药物要分开称量，并保证称量的准确性。

（3）正确喷水　首先要调节好泵的压力。用手去感觉喷出水的压力，尽可能将泵的压力调到最小，使喷枪喷出的水呈雾状，喷出水的面积要小于或等于料槽底部的面积，以免造成药液的浪费。喷水开始，将喷枪枪头向后，与料槽距离为10厘米，枪体与料槽呈45°，人体斜对料槽。喷水过程中，喷洒要均匀，走路速度要快而稳，并时刻观察喷在料上的水量，只需在料的表层喷洒一层即可，不能喷洒太多，水多会使湿料糊鸡嘴；同时，水量过大、时间过长会造成饲料发霉变质，给鸡群带来不良的影响。

喷水之前，要根据料槽中的剩料多少确定有无必要再进行一次喂料，若料槽中的剩余料多时，在喷水之前进行一次匀料，保证每个笼前的料是均匀的；若料槽中的料不足时，喷水之前进行一次喂料，保证每只鸡都能得到充足的采食，起到真正增加采食的作用。喷洒的过程中禁止将水喷洒在地上、笼上或墙上，因为添加维生素等营养物质的水会加快细菌、微生物滋生，因此要时刻调整喷枪的压力和位置，确保正确操作，不造成浪费。喷洒完毕后，时刻观察鸡群的采食情况，在下一次喂料前检查所剩料的情况，有无湿料；若有，则及时清除，以免出现堆料现象，造成饲料浪费。喷水后增加匀料的次数，以免在喷水后使料槽底部的饲料发霉；将粘在料槽边缘部分的料渣儿和鸡毛等杂物用干毛巾擦掉，以免给细菌创造滋生的环境。

喷水要不定期进行，以免鸡群产生依赖，导致在正常喂料时不能起到刺激采食的作用，反而起到负面的影响。

3. 改善饲喂方法

改变饲喂时间，利用早晨、傍晚气温较低时多添料，此时温度比较适合蛋鸡，采食量容易提高，也比较容易形成采食习惯；改变适口性差的原料饲喂时间，将贝壳粉或石粉在傍晚时加喂，这样可以提高其他营养物质的摄入，而且傍晚是蛋鸡对钙需求最高的时候；改变饲料形态，可以把粉料变为颗粒饲料，加强饲喂以刺激采食；用湿拌料促进采食；夜间开灯 1 小时增加饮水；提高饲料适口性，在饲料中添加香味剂、甜味剂、酸化剂、油脂等物质，提高蛋鸡采食欲望，以达到提高采食量的目的。

4. 保证充足饮水

夏季一定要保证全天自由饮水，而且保证新鲜凉爽。我们常见到一些养鸡户，由于农忙而造成水槽内缺水，或因鸡群粪便太稀而控制饮水，发生鸡只中暑，造成经济损失。

如果在炎热的夏季缺水时间过长，影响鸡的生长及生产性能的发挥。为了保证每只鸡饮到足够的新鲜凉水，应放置足够的饮水器具，而且要高度合适，布局均匀，水温以 10℃左右为宜，同时要注意保证饮水器具的清洁卫生，最好每天刷洗消毒一次，防止高温出现水污染现象。在保证充足饮水的同时，还应保持舍内地面的清洁，防止洒水、漏水造成舍内湿度过大。

5. 加强环境管理，利用风冷效应和水帘直接降温，改善鸡舍内环境

对鸡舍外环境的管理，可在距离鸡舍周围 2～3 米处，种植生长快速的林木，在树生长过程中必须修剪，让树冠高出房檐约 1 米，以避免阳光直射舍内；还可以种植藤类攀援植物如爬山虎、牵牛花等，以达到遮荫，吸收阳光，增加产氧量，改善小气候的目的；鸡舍顶部和墙壁应采用不吸热的白色材料或涂料，以反射部分阳光，减少热量吸收，实践证明，用白色屋顶可降低舍内温度2～3℃。

利用风速产生的风冷效应和水帘的直接降温，来降低舍内温度，改善鸡舍内环境，避免热应激的发生。

关闭鸡舍内所有进风小窗，根据温度控制风机运行个数，完全启动纵向通风系统，靠风速来降低鸡群体感温度。当温度达到32℃以上时，启动水帘系统，同时关闭其他进风口，保证过帘风速达到1.8～2.0米/秒（注意：风速不能过高，否则会引起腹泻等条件性疾病），当舍内温度降至26℃以下时适当关闭部分湿帘，温度升高到32℃以上时再打开，如此循环。

高温高湿对鸡群的影响很大，在湿帘打开时，如果湿度大于70％且舍温达到35℃以上时，应关闭湿帘，开启全部风机，开启鸡舍前半部进风口（进风口面积是出风口面积的2倍），用舍内消毒泵对着鸡冠用冷水进行喷雾降温，每小时1次，每只鸡喷水80～100毫升。

（三）秋季蛋鸡的饲养管理

秋季天气逐渐变凉，每天的温度和昼夜温度变化很大。所以，为保证给鸡群舒适的生存环境，使鸡群的生产性能得到较好的发挥，在管理上应以稳定环境为重点。

1. 合理通风，稳定环境

蛋鸡比较适宜的温度为13～25℃，相对湿度为50％～70％，过高和过低的温湿度都会降低鸡的产蛋率。早秋季节，天气依然比较闷热，再加上雨水比较多，鸡舍内比较潮湿，易发生呼吸道和肠道传染病，为此必须加强通风换气。白天打开门窗，加大通风量，晚上适当通风。以降低温度和湿度，利于鸡体散热和降低鸡舍内有害气体含量。

随着季节的转换，中秋以后，昼夜温差大，此时，鸡舍应由夏季的纵向负压通风逐渐过渡到横向负压通风，若过渡的不合理，就会诱发鸡群发生呼吸道疾病、传染性疾病，进而对鸡只产蛋带来影响。

（1）秋季通风管理的总体目标　鸡舍的房屋结构、风机设计模式、进风口的位置决定了通风所采取的方式，不论是横向通风还是纵向通风，通风管理最终要达到的目标是实现鸡舍要求的目标温度值，使舍内风速均匀，空气清新。通风管理即在考虑鸡舍饲养量、鸡群日龄的基础上，决定开启风机和进风口的数量与角度。

鸡舍内温度的相对稳定及舍内空气的清新，有利于最大限度地发挥鸡群的生产性能。那么怎样确定风机安装的个数与进风口的数量呢？在设计鸡舍的通风系统时，应根据当地的气候特点，考虑鸡舍的（夏季）最大通风量。如蛋鸡夏季最大的排风量为 14 立方米/(小时·只)。根据经验公式：n=[体重（千克）×饲养只数×7×1.15]/风机排风量（式中，7 为每只鸡呼吸量，1.15 为损耗系数），计算出不同日龄鸡舍应安装的风机个数。

例如，一个长 90 米、宽 12 米，饲养 16000 只的标准化蛋鸡舍，采用纵向通风＋通风小窗模式时，后山墙安装 6 台 50 英寸、1.1 千瓦轴流式风机，侧面山墙进风口每隔 3 米安装一个通风小窗（0.145 平方米），前山墙湿帘面积 40 平方米，就可以满足夏季和其他季节的通风需要。夏季采取纵向负压通风和湿帘降温系统，秋季采用由纵向负压向横向负压过渡的通风方式，以减少昼夜温差。

（2）秋季通风管理关键点

① 设定鸡舍的目标温度值。鸡只生产和产蛋最适宜温度是 18～25℃。但是，在生产实际中，受外界气候的影响，鸡舍内不可能维持理想的温度值，要根据季节的变化进行调整。秋季通风的管理，实际上是根据外界温度的变化，确定夜间的最低温度值，以减少昼夜温差。随着外界温度的降低，为了使鸡舍夜间温度与昼夜之间的温差相对恒定，向冬季过渡，最低值的确定应遵循逐渐下降的原则。若外界最低气温为 18℃，舍内设定目标值为 20℃；若外界最低气温是 16℃，舍内设目标值为 18℃。

如秋季白天外界最高气温达到 32℃，相对湿度 30%，夜间最低气温 18℃，相对湿度 60%。在一天之内，舍内最高温度 32℃，白天需全部开启风机和进风口，使用纵向通风，舍内风速可达 2.5

米/秒，以达到降温的效果。在夜间通过减少风机的个数，使舍内最低温度控制在 20℃以上，风速低于 1.2 米/秒，以满足鸡群正常生产的需要。虽然舍内温差达到了 12℃。但是温度控制是在鸡体可以调节的正常范围内，所以鸡群表现出了良好的生产成绩。

② 为保证舍内温度恒定和风速均匀，调整风机台数和进风口数量。设定目标温度值后，需靠调整风机台数和进风口数量，来保证舍内温度的恒定与风速的均匀。在秋季一天之中，鸡舍内的目标温度值是不一样的，午后热，早晚凉，白天舍内最高温度在 32℃（高于 32℃应采取湿帘降温），夜间最低温度设定在 18℃。因此，白天通风的目的是降温，夜间通风的目的是换气。白天全部开启风机和进风口，夜间靠少开风机和适量减少进风口，保证达到目标设定值。由于风机和进风口是逐渐调整的，温度的变化是逐渐降低或升高的，因此每只鸡可以适应温度的变化，减少了鸡群的应激，保持了生产的稳定。

那么，如何使开启的风机与进风口匹配，达到设定的目标温度值呢？最好的方法是安装温度控制器，根据设定的目标温度调整风机、通风小窗的开启。自动调节温度控制器有两种：一种电脑控制——AC2000 控制器，另一种人工控制——温度控制器。将风机与温度控制器相连，根据控制器的要求，设定一天中鸡舍所需的目标温度值，来控制风机的开启个数，保持鸡舍设定的目标温度。开启进风口的数量与角度决定了鸡舍的风速，使用 AC2000 控制器，可以实现鸡舍温度与风速控制的自动化。安装温度控制器解决了秋季昼夜温差大的难题，使鸡舍温度保持相对稳定。

③ 秋季通风管理的注意事项。由于国内养殖户的饲养设备、饲养管理水平参差不齐，对于鸡舍秋季通风的管理认识存在差异。无论采取什么样的通风方式，原理是相同的。因此提醒广大养殖场（户），管理好鸡舍的通风，必须了解鸡舍通风系统的通风方式，是横向负压通风还是纵向负压通风。然后，再了解每台风机的排风量，鸡舍的静压，进风口的大小、风速，风的走向等。根据外界温度的变化，设定一天中不同时间段的舍内目标温度值，根据目标温

度值确定风机及进风口的数量和开启角度、大小。设定目标温度值要遵循逐渐下降的原则，逐渐向冬季过渡。保持舍内温度、风速的均匀，不留死角，防止通风不足和通风过度。有条件的鸡舍最好是使用自动温度控制系统，以实现随时调整风机的目的。

每天要认真观察鸡群，如果有冷风直接吹入，可以看到局部的鸡群拉稀症状，及时调整后，这种条件性疾病就会改善。

2. 调控温度，减少应激

（1）关注温度，适时调整　产蛋鸡舍内温度以保持在18～23℃为宜，秋季白天外界最高温度可达到30℃以上，夜间最低温度可达到16～18℃，所以要控制好舍内的温差。

减少温差，最好的方法是安装温控仪，这样可以保证鸡舍温度的稳定。随着天气逐渐变凉，及时调整设置的温度，在保证最低通风量的基础上，确定夜晚最低温度，然后逐步提高每个风机开启的温度设定，使夜里温度不致太低；白天气温高时能自动增加风机开启数量，减少昼夜温差。

（2）注意温度变化　秋季湿度小，感觉舒适凉爽，是养鸡的好时候，要注意冷空气由北方南下造成气温急剧下降。所以必须关注天气预报，注意夜间的保暖工作，避免鸡群因温差应激和着凉而引发呼吸道疾病。

3. 加强饲料营养，确保饲料新鲜

鸡群经过长期的产蛋和炎热的夏天，鸡体已经很疲劳，入秋后应多喂些动物性蛋白质饲料，以尽快恢复体能。给予易消化的优质饲料和维生素，特别是B族维生素含量要充足。此时鸡群的食欲有所增加，必须保证饲喂充足，添加饲料时要少喂勤添，每次添料不超过食槽的1/3，尽量让鸡把料槽内饲料采食完。入秋后空气湿度还比较大，要注意保存好饲料，防止发霉和变质。

4. 加强光照的管理

秋季自然光照时间逐渐缩短，养殖户应该及时调整开灯时间，注意保持光照时间和光照强度的恒定，以免影响产蛋。产蛋前期光照时间9小时，鸡群产蛋率5%以上时逐渐递加，每周增加0.5小时，直到产蛋中期保持光照的平稳，光照时间14～15小时，产蛋后期40周龄左右可以适当增加光照，每周最多增加不超过0.5小时，光照总长不超过16.5小时。

5. 定期消毒，特别重视呼吸道疾病的控制

定期消毒是一项不可忽视的重要工作，它可以降低舍内微生物的含量，杀灭一定数量的细菌、病毒。秋季也是各种疫病的高发期，坚持鸡舍带鸡消毒制度，一般在气温较高的中、下午进行消毒，消毒时要面面俱到，不留死角，尤其是进风口处。消毒药交替使用，防止产生耐药性。

秋季气候多变，天气逐渐转凉，鸡群保健要点就是要及时做好疫病预防，尤其是呼吸道病的预防。呼吸道发生病变后，轻者造成生长受阻、生产性能下降、降低经济效益；重者引发多种疾病、死淘率增加，给养殖场造成严重的损失。

秋冬季节易发的呼吸道病主要有病毒引发的禽流感、新城疫、传染性支气管炎、传染性喉气管炎和细菌引发的支原体、传染性鼻炎，因此要加强免疫控制。

（四）冬季蛋鸡的饲养管理

冬季气温低，管理的重点是注意防寒防湿、协调保温与通风的矛盾、加强光照管理等。

1. 防寒防湿

冬季蛋鸡饲养管理重点在于鸡舍的防寒。产蛋鸡舍内温度以保持在18～23℃为宜，当鸡舍温度低于7℃时，产蛋量开始下降。确保舍温维持在8℃以上，是鸡舍温度控制的底线。对于背部和颈部羽毛损失较多的老鸡，在低温下容易因散热过多而影响生产成绩，并有可能因此增加15%～20%的采食量，这种情况下应尽可能维持较高的温度。

成年鸡体型较大体温较高，加上蛋鸡舍饲养密度大，一般情况下是可以维持在适宜温度范围内。但如果不能维持或在寒流来袭的情况下，采用一些保暖措施是很有必要的，可以减少因为寒冷引起的生产波动。如用保温材料封闭鸡舍四周所有门窗，或在门窗外侧加挂棉门帘等；在舍内设置取暖设备，如煤炉、火墙、火道、热风炉等；适当加大饲养密度，尽量不留空笼等。

冬季鸡舍湿度过大会增加散热，不能达到鸡舍保温的效果。因此，这种情况下就要设法保持圈舍清洁、干燥。圈舍要勤打扫，同时要控制少用水，避免舍内湿度过大不利保温。在条件允许的情况下，适当减少带鸡消毒的频率和时间。可用生石灰铺洒地面进行消毒，同时生石灰还可吸收潮气，降低圈舍湿度，但要注意控制尘埃飞扬。

2. 通风换气

（1）以保温为基础，适时通风换气　冬季鸡舍要经常进行通风换气，以保证鸡舍内的空气新鲜。密闭式鸡舍可以根据舍内空气的混浊、舍内温度变化进行定时的开关风机。在舍内温度适宜的情况下，在保温的基础上，应以满足鸡只的最小呼吸量来确定风机的开启个数。在冬季鸡舍保温的过程中，应考虑到鸡舍空气质量及通风换气。种鸡舍要求氨气不超过 20×10^{-6}，二氧化碳小于 0.15%，硫化氢小于 6.6×10^{-6}。

（2）谨防贼风吹袭　冬季蛋鸡管理中还要注意直接吹到鸡身上的“贼风”，避免鸡只受到寒冷的刺激，因为寒冷是呼吸道疾病的关键诱因。

舍内的贼风一般来自门、湿帘、风机、粪沟等缝隙，局部风速可达到 5～6 米/秒，必须堵严以防贼风直吹鸡体，避免这些缝隙成为病毒的侵入口。

鸡舍前后门悬挂棉门帘；天气转冷后，在鸡舍外侧将湿帘用彩条布和塑料布缝合遮挡，以免冷空气来临对鸡群造成冷应激；对于中等规模化的鸡舍，冬季最多能用到 2 个风机，所以对冬季开启不了的风机，用专用的风机罩罩住外部，以堵塞漏洞；粪沟是很多管理者最容易忽视的地方，尤其是鸡舍的横向粪沟出粪口，若不及时堵严，易形成“倒灌风”影响通风效果，建议在出粪口安装插板，并及时堵严插板缝隙。

（3）正确协调保温与通风的矛盾　冬季容易出现的管理失误是

只注意鸡舍的保温而忽视通风换气，这是冬季发生呼吸道疾病的又一主要原因。由于通风换气不足，很有可能造成舍内氨气浓度过大，空气中的尘埃过多。氨气浓度过大，会使呼吸道黏膜充血、水肿，失去正常的防卫机能，成为微生物理想的繁衍地，而吸入气管内的尘埃又含有大量的微生物，容易发生呼吸道疾病；寒流的袭击、鸡的感冒会使这种情况变得更为严重。所以冬季的管理中，一定要保持鸡舍内有比较稳定的适宜的温度，同时必须注意通风换气。

鸡舍的结构和通风方式，将直接决定鸡舍的通风效果。对此，饲养员应根据鸡舍的结构和外界的天气变化，灵活调整进风口大小。在中午天气较好时，应增加通风小窗开启角度，使舍内空气清新，氧气充足。通风小窗打开的角度，以不直接吹到鸡体上为宜。安装风机的规模化鸡场，为使舍内污浊有害空气能迅速换成新鲜空气，应该每隔 1～2 小时开几分钟风机，或大敞门窗 2～3 分钟，待舍内换上清洁新鲜的空气后再关上门窗。

3. 加强光照管理

（1）补充光照　对于开放式鸡舍，冬季自然光照时间较短，导致光照不足，出现产蛋率下降，针对这样的鸡舍冬季要进行人工补充光照，以刺激蛋鸡多产蛋。补充光照的方法有早晨补、晚上补、早晚各补三种，保证光照时间每天不少于 16 小时。比较理想的补光方法是早晨补充光照，这样更符合鸡的生理特点，且每天产蛋时间可以提前。人工补充光照时还要注意一定要做到准时开关灯，不能忽早忽晚或间断，最好使用定时器。不管怎样调整光照，在每次开、关等时都要逐步由暗到亮，由亮到暗，给鸡一个适应过程，防止鸡群产生应激。

（2）保持适宜的光照强度　适宜的光照强度利于鸡群的正常生产，产蛋期光照强度以 10 勒克斯为宜。应该注意的是，光照强度应在鸡头部的高度测定，也就是鸡的眼睛能感受到的光的强度。光照强度也可估算，即每平方米用 3～5 瓦的白炽灯泡（有灯罩）照明，灯泡要经常擦拭，保持灯泡清洁，确保光照强度均匀。

4. 建立严格的卫生消毒制度，并落实到位

鸡舍内环境消毒（带鸡消毒）是一项不可忽视的重要工作，可以降低舍内病原微生物的含量。应坚持鸡舍带鸡消毒制度。一般在气温较高的中午、下午进行消毒，消毒时要面面俱到，以形成雾状均匀落在笼具、鸡体表面。在带鸡消毒时不留死角，尤其是进风口处和鸡舍后部应作为消毒重点。

5. 合理调整鸡群，确保鸡群整齐度

冬季舍内气温低，合理进行鸡只分群管理是确保鸡群整齐度的关键。在日常视察鸡群过程中，将体格弱小的鸡群调整到鸡舍前侧单独饲养；调整每个笼内的鸡只确保为 4 只，并且鸡群健康程度相同。调群工作的有效实施，能保证鸡群的适宜密度，较高的整齐度。

四、产蛋鸡异常情况的处置

（一）产蛋量突然下降的处置

一般鸡群产蛋都有一定的规律，即开产后几周即可达到产蛋高峰，持续一段时间后，则开始缓慢下降，这种趋势一直持续到产蛋结束。若产蛋鸡改变这一趋势，产蛋率出现突然下降，此时就要及时进行全面检查生产情况，通过分析，找出原因，并采取相应的措施。

1. 产蛋量突然下降的原因

（1）气候影响

① 季节的变换。我国北方地区四季分明，尤其是在季节变化时，其温差变化较大。若鸡舍保温效果不理想，将会对产蛋鸡群产生较大的应激影响，导致鸡群的产蛋量突然下降。

② 灾害性天气影响。如鸡群突然遭受到突发的灾害性天气的袭击，如热浪、寒流、暴风雨雪等。

（2）饲养管理不善

① 停水或断料。如连续几天鸡群喂料不足、断水，都将导致鸡群产蛋量突然下降。

② 营养不足或骤变。饲料中蛋白质、维生素、矿物质等成分含量不足，配合比例不当等，都会引起产蛋量下降。

③ 应激影响。鸡舍内发生异常的声音，鼠、猫、鸟等小动物窜入鸡舍，以及管理人员捉鸡、清扫粪便等都可引起鸡群突然受惊，造成鸡群应激反应。

④ 光照失控。鸡舍发生突然停电，光照时间缩短，光照强度减弱，光照时间忽长忽短，照明开关忽开忽停等，这些都不利于鸡群的正常产蛋。

⑤ 舍内通风不畅。采用机械通风的鸡舍，在炎热夏天出现长时间的停电；冬天为了保持鸡舍温度而长时间不进行通风，鸡舍内的空气污浊等都会影响鸡群的正常产蛋。

（3）疾病因素　鸡群感染急性传染病，如鸡新城疫、传染性支气管炎、传染性喉气管炎及产蛋下降综合征等都会影响鸡群正常产蛋。此外，在蛋鸡产蛋期间接种疫苗，投入过多的药物，会产生毒副作用，也可引起鸡群产蛋量下降。

2. 预防措施

（1）减少应激　在季节变换、天气异常时，应及时调节鸡舍的温度和改善通风条件。在饲料中添加一定量的维生素等，可减缓鸡群的应激。

（2）科学光照　产蛋期间应严格遵循科学的光照制度，避免不规律的光照，产蛋期间，光照时间每天为14～16小时。

（3）经常检修饮水系统　应做到经常检查饮水系统，发现漏水或堵塞现象应及时进行维修。

（4）合理供料　应选择安全可靠、品质稳定的配合饲料，日粮中要求有足量的蛋白质、蛋氨酸和适当维生素及磷、钠等矿物质。同时要避免突然更换饲料。如必须更换，应当采取逐渐过渡换料法，即先更换1/3，再换1/2，然后换2/3，直到全部换完。全部过程以5～7天为宜。

（5）做好预防、消毒、卫生工作　接种疫苗应在鸡的育雏及育成期进行，产蛋期也不要投喂对产蛋有影响的药物。及时进行打扫和清理工作，以保证鸡舍卫生状况良好。每周进行 1～2 次常规消毒，如有疫情要每天消毒 1～2 次。选择适当的消毒剂对鸡舍顶棚、墙壁、地面及用具等进行喷雾消毒。

（6）科学喂料　固定喂料次数，按时喂料，不要突然减少喂量或限饲，同时应根据季节变化来调整喂料量。

（7）搞好鸡舍内温度、湿度及通风换气等管理　通常鸡舍内的适宜温度为 13～25℃，相对湿度控制在 55%～65%。同时应保持鸡舍内空气新鲜，在无检测仪器的条件下以人进鸡舍感觉不刺眼、不流泪、无过臭气味为宜。

（8）注意日常观察　注意观察鸡群的采食、粪便、羽毛、鸡冠、呼吸等状况，发现问题，应做到及时治疗。

（二）蛋壳质量下降的处置

蛋壳质量指标包括相对密度、蛋壳变形值、蛋壳厚度、蛋壳抗裂强度、单位表面积的壳重等，其中厚度是最主要的，正常蛋壳厚度是 0.3～0.4 毫米。厚度微小的变化对蛋壳破损程度有很大影响，例如壳厚 0.38～0.4 毫米破损率可能达 2%～3%，而蛋壳厚度 0.3～0.27 毫米破损率可能高达 10%。

1. 影响蛋壳质量的因素

（1）非营养因素

① 品种和遗传。一般而言，在同样环境与饲养条件下，遗传性能强的鸡较遗传性能差的鸡更能利用大量的钙，使蛋壳加厚，而蛋壳厚度与蛋壳强度有显著的正相关关系。蛋壳强度受遗传因素的影响（遗传力系数为 0.2）。不同禽类之间蛋壳强度存在一定差异，如银雉蛋的蛋壳强度比鸡蛋的蛋壳强度几乎大一倍。同类禽的不同品种来航鸡蛋比褐壳鸡蛋的蛋壳强度小。产蛋多的鸡其蛋壳强度比产蛋少的鸡小。究其原因是不同品种的鸡对钙利用率不同，增加饲料中的钙不能改变品种间的相对差异。

② 日龄。产蛋周龄是影响蛋壳质量的主要因素之一。因为随着产蛋周龄的增长，蛋重增加，蛋体加大，而沉积在蛋壳上的钙基本是相对稳定的，机体对钙质聚集量保持不变，因此蛋壳的厚度就

必然下降，蛋壳变薄、变脆。特别是接近产蛋结束时，蛋壳质量下降更加严重。另外，在产蛋后期机体对饲料中钙的吸收利用和存留能力降低，相应导致用于蛋壳形成的钙量也随之降低，造成蛋壳变薄。

③ 鸡群应激。

a. 环境温度：环境温度超过 30～32℃，鸡便会出现热应激，产生生理保护性反应，表现为呼吸加快，血液 pH 值升高、二氧化碳浓度降低，钙严重丧失以致形成蛋壳所需要的碳酸钙流失很多，造成蛋壳质量下降，而且由于蛋鸡的采食量减少，摄入体内的钙质也相应减少，以致血液中的钙含量降低；加之高温还可促使鸡释放骨髓内的磷酸钙，使鸡体表现缺钙，而使蛋壳质量下降。

b. 光照：实践证明，光照增强，鸡产破损蛋的比例增加。如果光照时间缩短则性腺激素分泌减少，影响产蛋；如果光照时间过长（超过 17 小时），则卵在子宫内时间缩短、钙质分泌不足，出现薄壳或软壳蛋。一般光照时间以 16～17 小时为宜，产蛋后期可再增加 1～2 小时。

c. 接种疫苗：由于疫苗反应、惊吓、拥挤都会影响肠道对营养物质的吸收利用和子宫内钙化过程，妨碍蛋壳的正常形成，出现畸形蛋、薄壳蛋、软壳蛋或无壳蛋等，所以注射疫苗要注意方法，要少赶动鸡群、小网围群，减少对鸡的累积应激。

④ 疾病与药物。多种疾病对蛋壳质量都有影响。但病原及其感染生殖系统的不同部位对产蛋及蛋的品质有着不同影响。如禽流感、新城疫病毒从呼吸道或消化道侵入后先行繁殖，然后侵入血液扩散到全身，病毒在血管中损伤管壁，导致卵泡充血、出血、变形、萎缩，卵泡发育停滞；同时，导致输卵管分泌功能失常，产薄壳蛋。感染传染性支气管炎病毒常无呼吸道症状，仅表现产蛋下降，产软壳、皱壳蛋，这是因为病毒常感染输卵管膨大部和峡部，导致蛋白分泌障碍、蛋壳内联或皱状，结果产出皱壳蛋。同时 IBD 使子宫部的壳腺细胞变形，固有层腺体增生，淋巴细胞浸润，因而导致蛋形成受阻，钙质沉积不匀、不全而出现沙壳蛋等。大肠杆

菌、沙门菌等在肠道内大量繁殖，导致肠道菌群失调，使消化吸收功能下降、钙质不足而影响蛋壳质量。

在药物方面，磺胺类药由于使用不当或长期使用，影响了肠道微生物对维生素 K 和维生素 B 族的合成，在体内与碳酸酐酶结合，使碳酸盐的形成和分泌减少，影响蛋壳质量。呋喃类药物容易使家禽中毒，使用时应注意用量和疗程。四环素类药物口服对消化道黏膜有直接作用，影响采食，其中以金霉素为最明显，土霉素、强力霉素次之，四环素最轻。同时，它们能与钙离子结合，降低血钙，从而影响蛋壳质量。

⑤ 饲养管理不当。在饲养管理中，由于不注意对饮水的管理造成舍内湿度比较高，有利于微生物分解粪便产生大量的氨气。鸡体内吸入氨，使二氧化碳损失较多，致使碳酸根不足而影响蛋壳质量，同时集蛋次数的多少、运输过程中震动程度、饲养密度过大都影响着蛋壳质量。

(2) 营养因素

① 钙、磷。蛋壳的主要成分是钙，所以蛋壳质量直接取决于钙、磷代谢状态。当饲料中钙不足或钙、磷比例不当时，必然导致蛋壳强度和厚度下降。产蛋鸡的钙主要由每天摄入的饲料补充。肠道对口粮中钙的吸收率为 50%～60%，产蛋期的鸡对钙需要量随着产蛋状况的不同而变化。一般情况下，当产蛋率大于 80%时，口粮中的含钙量为 3.5%～4.0%，不应超过 4%，钙用量过高不但影响鸡对饲料的适口性，而且也影响蛋壳质量、产蛋率和孵化率。一般口粮中，含磷量在 0.6%左右为宜。这样才能保证每只产蛋鸡每天摄入 4～5 克钙，以满足形成鸡蛋壳所需。同时钙源饲料颗粒的大小对蛋壳破碎力与蛋壳的细微结构也有不同影响，大颗粒的钙质饲料易于提高蛋壳强度。因较大颗粒的钙补充剂从肌胃排出的速度比粉状的慢，鸡体可充分吸收钙，利于蛋壳的形成，也提高了蛋壳强度。不过在考虑所添加钙源大小的同时，也应考虑钙源的溶解度对蛋壳质量的影响。另外，要注意钙、磷比例，一般钙、磷比例为 (4∶1)～(6∶1)。

② 维生素 D_3。维生素 D_3 能够促进肠道对钙、磷的吸收，提高血液中钙、磷水平（一般添加量在 0.1%～0.15%）。维生素 D_3 可被肝、肾转变为具有活性的 1,25-二羟维生素 D_3，最后生成钙三醇。它能够激活钙质吸收，保证骨骼和蛋壳的钙化。因此，血液中钙三醇供应不足时将会造成钙化缺陷，导致蛋壳质量下降。在产蛋鸡的饲养中，随着鸡龄的增大，蛋壳强度却下降，这同 1,25-二羟维生素 D_3 的合成能力降低有关。

③ 维生素 C。钙代谢保证提供足够的钙以满足蛋壳钙化。鸡的钙代谢主要受维生素 D_3 及其代谢物、甲状旁腺激素、降钙素调节，而在维生素 D_3 转化为钙三醇的过程中维生素 C 起举足轻重的作用。如果维生素 C 的供应失衡最终会导致蛋壳质量的下降，通过补加维生素 C 不仅改善蛋壳质量，而且能提高产蛋率，减缓应激影响。

（3）酸碱平衡　酸碱平衡是影响蛋壳品质的重要因素，血液中氯离子浓度过高，不利于蛋壳腺中碳酸钙的沉积，排卵后血中酸度升高，导致鸡出现酸血症。酸血症的出现不利于蛋壳的钙化。而影响酸碱平衡的主要因素是 Na^+、Cl^-，日粮中过量的钠、氯或者两者比例不适当，就会影响酸碱平衡，而使蛋壳质量下降。产蛋鸡日粮中钠、氯含量分别为 0.1%、0.05%（以风干物质计），两者比例以（1～2）∶1 为宜。因此，为了使产蛋鸡饲料中氯的含量不高于钠的含量，最好以无氯的物质来供给产蛋鸡所需的钠，如碳酸钠、碳酸氢钠等。

（4）其他微量元素

① 锰。锰在很大程度上与蛋壳的抗裂强度有关，如果饲料中缺锰，对蛋壳的酸性黏多糖有影响，同时使蛋壳单位重量下降，裂缝蛋比例上升，蛋破损率提高，所以锰的含量与蛋壳强度有直接关系。一般每千克饲料中锰的含量应保持在 70～100 毫克的水平。

② 锌。蛋壳在钙化过程中需要两种酶，其中之一就是碳酸酐酶，锌是此酶的主要成分。蛋鸡缺锌，碳酸酐酶活性降低，影响蛋壳形成。正常情况下，产蛋鸡需摄取 50 毫克/千克的锌才能保证蛋

壳正常，同时锌只有同锰一起添加到日粮中才有效。有研究认为，适宜的添加比例是50毫克/千克和75毫克/千克。其中，锰如果偏高会影响锌的吸收，而对蛋壳质量产生影响。

③ 镁。镁与蛋壳质量有着密切关系，因为蛋壳的无机物质成分包括差不多等量的镁（0.9%）及磷，但一般情况并不会缺镁。如果缺少镁，会导致蛋壳变薄，产蛋量下降；相反，如果镁含量高（≥0.56%），鸡的采食量和产蛋指标均下降，蛋的破损率提高，适宜的含量是0.4%或稍高。要使蛋壳保持良好的抗裂强度不能只着眼于饲料的营养成分浓度，同时需要有效成分均匀分布于饲料中。

2. 控制措施

（1）营养　严格按照蛋鸡的饲养标准制定饲料配方，生产全价配合饲料。影响蛋壳质量的因素主要是钙、磷、锰和维生素D_3等物质含量。在设计饲料配方时，首先应该注意产蛋料钙的含量，它是形成蛋壳的主要成分，随着鸡龄的增加，钙的含量也要相应地增加，特别是产蛋后期更要增加饲料中的钙含量。同时，选择一些溶解度好的钙源如石灰石，但要注意检测其中镁、氟的含量不要超标。在饲养过程中注意补钙时间、方法。理论上讲，下午蛋壳沉积最多，此时补充的饲料钙经小肠吸收后直接进蛋壳腺形成蛋壳，而不必沉积于骨中后再动用，经实践证明结果显著，见表4-5。

表4-5　不同的补钙时间对鸡蛋壳质量的影响

种鸡舍	补钙时间	平均破蛋率/%	种蛋合格率/%
1	下午补钙	3.48	92.3
2	日粮补钙	4.63	91.2

另外，鸡产蛋前补钙有利骨灰分的增加和骨钙的储存，开产补钙以两周为宜，过早补钙反而不利。一般而言，每只鸡给予4.8克钙或饲喂含钙量3.7%的饲料就足够了，产蛋末期，钙增加到5克或饲料含钙4%以上。其次，应保证饲料中有效磷的含量，掌握好合适的钙、磷比例。最后，在饲料中要添加足够维生素D_3、维生

素C及其它矿物质，以保证正常的营养需要，确保蛋壳质量。

（2）管理

① 产蛋期和夏天。在产蛋期，应经常检查蛋壳质量，了解劣质蛋壳的比例，调整日粮中钙、镁、维生素D_3的含量。夏天在饮水中补充小苏打、电解质和维生素C既能减轻鸡的热应激，又能提高蛋壳质量。

② 减少应激。尽量减少或杜绝在饲养过程中的各种应激，提高鸡群自身素质，增强对疾病的抵抗力。

③ 环境温度。控制适宜环境温度，一般在16～24℃。

④ 用药。在产蛋鸡使用药物治疗一般性疾病时，一直使用抗生素来替代影响蛋壳质量的磺胺类等药物，但在实践中也要谨慎，不然会产生抗药性。

⑤ 其它。光照要恒定，饮水和通风要良好，饲养密度要适宜，确保鸡群有一个良好的小气候。

（3）疾病控制　要注意新城疫病和传染性支气管及白痢等疾病的侵入，严格执行防疫消毒卫生制度，接种好疫苗，搞好环境卫生，杜绝一切传染来源，保障鸡群健康。

（4）遗传方面　育种场在对种鸡选种时，在其它生产性能均相同的情况下要留种产厚壳蛋的鸡，以提高商品代鸡的蛋壳厚度。

（三）推迟开产和产蛋高峰不达标的处置

1. 原因探析

（1）鸡群发育不良、均匀度太差　主要有以下几种表现。

① 胫骨长度不够。胫骨长度是产蛋鸡是否达到生产要求的最重要指标之一，但有很多养鸡场（户）在饲养过程中不知这一指标，因过分强调成本而不按要求饲喂合格的全价饲料，造成饲料营养不达标；忽视育雏期管理，造成雏鸡8周龄前胫长（褐壳蛋鸡要求8周龄胫长82毫米）不达标；有些饲养户育雏、育成期鸡舍面积狭小致使密度过大，造成胫骨长度不能达标。蛋鸡8周龄的胫骨长度十分重要，有8周定终身之说；因上述因素造成到18周龄开产时，鸡群中相当数量的鸡胫骨长度不到100毫米（褐壳蛋鸡正常

胫长应达到105毫米)，甚至不足90毫米。

② 体重不达标，均匀度太差。均匀度差的鸡群，其产蛋高峰往往后延2～3周至开产后9～10周才出现。实践证明，鸡群均匀度每增减3%，每只鸡年平均产蛋数相应增减4枚。以90%和70%均匀度的鸡群相比，仅此每只鸡产蛋相差20多枚，按目前价格计算，每只鸡收入相差8～10元。同时，均匀度差的鸡群死亡率和残次率高，产蛋高峰不理想，维持时间短，总体效益差。

③ 性成熟不良。因性成熟不一致，而导致群体中产生不同的个体生产模式，群体中个体鸡只产蛋高峰不同，所以产蛋高峰不突出，而且维持时间短，其产蛋率曲线也较平缓。

有上述情况的鸡群，鸡冠苍白，体重轻，羽毛缺乏光泽，营养不良；有些为“小胖墩”体型。鸡群产蛋推迟，产蛋初期软壳蛋、白壳蛋、畸形蛋增多；产蛋上升缓慢，脱肛鸡多；容易出现拉稀。剖检可见内脏器官狭小，弹性降低，卵泡发育迟缓，无高产鸡特有的内在体质。

(2) 肾型传染性支气管炎后遗症　在3周内患过肾型传染性支气管炎的雏鸡，成年后“大肚鸡”的比例显著增加。由于其卵泡发育不受影响，开产后成熟卵泡不能正常产出，掉入腹腔，引起严重的卵黄性腹膜炎和出现反射性的雄性激素分泌增加，使鸡群出现鸡冠红润、厚实等征候，导致大量“假母鸡”寡产或低产，经济损失严重。雏鸡使用过肾传支疫苗的鸡群或3周以上发病的雏鸡的肾传支后遗症明显好于未使用疫苗和3周内发病的雏鸡，即肾传支后遗症与是否免疫疫苗和雏鸡发病日龄直接相关。实践证明，如在1～3周龄发生肾传支，造成输卵管破坏，形成“假母鸡”比例较高，可使母鸡成年后产蛋率降低10%～20%；若于4～10周龄发生肾传支，形成的“假母鸡”将会减少，大约可使鸡群成年后产蛋降低7%～8%；若于12～15周龄发生肾传支，鸡群成年后产蛋率降低5%左右；产蛋鸡群发传染性支气管炎后，也会造成产蛋下降，但一般不超过10%，而且病逾后可以恢复到接近原产蛋水平，并且很少形成“假母鸡”。

剖检：输卵管狭小、断裂、水肿。有的输卵管膨大，积水达1200克以上，成为“大肚鸡”。最终因卵黄性腹膜炎导致死亡。

（3）传染性鼻炎、肿瘤病的影响　开产前患有慢性传染性鼻炎的鸡群，开产时间明显推迟，产蛋高峰上升缓慢。患有肿瘤病（马立克病、鸡白血病、网状内皮组织增生症）的鸡群，会出现冠苍白、皱缩，消瘦，长期拉稀，体内脏器肿瘤等症状，致使鸡群体质降低，无法按期开产或产蛋达不到高峰。

（4）使用劣质饲料和长期滥用药物　有些养鸡场（户）认为，后备鸡是“吊架子”，只要将鸡喂饱即可，往往不重视饲料质量、饲养密度等，造成后备鸡群发育不良。有些养鸡场（户）长期过度用药或滥用药物，甚至使用抑制卵巢发育或严重影响蛋鸡生产的药物，如氨基比林、安乃近、地塞米松、强的松等，造成鸡群不产蛋或产蛋高峰无法达到。

（5）雏鸡质量问题　因种鸡阶段性疾病问题或其它原因导致商品雏鸡先天不足，鸡群发育不良，成年后产蛋性能不佳。

（6）其它因素　蛋鸡每笼装3只鸡而有人装4只，断喙不合理或不整齐，光照不合理，乳头饮水器的乳头供水压力太低造成鸡群饮水不足，通风效果太差等管理因素，均可造成蛋鸡推迟开产或产蛋高峰达不到要求。

2. 处置措施

（1）科学管理，全价营养　为使鸡群达到或接近标准体重，一般采用1～42日龄饲喂高营养饲料（有的饲养户于1～14日龄使用全价肉小鸡颗粒料，15～42日龄使用蛋小鸡颗粒料），并定期测量胫骨长度、称重，根据育雏育成鸡胫骨长度和体重决定最终换料时间，两项指标不达标可延长高营养饲料的饲喂时间。当疫苗接种、断喙、转群、疾病等应激较多时，会影响鸡群正常发育，建议鸡群体重略高于推荐标准制定饲养方案较好。在日常饲养过程中，要结合疫苗接种、称重等及时调群，对发育滞后的鸡只加强饲养，保证好的体重和均匀度。雏鸡8周龄时的各项身体指标，基本决定成年后的生产水平，是整个饲养过程的重中之重，因此，有8周定终身之说。

（2）提倡高温育雏，减少昼夜温差，杜绝肾型传染性支气管炎的发生　肾传支流行地区，要杜绝肾传支发生，重在鸡舍温度和温差的科学控制，如 1 日龄鸡舍温度 35℃以上，然后随日龄增大逐渐降低温度，并确保昼夜温差不超 3℃，基本可以杜绝肾传支的暴发。与此同时，尽管肾型传染性支气管炎变异株多，疫苗难以匹配，但尽量选择保护率高的疫苗，进行 1 日龄首免、10 日龄强化免疫等科学合理的免疫程序，可极大地降低肾传支的发病率。

（3）加强对传染性鼻炎、肿瘤病的防控　做好传染性鼻炎的疫苗免疫，若有慢性传染性鼻炎存在，要及时治疗。

（4）优化进鸡渠道　杜绝因雏鸡质量先天缺陷导致的生产成绩损失。

（5）合理用药　杜绝过度用药和滥用药物，特别防止使用抑制卵巢发育、破坏生殖功能、干扰蛋鸡排卵等影响鸡生理发育和产蛋的药物或添加剂。

第五章 蛋鸡场消毒技术

第一节 常用的消毒剂

利用化学药品杀灭传播媒介上的病原微生物以达到预防感染、控制传染病的传播和流行的方法称为化学消毒法。化学消毒法具有适用范围广，消毒效果好，无需特殊仪器和设备，操作简便易行等特点，是目前兽医消毒工作中最常用的方法。

一、化学消毒剂的分类

用于杀灭传播媒介上病原微生物的化学药物称为消毒剂。化学消毒剂的种类很多，分类方法也有多种。

（一）按杀菌能力分类

消毒剂按照其杀菌能力可分为高效消毒剂、中效消毒剂、低效消毒剂三类。

1. 高效消毒剂

可杀灭各种细菌繁殖体、病毒、真菌及其孢子等，对细菌芽孢也有一定杀灭作用，达到高水平消毒要求，包括含氯消毒剂、臭氧、甲基乙内酰脲类化合物、双链季铵盐等。其中可使物品达到灭菌要求的高效消毒剂又称为灭菌剂，包括甲醛、戊二醛、环氧乙烷、过氧乙酸、过氧化氢等。

2. 中效消毒剂

能杀灭细菌繁殖体、分枝杆菌、真菌、病毒等微生物，达到消毒要求，包括含碘消毒剂、醇类消毒剂、酚类消毒剂等。

3. 低效消毒剂

仅可杀灭部分细菌繁殖体、真菌和有囊膜病毒，不能杀死结核杆菌、细菌芽孢和较强的真菌和病毒，达到消毒剂要求，包括苯扎溴铵等季铵盐类消毒剂、氯已定（洗必泰）等双胍类消毒剂，汞、银、铜等金属离子类消毒剂及中草药消毒剂。

（二）按化学成分分类

常用的化学消毒剂按其化学性质不同可分为以下几类。

1. 卤素类消毒剂

这类消毒剂有含氯消毒剂类、含碘消毒剂类及卤化海因类消毒剂等。

含氯消毒剂可分为有机氯消毒剂和无机氯消毒剂两类。目前常用的有二氯异氰尿酸钠及其复方消毒剂、氯化磷酸三钠、液氯、次氯酸钠、三氯异氰尿酸、氯尿酸钾、二氯异氰尿酸等。

含碘消毒剂可分为无机碘消毒剂和有机碘消毒剂，如碘伏、碘酊、碘甘油、PVP碘、洗必泰碘等。碘伏对各种细菌繁殖体、真菌、病毒均有杀灭作用，受有机物影响大。

卤化海因类消毒剂为高效消毒剂，对细菌繁殖体及芽孢、病毒、真菌均有杀灭作用。目前国内外使用的这类消毒剂有三种：二氯海因（二氯二甲基乙内酰脲，DCDMH）、二溴海因（二溴二甲基乙内酰脲，DBDMH）、溴氯海因（溴氯二甲基乙内酰脲，BCDMH）。

2. 氧化剂类消毒剂

常用的有过氧乙酸、过氧化氢、臭氧、二氧化氯、酸性氧化电位水等。

3. 烷基化气体类消毒剂

这类化合物中主要有环氧乙烷、环氧丙烷和乙型丙内酯等，其中以环氧乙烷应用最为广泛，杀菌作用强大，灭菌效果可靠。

4. 醛类消毒剂

常用的有甲醛、戊二醛等。戊二醛是第三代消毒剂的代表，被称为冷灭菌剂，灭菌效果可靠，对物品腐蚀性小。

5. 酚类消毒剂

这是一类古老的中效消毒剂，常用的有石炭酸、来苏儿、复合酚类（农福）等。由于酚消毒剂对环境有污染，目前有些国家限制使用酚消毒剂。这类消毒剂在我国的应用也趋向逐步减少，有被其它消毒剂取代的趋势。

6. 醇类消毒剂

主要用于皮肤术部消毒，如乙醇、异丙醇等消毒剂。这类消毒剂可以杀灭细菌繁殖体，但不能杀灭芽孢，属中效消毒剂。近来的研究发现，醇类消毒剂与戊二醛、碘伏等配伍，可以增强消毒效果。

7. 季铵盐类消毒剂

单链季铵盐类消毒剂是低效消毒剂，一般用于皮肤黏膜的消毒和环境表面消毒，如新洁尔灭、度米芬（消毒宁、消毒灵）等。双链季铵盐阳离子表面活性剂，不仅可以杀灭多种细菌繁殖体，而且对芽孢有一定杀灭作用，属于高效消毒剂。

8. 二胍类消毒剂

是一类低效消毒剂，不能杀灭细菌芽孢，但对细菌繁殖体的杀灭作用强大，一般用于皮肤黏膜的防腐，也可用于环境表面的消毒，如氯已定（洗必泰）等。

9. 酸碱类消毒剂

常用的酸类消毒剂有乳酸、醋酸、硼酸、水杨酸等；常用的碱类消毒剂有氢氧化钠（苛性钠）、氢氧化钾（苛性钾）、碳酸钠（石碱）、氧化钙（生石灰）等。

10. 重金属盐类消毒剂

主要用于皮肤黏膜的消毒防腐，有抑菌作用，但杀菌作用不强。常用的有红汞、硫柳汞、硝酸银等。

（三）按性状分类

消毒剂按性状可分为固体消毒剂、液体消毒剂和气体消毒剂三类。

二、化学消毒剂的选择与安全使用

（一）化学消毒剂的选择

消毒剂产品的问世，对预防和控制动物疫病起到了重要的作用。理想的化学消毒剂应具备：杀菌谱广，作用速度快；性能稳定，便于大量储存和运输；易溶于水，不着色，无残留，不污染环境；受有机物、酸碱和环境因素影响小；无毒、无味、无刺激，无腐蚀性、无致畸、致癌、致突变作用；不易燃易爆，使用安全；有效浓度低，可大量生产，使用方便，价格低廉。目前，还没有一种能够完全符合上述要求的消毒剂。因此，根据消毒剂和消毒对象的性质及环境选择合适的消毒剂是消毒工作成败的关键。在选择购买时应注意以下几个方面。

1. 选择合格的消毒产品

我国消毒产品的生产和销售实行审批制度，凡获批准的消毒产品在其使用说明书和标签上均有批准文号，无批准文号的产品千万不要购买。

2. 根据消毒对象选择消毒剂

消毒剂的种类很多，用途和用法也不尽相同，杀菌能力不同，对物品的损坏也有所不同。如有对皮肤黏膜消毒的、有对物体表面消毒的、有对空气消毒的、有对分泌物或排泄等消毒的。购买消毒剂时，应根据消毒目的进行选购。因为不同用途的消毒剂审批时所考察的项目不同，所以选购时要看清其用途。目前，多用途的消毒剂越来越多，如过氧乙酸、二氧化氯、含氯消毒剂等，使用范围比较广，可根据需要选择。但对于书籍、电器等污染物品的消毒处理则需选用环氧乙烷，以免损坏。

3. 根据消毒目的选择消毒剂

常规消毒用中低效消毒剂，终末消毒、疫情发生时用高效消毒剂，并考虑加大使用浓度和消毒密度。

4. 根据病原微生物的特性选择消毒剂

污染微生物的种类不同，对不同消毒剂的耐受性也不同。如细菌芽孢必须用杀菌力强的灭菌剂或高效消毒剂处理，才能取得较好效果。结核分枝杆菌对一般消毒剂的耐受力比其它细菌强。肠道病毒对过氧乙酸的耐受力与细菌繁殖体相近，但季铵盐类对之无效。肉毒梭菌易为碱破坏，但对酸耐受力强。至于其它细菌繁殖体和病毒、螺旋体、支原体、衣原体、立克次氏体对一般消毒处理耐受力均差。微生物对各类化学消毒剂的敏感性见表 5-1。

表 5-1　微生物对各类化学消毒剂的敏感性

消毒剂	G+菌	G－菌	抗酸菌	亲脂病毒	亲水病毒	真菌	芽孢
季铵盐类	＋＋＋＋	＋＋＋	－	＋	－	－	－
氯己定	＋＋＋＋	＋＋＋	－	＋	－	－	－
碘伏	＋＋＋＋	＋＋＋＋	－	－	－	－	－
醇类	＋＋＋＋	＋＋＋＋	＋＋	＋＋	－	＋	－
酚类	＋＋＋＋	＋＋＋＋	＋＋	＋＋	－	＋	－
双长链季铵盐	＋＋＋＋	＋＋＋＋	＋＋	＋＋	＋＋	＋	－
含氯类	＋＋＋＋	＋＋＋＋	＋＋＋	＋＋	＋＋	＋＋＋	＋＋
过氧化物	＋＋＋＋	＋＋＋＋	＋＋	＋＋	＋＋	＋＋	＋＋
环氧乙烷	＋＋＋＋	＋＋＋＋	＋＋	＋＋	＋＋	＋＋＋	＋＋
醛类	＋＋＋＋	＋＋＋＋	＋＋＋	＋＋	＋＋＋	＋	＋＋

注：＋＋＋＋高度敏感；＋＋＋中度敏感；＋＋抑制或可杀灭；－抵抗。

5. 注意消毒剂的保质期

超过保质期的消毒剂消毒作用可能会减弱甚至消失。因此，购买时要留意消毒剂的生产日期和保质期。

（二）化学消毒剂的安全使用

1. 化学消毒剂的安全使用方法

化学消毒剂的使用方法很多，常用的方法有以下几种。

（1）浸泡法　选用杀菌谱广、腐蚀性弱、水溶性消毒剂，将物品浸没于消毒剂溶液内，在标准的浓度和时间内，达到消毒菌目的。浸泡消毒时，消毒液连续使用过程中，消毒有效成分不断消耗，因此需要注意有效成分浓度变化，应及时添加或更换消毒液。当使用低效消毒剂浸泡时，需注意消毒液被污染的问题，从而避免疫源性的感染。

（2）擦拭法　选用易溶于水、穿透性强的消毒剂，擦拭物品表面或动物体表皮肤、黏膜、伤口等处。在标准的浓度和时间里达到消毒灭菌目的。

（3）喷洒法　将消毒液均匀喷洒在被消毒物体上。如用5%来苏儿溶液喷洒消毒畜禽舍地面等。

（4）喷雾法　将消毒液通过喷雾形式对物体表面、畜禽舍或动物体表进行消毒。

（5）发泡（泡沫）法　此法是自体表喷雾消毒后开发的又一新的消毒方法。所谓发泡消毒是把高浓度的消毒液用专用的发泡机制成泡沫散布在畜禽舍内面及设施表面。主要用于水资源贫乏的地区或为了避免消毒后的污水进入污水处理系统破坏活性污泥的活性以及自动环境控制的畜禽舍，一般用水量仅为常规消毒法的1/10。采用发泡消毒法，对一些形状复杂的器具、设备进行消毒时，由于泡沫能较好地附着在消毒对象的表面，故能得到较为一致的消毒效果，且由于泡沫能较长时间附着在消毒对象表面，延长了消毒剂作用时间。

（6）洗刷法　用毛刷等蘸取消毒剂溶液在消毒对象表面洗刷。如外科手术前，术者的手用洗手刷在0.1%新洁尔灭溶液中洗刷消毒。

（7）冲洗法　将配制好的消毒液冲入直肠、瘘管、阴道等部位或冲湿物体表面进行消毒。这种方法消耗大量的消毒液，一般较少使用。

（8）熏蒸法　通过加热或加入氧化剂，使消毒剂呈气体或烟雾，在标准的浓度和时间里达到消毒灭菌目的。适用于畜禽舍内物品及空气消毒，精密贵重仪器和不能蒸、煮、浸泡消毒的物品的消毒。环氧乙烷、甲醛、过氧乙酸以及含氯消毒剂均可通过此种方式进行消毒，熏蒸消毒时环境湿度是影响消毒效果的重要因素。

（9）撒布法　将粉剂型消毒剂均匀地撒布在消毒对象表面。如含氯消毒剂可直接用药物粉剂进行消毒处理，通常用于地面消毒。消毒时，需要较高的湿度使药物潮解才能发挥作用。

化学消毒剂的使用方法应依据化学消毒剂的特点、消毒对象的性质及消毒现场的特点等因素合理选择。多数消毒剂既可以浸泡、擦拭消毒，也可以喷雾处理，根据需要选用合适的消毒方法。如只在液体状态下才能发挥出较好消毒效果的消毒剂，一般采用液体喷洒、喷雾、浸泡、擦拭、洗刷、冲洗等方式。对空气或空间进行消毒时，可使用部分消毒剂进行熏蒸。同样消毒方法对不同性质的消毒对象，效果往往也不同。如光滑的表面，喷洒药液不易停留，应以冲洗、擦拭、洗刷、冲洗为宜。较粗糙表面，易使药液停留，可用喷洒、喷雾消毒。消毒还应考虑现场条件。在密闭性好的室内消毒时，可用熏蒸消毒，密闭性差的则应用消毒液喷洒、喷雾、擦拭、洗刷的方法。

2. 化学消毒剂使用注意事项

化学消毒剂使用前应认真阅读说明书，搞清消毒剂的有效成分及含量，看清标签上的标示浓度及稀释倍数。消毒剂均以含有效成分的量表示，如含氯消毒剂以有效氯含量表示，60％二氯异氰尿酸钠为原粉中含 60％有效氯，20％过氧乙酸指原液中含 20％过氧乙酸，5％新洁尔灭指原液中含 5％新洁尔灭。对这类消毒剂稀释时不能将其当成100％计算使用浓度，而应按其实际含量计算。使用浓度以稀释倍数表示时，表示 1 份的消毒剂以若干份水稀释而成，如配制稀释倍数为 1000 倍溶液时，即在每 1 升水中加 1 毫升消毒剂。

使用量以“％”表示时，消毒剂浓度稀释配制计算公式为：$C_1V_1=C_2V_2$（C_1为稀释前溶液浓度；C_2为稀释后溶液浓度；V_1为稀释前溶液体积；V_2为稀释后溶液体积）。

应根据消毒对象的不同，选择合适的消毒剂和消毒方法，联合或交替使用，以使各种消毒剂的作用优势互补，做到全面彻底地消灭病原微生物。

不同消毒剂的毒性、腐蚀性及刺激性均不同，如含氯消毒剂、过氧乙酸、二氧化氯等对金属制品有较大的腐蚀性，对织物有漂白作用，因此慎用这种材质物品，如果使用，应在消毒后用水漂洗或用清水擦拭，以减轻对物品的损坏。预防性消毒时，应使用推荐剂量的低限。盲目、过度使用消毒剂，不仅造成浪费损坏物品，也大量地杀死许多有益微生物，而且残留在环境中的化学物质越来越多，成为新的污染源，对环境造成严重后果。

大多数消毒剂有效期为 1 年，少数消毒剂不稳定，有效期仅为数月，如有些含氯消毒剂溶液。有些消毒剂原液比较稳定，但稀释成使用液后不稳定，如过氧乙酸、过氧化氢、二氧化氯等消毒液，稀释后不能放置时间过长。有些消毒液只能现生产现用，不能储存，如臭氧水、酸性氧化电位水等。

配制和使用消毒剂时应注意个人防护，注意安全，必要时应戴防护眼镜、口罩和手套等。消毒剂仅用于物体及外环境的消毒处理，切忌内服。

多数消毒剂在常温下于阴凉处避光保存。部分消毒剂易燃易爆，保存时应远离火源，如环氧乙烷和醇类消毒剂等。千万不要用盛放食品、饮料的空瓶灌装消毒液，如使用必须撤去原来的标签，贴上一张醒目的消毒剂标签。消毒液应放在儿童拿不到的地方，不要将消毒液放在厨房或与食物混放。万一误用了消毒剂，应立即采取紧急救治措施。

3. 化学消毒剂误用或中毒后的紧急处理

大量吸入化学消毒剂时，要迅速从有害环境撤到空气清新处，更换被污染的衣物，对手和其它暴露皮肤进行清洗，如大量接触或有明显不适的要尽快就近就诊；皮肤接触高浓度消毒剂后及时用大量流动清水冲洗，用淡肥皂水清洗，如皮肤仍有持续疼痛或刺激症状，要在冲洗后就近就诊；化学消毒剂溅入眼睛后立即用流动清水持续冲洗不少于 15 分钟，如仍有严重的眼部疼痛、畏光、流泪等症状，要尽快就近就诊；误服化学消毒剂中毒时，成年人要立即口服牛奶200毫升，也可服用生蛋清3～5个。一般还要催吐、洗胃。含碘消毒剂中毒可立即服用大量米汤、淀粉浆等。出现严重胃肠道症状者，应立即就近就诊。

第二节　常用消毒方法

一、饮水消毒法

饮水是鸡群疾病传播的一个重要途径。病鸡可通过饮水系统将致病的病毒或细菌传给健康的鸡，从而引发呼吸系统、消化系统疾病。如果在饮水中加入适量的消毒药物可以杀死水中带有的细菌和病毒。饮水消毒主要可控制大肠杆菌、沙门菌、葡萄球菌、支原体及一些病毒性病原微生物。同时对控制饮水系统中的黏液细菌也极为有效。

饮水消毒可以选择的消毒剂种类很多，常用的有氯制剂、复合季铵盐类等。消毒药可以直接加入蓄水池或水箱中，用药量应以最远端饮水器或水槽中的有效浓度达到该类消毒药的最适饮水浓度为宜。

饮水消毒时还要注意，高浓度的氯可引起鸡腹泻，生产力下降，尤其在雏鸡阶段不能用超过10毫克/升的氯制剂饮水。而且氯对霉菌无作用，如果鸡只发生嗉囊霉菌病时，需在水中加碘消毒，浓度为12毫克/升。同时，在饮水免疫、滴口免疫及喷雾免疫的前后2天，或饮水中加入其它有配伍禁忌的药物时，应暂停饮水消毒。除此之外，饮水消毒在整个饲养期不应间断。

二、喷雾消毒法

喷雾消毒时指用化学消毒药物按规定比例稀释，装入喷雾器内，对鸡舍四壁、地面、饲槽、圈舍周围地面、运动场以及活禽交易市场、鸡体表面、运载车辆等进行的消毒。常用于带鸡消毒和净舍消毒。

喷雾消毒时，必须准确把握消毒液的浓度，保证消毒液的用量并彻底喷雾到各处，不留死角，均匀喷雾；消毒液要使用多种并经常更换使用，但不可同时混用；尽量用较热的溶剂溶解消毒药品，彻底溶解消毒药物能提高消毒效果。

三、熏蒸消毒法

熏蒸消毒法是对特定可封闭空间及内部进行表面消毒所使用的方法。它是利用福尔马林（40%的甲醛溶液）与高锰酸钾发生化学反应，快速释放出甲醛气体，经过一定时间杀死病原微生物，是一种消毒效果非常理想的消毒方法。熏蒸消毒最大的优点是熏蒸药物能均匀地分布到禽舍的各个角落，消毒全面彻底且省事省力，特别适用于禽舍内空气污染的消毒。甲醛能使菌体蛋白质变性凝固和溶解菌体类脂，可以杀灭物体表面和空气中的细菌繁殖体、芽孢及真菌和病毒。

（一）操作方法

1. 熏蒸前的准备工作

（1）密闭鸡舍　熏蒸消毒的鸡舍必须冲洗干净，除熏蒸人员出入的门以外，其余门窗都应关闭封好，保证鸡舍的密闭性。

（2）药品配合　福尔马林（40%的甲醛溶液）28毫升/立方米空间，高锰酸钾14克/立方米空间，水10毫升/立方米空间。若为刚发过病的鸡舍，可提高消毒浓度，即每立方米空间用福尔马林42毫升，高锰酸钾21克。

（3）熏蒸器具　足够深足够容积的耐热的容器。

（4）药品的分装和放置　根据鸡舍的长度，药品的数量，容器的数量分成几组，每组保持一定间隔，能够均匀排放，每组药品数量一致，高锰酸钾和福尔马林量的比例为1∶2，并对应放置好。

（5）鸡舍温度和湿度　福尔马林熏蒸要求适宜的温度为25℃，湿度60%～70%，在冬季进行熏蒸消毒时，应对鸡舍提前预温，并洒水提高湿度。

2. 熏蒸时的操作

将熏蒸人员分成几组，依次从舍内至门口排列好，在倒福尔马林时应严格按照从舍内向门口的顺序依次倒入高锰酸钾中，下一组人员应在第一组人员撤到其身后时开始操作，倒完后迅速撤离，在最后一组倒完后，迅速关闭鸡舍门，并封严。

3. 熏蒸时间

建议时间不低于 48 小时，48 小时后打开门窗通风，降低舍内甲醛气味，待气味消除后准备进雏。

（二）熏蒸消毒注意事项

1. 禽舍要密闭完好

甲醛气体含量越高，消毒效果越好。为了防止气体逸出舍外，在禽舍熏蒸消毒之前，一定要检查禽舍的密闭性，对门窗无玻璃或玻璃不全者装上玻璃，若有缝隙，应贴上塑料布、报纸或胶带等，以防漏气。

2. 盛放药液的容器要耐腐蚀、体积大

高锰酸钾和福尔马林具有腐蚀性，混合后反应剧烈，释放热量，一般可持续 10～30 分钟，因此，盛放药品的容器应足够大，并耐腐蚀。

3. 配合其它消毒方法

甲醛只能对物体的表面进行消毒，所以在熏蒸消毒之前应进行机械性清除和喷洒消毒，这样消毒效果会更好。

4. 提供较高的温度和湿度

一般舍温不应低于 18℃，相对湿度以 60%～80%为好，不宜低于 60%。当舍温在 26℃、相对湿度在 80%以上时，消毒效果最好。

5. 药物的剂量、浓度和比例要合适

福尔马林与高锰酸钾质量之比为 2∶1。一般按福尔马林 30 毫升/立方米、高锰酸钾 15 克/立方米和常水 15 毫升/立方米计算用量。

6. 消毒方法适当，确保人畜安全

操作时，先将水倒入陶瓷或搪瓷容器内，然后加入高锰酸钾，搅拌均匀，再加入福尔马林，人即离开，密闭禽舍。用于熏蒸的容器应尽量靠近门，以便操作人员能迅速撤离。操作人员要避免甲醛与皮肤接触，消毒时必须空舍。

7. 维持一定的消毒时间

要求熏蒸消毒 24 小时以上，如不急用，可密闭 2 周。

8. 熏蒸消毒后逸散气体

消毒后禽舍内甲醛气味较浓、有刺激性，因此，要打开禽舍门窗，通风换气 2 天以上，等甲醛气体完全逸散后再使用。如急需使用时，可用氨气中和甲醛，按空间用氯化铵 5 克/立方米、生石灰 10 克/立方米、75℃热水 10 毫升/立方米，混合后放入容器内，即可放出氨气（也可用氨水来代替，用量按 25％氨水 15 毫升/立方米计算）。30 分钟后打开禽舍门窗，通风 30～60 分钟后即可进禽。

四、浸泡消毒法

浸泡消毒法指将待消毒物品全部浸没于规定药物、规定浓度的消毒剂溶液内，或将被病原污染的动物浸泡于规定药物、规定浓度的消毒剂溶液内，按规定时间进行浸泡，以杀灭其表面附着的病原体而进行消毒的处理方法，适用于种蛋、蛋托、棚架、手术器械等实施消毒与灭菌。

对导管类物品应使管腔内同时充满消毒剂溶液。消毒或灭菌至要求的作用时间，应及时取出消毒物品用清水或无菌水清洗，去除残留消毒剂。对污染有病原微生物的物品应先浸泡消毒，清洗干净，再消毒或灭菌处理；对仅沾染污物的物品应清洗去污垢再浸泡消毒或灭菌处理；使用可连续浸泡消毒的消毒液时，消毒物品或器械应洗净沥干后再放入消毒液中。

五、生物发酵消毒法

生物消毒法适用于粪便、污水和其它废弃物的无害化处理。常用发酵池法和堆粪法。

发酵池法适用于养殖场稀粪便的发酵处理。根据粪便的多少，用砖或水泥砌成圆形或方形的池子，要求距离养殖场200米以外，远离居民、河流、水源等的地方。池底要夯实、铺砖、抹灰，不漏水不透风。先在池底放一层干粪，然后将每天清理的粪便污物等倒入池内。快满时在表面盖一层干粪或杂草，再封上泥土，盖上盖板，以利于发酵和保持卫生。根据季节不同，经1～3个月发酵即可出粪清池。此间可两个或多个发酵池轮换使用。

堆粪法适用于干固粪便的发酵消毒处理。要求距离养殖场200米以外，在远离居民、河流、水源等的地方设立堆粪场，在地面挖一浅沟，深20厘米左右，宽1.5～2米，长度不限，依据粪便多少而定。先在底部放一层干粪，然后将清理的粪便污物等堆积起来。堆到1～1.5米高时，在表面盖一层干粪或稻草，并使整个粪堆干湿适当便于发酵，再封上10厘米厚的泥土，密封发酵。夏季经2个月、冬季经3个月以上的发酵即可出粪清坑。

第三节　不同消毒对象的消毒

一、带鸡消毒

带鸡消毒就是在鸡群日常饲养过程中，使用浓度适当、灭菌高效、刺激性弱的消毒药液对鸡舍内环境进行的一种消毒工作。它利用水泵的增压作用将消毒液水雾化，使其均匀喷洒在舍内整个空间，附着在物体表面，发挥接触性杀菌作用，降低舍内环境的病原含量，阻断疾病的传播和感染。

（一）带鸡消毒的功效

1. 降低病原微生物含量

传染病发生的首要条件就是环境中存在一定含量的致病病原，因此控制传染源是疾病防控的关键工作之一。带鸡消毒能有效杀灭致病病原，每天通过带鸡消毒减少鸡舍内病原微生物含量，使其维持在无害的水平范围内，避免疾病在鸡群间传播。

2. 提高鸡舍内空气质量

鸡舍内通常粉尘较大，易诱发鸡的呼吸道疾病。带鸡消毒时，水雾可以加速悬浮在空气中的尘埃等固形物凝集沉降，舍内地面、笼架、设备等粉尘源得到控制，减缓粉尘继续产生，达到净化空气的目的。

3. 舍内环境加湿降温

冬春季节空气干燥，带鸡消毒可以增加空气湿度，消毒液不断蒸发到空气中，补充舍内水气，能缓解干燥的空气对鸡只呼吸道黏膜的损伤；夏季高温，通过带鸡消毒，能有效降低舍内设备和环境的温度，利用鸡只体表消毒液的传导和蒸发，达到为鸡只降温的作用。

（二）带鸡消毒的具体操作

1. 消毒前准备

带鸡消毒前一定要清扫舍内卫生，才能发挥理想的消毒效果。环境过脏，存在的粉尘、粪污等污染物将会大量消耗消毒液中的有效消毒成分，减少消毒药的药效发挥。

2. 消毒液的配制

消毒药的用量按相关使用说明的推荐浓度与需配制的消毒药液量计算，用水量根据鸡舍的空间大小估算。不同季节，消毒用水量应灵活掌握，一般每立方米需要50～100毫升水，天气炎热干燥时用量应偏大，按上限计算；天气寒冷或舍内环境较好时用量偏少，按下限计算。

3. 消毒顺序

带鸡消毒按照从上至下，从进风口到排风口的顺序，从上至下即从房梁、墙壁到笼架，再到地面消毒；从进风口到排风口，即顺着空气流动的方向消毒。重点对通风口和通风死角严格消毒，此处容易被污染，又不易清除，是控制传染源的关键部位。

4. 消毒时间

每天的11:00～15:00气温高时适合带鸡消毒。要具体结合舍温情况，灵活掌握消毒时间，舍温高时，放慢消毒速度、延长消毒时间，发挥防暑降温作用；舍温低时，加快消毒速度、缩短消毒时间，减小对鸡只的冷应激。

5. 消毒方法

消毒降尘时，水雾应喷洒在距离顶笼鸡只1米处，消毒液均匀落在笼具、鸡只体表和地面，鸡只羽毛微湿即可；消毒物品时，可直接喷洒，如地面、墙壁、房梁、饮水管与通风小窗，注意不能直接对鸡只和带电设备喷洒。消毒后应增加通风，以降低湿度，特别在闷热的夏季更有必要。

6. 消毒频率

雏鸡自身抵抗力差，每天需要带鸡消毒2次；育成鸡和产蛋鸡根据舍内环境污染程度，每天或隔天消毒1次。在用活苗免疫前后24小时之内禁止带鸡消毒，否则会影响免疫效果。

（三）注意事项

1. 消毒药的选用

带鸡消毒的药物应选择对人和鸡无害、刺激性小、易溶于水、杀菌或杀毒效果好、对物品和设备无腐蚀或腐蚀小的消毒药。一般至少选择2～3种消毒药轮换使用。常用的消毒药有季铵盐类、碘制剂和络合醛类。每种消毒药的特点各不相同，季铵盐类属阳离子表面活性剂，主要作用于细菌；碘制剂利用其氧化能力杀灭病毒的作用较强；络合醛类可凝固菌体蛋白，对细菌、病毒均有较好的作用。

在日常消毒时，几种消毒剂应交替使用，如长效抑菌和快速杀菌的交替、对细菌敏感和对病毒敏感的交替。因为长期使用一种消毒剂会使某些细菌出现耐药性，交替使用可使每种消毒剂优势互补。

2. 消毒液的配制

消毒药要完全溶于水并混合均匀，粉剂和乳剂可将药物先溶解好再加水稀释。每种消毒药都有其发挥功效的最佳浓度范围，并非药物浓度越大消毒效果越好，超出规定范围，一则消毒效率下降，二则浪费药物投入，三则超出对鸡群和人体无害的安全浓度。所以浓度配比要科学合理，要按照生产厂家推荐的浓度使用，有条件的养殖场也可通过试验确定合适的使用浓度。

消毒液要现用现配，不能提前配好，也不能剩下留用，防止消毒药液在放置的过程中药效下降。消毒前，应一次性将所需的消毒液全部兑好，药液不够时暂停消毒，重新配制，严禁一边加水一边消毒，这样会造成消毒药浓度不均匀，影响消毒效果。

3. 消毒用水的温度控制

在一定范围内，消毒药的杀菌力与温度成正比。试验表明，夏季消毒效果比冬季稍好。消毒液温度每提高 10℃，杀菌能力约增加 1 倍，所以配制消毒液时最好用温水，温度增高，杀菌效果增加，特别是舍温较低的冬季，但是水温最高不能超过 45℃。

总之，带鸡消毒是日常饲养工作的重要组成部分，应长期坚持，不能时有时无、时紧时松。通过长期不懈的坚持，可以减少鸡群各种疾病的发生，保证鸡群健康。

二、鸡舍消毒

（一）空鸡舍消毒

鸡群转出或淘汰后，鸡舍会受到不同程度的污染，需要加强空舍期间管理，以减少、杀灭舍内潜在的细菌、病毒和寄生虫，隔断上下批次间病原微生物传播，为转入鸡群及周边鸡群提供安全的环境，在空舍时间（最少要达 20 天）保证基础上，重点要做好鸡舍清理、冲洗、消毒等关键环节管理。

1. 鸡舍清理管理

鸡舍清理的时间宜早，一般在上批鸡转出或淘汰后 1～2 天内开始。将料塔、饲料储存间及料槽清理干净，以避免饲料浪费。将鸡舍内的鸡粪清出舍外，保证冲洗效果。按照从上到下的原则对屋顶、坨架、房梁、墙壁、风机、进风口、排风口等处的尘土、蜘蛛网进行清扫。

对饮水系统（如饮水管、减压阀）、供电系统（配电箱、开关、电线）、笼具等设备设施进行清扫。

对舍内的风机、电器设备控制开关、闸盒等进行包裹或做其它保护。

鸡舍整理时尽量不要将设施和物品移出舍外，要在舍内进行统一整理、冲洗和消毒。如设施或物品必须移出，则在移出前进行严格的清扫和消毒，以防止细菌或病毒污染其它区域。

2. 鸡舍冲洗管理

鸡舍整理完毕后 2～3 天可对鸡舍进行冲洗。冲洗时按照先上后下、先里后外的原则，保证冲洗效果和工作效率，同时还可以节约成本。冲洗的顺序为：顶棚、笼架、料槽、粪板、进风口、墙壁、地面、储料间、休息室、操作间、粪沟，防止已经冲洗好的区域被再度污染，墙角、粪沟等角落是冲洗的重点，避免形成“死角”；冲洗的废水通过鸡舍后部排出舍外并及时清理或发酵处理，防止其对场区和鸡舍环境造成污染。

对饮水管与笼具接触处、线槽、料槽、电机、风机等冲洗不到或不易冲洗的部位进行擦洗。进入鸡舍的人员必须穿干净工作服、工作鞋；擦洗时使用清洁水源和干净抹布；及时对抹布进行清洗；洗抹布的污水不能在鸡舍内排放或泼洒，要集中到鸡舍外排放。

冲洗整理完毕后，对工作效果要进行检查，储料间、鸡笼、粪板、粪沟、设备的控制开关、闸盒、排风口等部位均要进行检查（每个部位至少取 5 个点以上），保证无残留饲料、鸡粪及鸡毛等污物。对于冲洗不合格的，应立即组织重新冲洗并再次进行检查，直到符合要求。

3. 鸡舍消毒管理

将水管拆卸下来，放出残余的水并用高压水枪冲洗，清洁水箱等应用洗洁球或海绵擦洗，待全部擦洗干净后用 1%～2%稀盐酸水溶液充满水线，浸泡 24 小时，放出浸泡液后冲洗干燥。

火焰消毒在鸡舍冲洗干燥后进行，主要对笼具、地面等耐高温部位进行消毒，目的是杀灭各种微生物及虫卵。

喷洒消毒在火焰消毒的当天或第 2 天，舍外墙壁用白灰喷洒消毒，舍内屋顶、地面、笼具及设备，用季铵盐类、络合醛类等消毒液全面喷洒消毒。特殊情况下，可用驱虫药物喷洒，消灭舍内残留的寄生虫和虫卵。

熏蒸消毒在喷洒消毒当天进行，消毒前将所需物品及工具移入，将鸡舍的进出风口、门窗、风机等封严，用甲醛熏蒸，保证熏蒸时间在 24 小时以上，进鸡前 1～3 天可进行通风换气并对熏蒸的残留药品清理和冲洗。

微生物监测：为确认消毒效果，可以进行微生物监测，如不能达到要求，需要重新对鸡舍进行消毒。

（二）其它各种鸡舍消毒

1. 育雏舍和雏鸡舍消毒

首先要进行彻底的清扫，将鸡粪、污物、蛛网等铲除，清扫干净。屋顶、墙壁、地面用水反复冲洗，待干燥后，喷洒消毒药和杀虫剂，烟道消毒（可用 3% 克辽林）后，再用 10% 的生石灰乳刷白，有条件可用酒精喷灯对墙缝及角落进行火焰消毒。

密封性能较好的育雏舍，在进鸡前 3～5 天用福尔马林溶液进行熏蒸消毒。熏蒸前窗户、门缝要密封好，堵住通风口。洗刷干净的育雏用具、饮水器、料槽（桶）等全部放进育雏舍一起熏蒸消毒。熏蒸 24～48 小时后打开门窗，排除剩余的甲醛气体后再进雏。

通常情况下不提倡对雏鸡进行熏蒸消毒，但在发生脐炎、白痢杆菌病等疫病的鸡场，可实施熏蒸消毒。

如时间仓促，可在喷洒消毒剂后结合紫外线灯照射消毒 1～2 小时。进雏后每天清扫地面 1～2 次，并喷洒消毒剂，10 日龄后参照带鸡消毒。

2. 产蛋鸡舍消毒

进入产蛋期后，机体消耗比较大，此时各种病原菌就有了可乘之机，所以我们在日常工作中应加强对鸡舍环境的控制，采取带鸡消毒的方法，一是通过消毒达到对环境病原菌的控制；二是通过消毒达到夏季降温的目的。建议 2 种或 3 种消毒剂交叉使用，防止环境中的病原菌产生抗药性，使消毒工作达不到应有的效果。具体操作时，不能直冲鸡体喷洒，要求雾滴降落到鸡体表，程度以鸡体表潮湿为准。一般每周消毒2～3次。有条件的可以每天坚持消毒。

3. 种鸡舍消毒

生活区办公室、食堂、宿舍及其周围环境每周大消毒一次。生产区内的鸡舍内走道、工作间每天打扫干净，每天喷雾消毒一次；公共场所、鸡舍外道路、空地等地方每周消毒两次。售鸡、转群周转区中，周转鸡舍、出鸡场地、磅秤及周围环境每售一批鸡后大消毒一次。生产区正门消毒池水每周更换不少于三次，洗手盆的消毒水每天更换一次，保持有效浓度。鸡舍消毒池与盆每天更换一次，保持有效浓度。进入生产区的车辆车身必须彻底用高压喷枪进行消毒，随车人员消毒方法同生产人员一样，随车所有物品（包括蛋筛、蛋箱等）必须严格消毒后才能进入。更衣室、工作服、便服每天紫外线消毒三次，工作服清洗时消毒水消毒。鸡舍消毒、鸡群带鸡消毒每天各一次（怀疑有疾病的鸡群应加强消毒），冬季消毒要控制好温度与湿度，防止腹泻。任何人进出生产区必须更衣换鞋，脚踏消毒池，消毒盆洗手，工作服只准许在生产区内穿，不准带出，且衣服和鞋子必须经常清洗消毒。场内鸡笼每次使用前后必须严格消毒，各分场之间不允许串用，外来鸡笼不能进场。

鸡舍内水线、电线、灯罩、风机、鸡笼、料槽、吊顶、窗户墙壁等要每天定时定人打扫灰尘，必要时可擦洗。大小水箱每次用药后要清洗，小水箱需每天清洗擦拭。所有育雏、育成、产蛋鸡舍，除接种活疫苗前后3天内不用消毒外，其余时间都要进行带鸡喷雾消毒，一般育雏前3周可3～4天消毒一次，以后夏季每天2～3次，其余时间每天1～2次，消毒药液用量为夏季每次50～80毫升/立方米，其它时间每次20～50毫升/立方米，冬季应使用温水，消毒剂可选择无刺激性、无腐蚀性的。消毒不能代替卫生清扫，因此消毒前必须先打扫鸡舍的卫生。

每天下班前10分钟开始，所有鸡舍人员统一进行鸡舍门口、周围、场内道路的消毒工作，可用2%～3%的烧碱等，消毒后用干石灰泼洒地面。场门口消毒池内消毒液应每周更换2～3次，鸡舍门口消毒池及舍内洗手盆内消毒液每天更换一次。鸡舍外 2 米铲除杂草并平整地面，以便于清洁消毒。鸡舍 2 米外的杂草每月剔除一次，以减少蚊虫的滋生。场区周围道路及生活区内环境每周清扫后喷洒消毒药水之后再用干石灰铺撒。场内、外排水沟道路每旬清理一次，清理消毒后，沟边铺撒干石灰。每栋鸡舍在清粪后应彻底清扫消毒，清粪工具、车辆应在清洗消毒后再到下一鸡舍使用。鸡粪需定点堆放，清除后及时清扫消毒。病死鸡经兽医人员解剖鉴定后用密闭包装袋包裹，送至指定地点进行无害化处理。场内、外所有垃圾必须袋装后集中处理。

鸡场至生活区道路及生活区内道路、场地、沟渠应每周进行清扫整理。生活区垃圾箱应密闭，垃圾必须入箱并及时清运。生活区（包括员工集体宿舍、娱乐场所）所有范围内每月进行一次彻底大扫除，并进行消毒。

孵化厂区环境卫生参照种鸡场进行并与种鸡场同步。

（三）鸡舍外环境消毒

对鸡舍外的院落、道路和某些死角，每周进行 1～2 次消毒，宜在早、晚进行。消毒剂可使用烧碱、漂白粉或 84 消毒液等。

先彻底清扫院落和道路上的垃圾、污物，再用喷雾器喷洒消毒剂。

三、鸡场进出口消毒

鸡场尤其是种鸡场或具有适度规模的鸡场，在圈养饲养区出入口处应设紫外线消毒间和消毒池。鸡场的工作人员和饲养人员在进入圈养饲养区前，必须在消毒间更换工作衣、鞋、帽，穿戴整齐后进行紫外线消毒 10 分钟，再经消毒池进入鸡场饲养区内。育雏舍和育成舍门前出入口也应设消毒槽，门内放置消毒缸（盆）。饲养员在饲喂前，先将洗干净的双手放在盛有消毒液的消毒缸（盆）内浸泡消毒几分钟。

消毒池和消毒槽内的消毒液，常用 2%火碱水或 20%石灰乳以及其它消毒剂配成的消毒液。浸泡双手的消毒液通常用0.1%新洁尔灭或0.05%百毒杀溶液。鸡场通往各鸡舍的道路也要每天用消毒药剂进行喷洒。各鸡舍应结合具体情况采用定期消毒和临时性消毒。鸡舍的用具必须固定在饲养人员各自管理的鸡舍内，不准相互通用，同时饲养人员也不能相互串舍。

除此以外，鸡场应谢绝参观。外来人员和非生产人员不得随意进入圈养饲养区，场外车辆及用具等也不允许随意进入鸡场，凡进入圈养饲养区内的车辆和人员及其用具等必须进行严格地消毒，以杜绝外来的病原体带入场内。

有很多疾病是经进鸡舍人员的鞋带入的。做好入舍人员的鞋消毒，对预防肉鸡传染病效果非常明显。养鸡场门口设鞋消毒槽，冬季用生石灰，其它季节用3%氢氧化钠溶液；消毒槽内放消毒垫比较适用，选用海绵、麻袋片、饲料袋等均可；每天更换或添加1～2次消毒液；养鸡场门口设消毒槽，要持之以恒，长期使用，要改变消毒槽只给服务人员使用的错误做法。

四、车辆消毒

运输饲料、产品等车辆，是鸡场经常出入的运输工具。这类车辆与出入的人员比较，不但面积大，而且所携带的病原微生物也多，因此对车辆更有必要进行消毒。为了便于消毒，大、中型养鸡场可在大门口设置与门同宽的自动化喷雾消毒装置。小型鸡场设喷雾消毒器，对出入车辆的车身和底盘进行喷雾消毒。消毒槽（池）内铺草垫浸以消毒液，供车辆通过时进行轮胎消毒。有些鸡场在门口撒干石灰，那是起不到消毒作用的。

车辆消毒应选用对车体涂层和金属部件无损伤的消毒剂，具有强酸性的消毒剂不适合用于车辆消毒。消毒槽（池）的消毒剂，最好选用耐有机物、耐日光、不易挥发、杀菌谱广、杀菌力强的消毒剂，并按时更换，以保持消毒效果。车辆消毒一般可使用博灭特、百毒杀、强力消毒王、优氯净、过氧乙酸、氢氧化钠、抗毒威及农福等。

五、废弃物消毒与处理

鸡场产生的废弃物主要有粪尿、垫草、死鸡、羽毛、污水等。及时合理地处理这些废弃物，可减少疾病的发生和传染，降低环境污染，还可合理利用变废为宝。

（一）污水的消毒与处理

鸡场的污水来自于鸡舍冲洗用水、饮水系统的渗漏水、雨水、夏季舍内降温用水、职工生活用水，这些水大部分被病原体污染，并含有高浓度的有机物，如果不进行处理而随意排放，会造成周围环境的严重污染，并有可能使传染病流行。

消毒鸡场污水，可用沉淀法、过滤法、化学药品处理法等。首先，通过筛滤作用，除去污水表面较大的悬浮物，利用沉淀法使密度较大的物质沉入污水底部，达到固液分离，然后在污水中加入某些化学混凝剂，与污水中的可溶性物质结合，形成难溶的沉淀物，加快沉降速度，然后再在污水中加入化学药品（如含氯消毒剂、漂白粉或生石灰）进行消毒。消毒剂的用量视污水量而定。消毒后，将闸门打开，使污水流出。

利用微生物的代谢活动，将污水中的有机物分解为简单的无机物，也可以达到去除有机物的目的。

处理后的污水，要符合 GB 18596—2001 标准，可作冲洗辅助用水或排放，但不得排入敏感水域或有特殊功能的区域。

（二）粪尿的消毒与处理

鸡的粪尿中含有一些病原微生物和寄生虫卵，尤其是患有传染病的鸡，病原微生物数量更多。如果不进行消毒处理，会发酵产气（硫化氢、氨气等有害气体），这些气体浓度达到一定程度，就会刺激鸡体引发呼吸道疾病；同时，有害气体扩散到鸡舍周边，也会造成环境污染，招致蚊蝇滋生，传播疫病。因此，对鸡粪尿应该进行严格的消毒处理，每天早晚各清理一次，并及时运离鸡舍、水源，进行无害化处理。

1. 干燥法

经自然干燥或人工干燥、灭菌、粉碎后，用于其它动物的饲料。

2. 发酵法

见生物发酵消毒法。

（三）尸体消毒与处理

鸡场每天都可能会发生死鸡现象，无论鸡死于传染病还是普通病，对鸡尸体都要进行及时处理和消毒。要安排专人每天集中收集病死鸡，集中存放在排风口处密闭的容器中，等待处理。

处理鸡尸体有深埋、腐败、焚烧等方法。深埋是将鸡尸体投入尸坑，撒上一层漂白粉或生石灰，盖土深埋；腐败就是把尸体投入专用的深达 9 米以上的腐败坑井，让其慢慢发酵分解；对发生新城疫、禽流感的病死鸡，要在专用焚化炉中焚烧处理。

处理完毕，对容器进行清洗消毒。

（四）其它污物的处理

垃圾、羽毛等污物按粪便处理法处理。蛋壳、毛蛋等孵化废弃物经干燥、粉碎、消毒后，用作动物性饲料。免疫接种完成后剩余的疫苗、过期需要废弃的疫苗均应消毒后废弃。目前，我国还没有统一的疫苗处理办法，灭活苗可直接进行深埋处理，冻干苗以及稀释后的剩余活苗经装瓶后高压蒸汽灭菌处理。灭菌后的玻璃疫苗瓶可回收重复利用。

六、种蛋、孵化室及其它设备消毒

（一）种蛋消毒

种蛋的外壳上一般都不同程度地带有病菌。如果种蛋入孵前不进行消毒，不但影响孵化效果，而且还会将白痢、伤寒和支原体等疾病传染给雏鸡。因此，种蛋入孵前必须进行严格的消毒。

常用消毒方法有以下几种：①新洁尔灭消毒法。此药具有较强的除污和消毒作用，可凝固蛋白质和破坏病菌体的代谢过程，从而达到消毒灭菌的目的。种蛋消毒时，可用5%新洁尔灭原液，加50倍的水配制成0.1%浓度的溶液，用喷雾器喷洒种蛋表皮即可。②漂白粉液消毒法。将种蛋浸入含有活性氯1.5%漂白粉溶液中3分钟，取出沥干后即可装盘。应注意此种消毒方法必须在通风处进行。③每天集中收集4次，每次收集挑选后放在指定熏蒸间用甲醛熏蒸消毒，甲醛和高锰酸钾的用量同空鸡舍消毒。挑选健康种蛋，剔除那些被粪便污染的种蛋。在选蛋码盘后，将蛋车推进熏蒸室密闭熏蒸30分钟。④臭氧发生器消毒法。把臭氧发生器装置在消毒柜或小房内，放入种蛋后关闭所有气孔，使室内的氧气变成臭氧，达到消毒目的。

（二）孵化室和孵化设备消毒

孵化前1周，要对孵化室和孵化设备进行一次彻底消毒。清扫孵化室，擦洗孵化设备和用具，用甲醛熏蒸消毒孵化室。

种蛋所接触的设备、用具都要搞好卫生消毒，蛋托、码蛋盘、出雏筐、存雏筐使用后高压泵清水冲洗干净，再放入2%火碱水中浸泡30分钟，然后用清水冲净。种蛋车、操作台及用具使用后也要清理消毒，照蛋落盘后对臭蛋桶要清理消毒，地面用2%火碱水冲洗。注射器使用后清理干净并高压消毒或开水煮半小时，针头每注射1000羽换一个。孵化机及蛋架使用后高压泵清水冲洗干净，用消毒液擦拭，再用清水冲净，最后把干净的码蛋盘、出雏筐放入孵化机内用甲醛熏蒸30分钟。出雏机及出雏室是雏鸡的产房，需要的卫生消毒特别严格，而此地又是绒毛多最难清理的地方，所以一定要严格认真仔细地清理每个角落，不能有死角。发完鸡后存雏室一定要冲洗干净，包括房顶、四壁、窗户、水暖管道等，再把干净卫生的存雏筐放入室内，甲醛熏蒸30分钟，避免交叉感染。

七、兽医诊室消毒

鸡场里设置的诊疗室、化验室，是病原微生物集中或密度较高的地方，必须搞好消毒。室内要安装紫外线灯，定期照射消毒。所用器械和用具在使用前后，都要用消毒液清洗消毒或用高压灭菌器灭菌，解剖的尸体及送来化验的病料，要进行焚烧或高压灭菌处理。

八、发病鸡舍的消毒

在有病鸡的鸡舍内，消毒工作十分重要，但是不可与普通鸡舍的消毒程序一致，有效的消毒方法如下。

可移动的设备和用具先消毒后，再移到舍外日晒；鸡舍封闭，禁止无关人员进入；垫料用强消毒液喷洒消毒，整个区域不能与其它鸡接触；将垫料移到舍外烧或埋，不能与鸡群接触。

第六章 鸡场免疫技术

第一节 免疫计划与免疫程序

当前，鸡疫病多发，控制难度加大。除了要严格实施生物安全措施外，免疫接种是十分有效的防控措施。

鸡的免疫接种是用人工的方法将有效的生物制品（疫苗、菌苗）引入鸡体内，从而激发机体产生特异性的抵抗力，使其对某一种病原微生物具有抵抗力，避免疫病的发生和流行。对于种鸡，不但可以预防其自身发病，而且还可以提高其后代雏鸡母源抗体水平，提高雏鸡的免疫力。由此可见，对鸡群有计划地免疫预防接种是预防和控制传染病（尤其是病毒性传染病）最为重要的手段。

一、免疫计划的制定与操作

制定免疫计划是为了接种工作能够有计划地顺利进行以及对外交易时能提供真实的免疫证据，每个鸡场都应因地制宜根据当地疫情的流行情况，结合鸡群的健康状况、生产性能、母源抗体水平和疫苗种类、使用要求以及疫苗间的干扰作用等因素，制定出切实可行的适合于本场的免疫计划。在此基础上选择适宜的疫苗，并根据抗体监测结果及突发疾病对免疫计划进行必要的调整，提高免疫质量。

一般地，可根据免疫程序和鸡群的现状资料提前1周拟定免疫计划。免疫计划应该包括鸡群的种类、品种、数量、年龄、性别、接种日期、疫苗名称、疫苗数量、免疫途径、免疫器械的数量和所需人力等内容。表6-1是某商品蛋鸡60日龄新城疫的免疫计划（供参考）。

表6-1　商品蛋鸡（60日龄）新城疫免疫计划

鸡群状况	品种	伊莎褐
	用途	商品蛋鸡
	数量/羽	2400
	接种疫苗的日龄/天	60
疫苗	名称、生产厂家和批次	新城疫Ⅰ系
	免疫途径	肌内注射
	数量/瓶	5(每瓶500羽)
稀释液	生理盐水/毫升	2500(按每羽1毫升稀释)
免疫器械	名称和数量	连续注射器4把、6号针头5盒
消毒用品	酒精棉球/瓶	3
	镊子/把	3
	新洁尔灭/瓶	2
人力和分工	6人,每3人一组	
免疫时间	原定免疫时间	2015.03.25
时间	实际免疫时间	
负责人签名		

要重视免疫接种的具体操作，确保免疫质量。技术人员或场长必须亲临接种现场，密切监督接种方法及接种剂量，严格按照各类疫苗使用说明进行规范化操作。个体接种必须保证一只鸡不漏掉，每只鸡都能接受足够的疫苗量，产生可靠的免疫力，宁肯浪费部分疫苗，也绝不能有漏免鸡；注射针头最好一鸡一针头，坚决杜绝接种感染，以免影响抗体效价生成。群体接种省时省力，但必须保证

免疫质量，饮水免疫的关键是保证在短时间内让每只鸡都确实地饮到足够的疫苗；气雾免疫技术要求严格，关键是要求气雾粒子直径在规定的范围内，使鸡周围形成一个局部雾化区。

二、免疫程序的制定原则

鸡有多种传染病，大多数传染病都有可以预防的疫苗，而且某些传染病还有 2 种或 2 种以上的疫苗，每一种疫苗的性质和免疫途径又不尽相同，免疫期长短不一。因此，制定免疫程序要全面考虑多种因素的影响，如当地（本疫区）疫病的流行情况、本场以往的发病情况、母源抗体水平、鸡的品种和用途、疫苗的种类、鸡的日龄等。因此，各养鸡场不可能制定一个统一的免疫程序。即使已制定好的免疫程序，在有些情况下也应随着时间的推移和疫病的变化情况不断地进行调整和完善，不是一成不变的。

免疫程序的内容主要包括疫病名称、疫苗名称、接种途径和每种疫苗接种的日龄等。有时候，免疫程序也是某些企业的商业机密，使用这个程序是需要付费的。

免疫程序的制定要因地而异、因季节而异。适合自家养殖场的免疫程序才是最好的免疫程序。所以制定免疫程序时要结合养殖场的发病史、养殖场所在地的疫病流行情况以及所处季节的疾病流行情况，参考常规免疫程序，灵活制定。

（一）鸡场及周围疫病流行情况

当地鸡病的流行情况、危害程度、鸡场疫病的流行病史、发病特点、多发日龄、流行季节、鸡场间的安全距离等都是制定和设计免疫程序时首先综合考虑的因素，如传染性法氏囊病多发病于 3～5 周龄等。

（二）免疫后产生保护所需时间及保护期

疫苗免疫后因疫苗种类、类型、接种途径、毒力、免疫次数、鸡群的应激状态等不同而产生免疫保护所需时间及免疫保护期差异很大，如新城疫灭活苗注射后需 15 天后才具有保护力，免疫期为

6 个月。所以虽然抗体的衰减速度因管理水平、环境的污染差异而不同，但盲目过频的免疫或仅免疫一次以及超过免疫保护期长时间不补免都是很危险的。

（三）疫苗毒力和类型

很多免疫程序只列出应免疫的疫病名称，而没有写出具体的疫苗类型。疫苗有多种分类方法，就同一种疫病的疫苗来说，可有中毒、弱毒、灭活苗之分；同时又有单价和多价之别。每类疫苗免疫以后产生免疫保护所需的时间、免疫保护期、对机体的毒副作用是不同的。一般而言，毒力强毒副作用大，免疫后产生免疫保护需要的时间短而免疫保护期长；毒力弱则相反；灭活苗免疫后产生免疫保护需要的时间最长，但免疫后能获得较整齐的抗体滴度水平。

（四）免疫干扰和免疫抑制因素

多种疫苗同时免疫或一种疫苗免疫后对免疫器官产生损伤，从而影响其它疫苗的免疫效果。例如，新城疫单苗和传染性支气管炎单苗同时使用，会相互干扰而影响免疫效果；中等毒力法氏囊疫苗免疫后，由于对法氏囊的损伤从而影响其它疫苗的免疫效果。因此，在没有弄清是否有干扰存在情况下，两种疫苗的免疫时间最好间隔 5～7 天。

（五）母源抗体的水平及干扰

母源抗体在保护机体免受侵害的同时也影响免疫抗体的产生，从而影响免疫效果。在母源抗体有保证的情况下，鸡新城疫的首免一般选在 9～10 日龄，法氏囊首免宜在 14～16 日龄。

（六）鸡群健康和用药情况

在饲养过程中，预先制定好的免疫程序也不是一成不变的，而是要根据抗体监测结果和鸡群健康状况及用药情况随时进行调整；抗体监测可以查明鸡群的免疫状况，指导免疫程序的设计和调整。

对发病鸡群，不应进行免疫，以免加剧免疫接种后的反应，但发病时的紧急免疫接种则另当别论；有些药物能抑制机体的免疫，所以在免疫前后尽量不要使用抗生素。

（七）饲养管理水平

在不同的饲养管理方式下，疫病发生的情况及免疫程序的实施也有所差异。在先进的饲养管理方式下，鸡群一般不易遭受强毒的攻击；在落后的饲养管理水平下，鸡群与病原接触的机会较多，同时免疫程序的实施不一定得到彻底落实。此时，对免疫程序的设计就应考虑周全，以使免疫程序更好地发挥作用。

第二节　鸡场常用疫苗

一、疫苗的概念

疫苗是利用病毒、细菌、寄生虫本身或其产物，设法除去或减弱它对动物的致病作用而制成的一种生物制品，用它接种动物后，能够使其获得对此种病原的免疫力。严格地讲，它包括用细菌、支原体、螺旋体等制成的菌苗；用病毒、衣原体、立克次氏体等制成的疫苗；用寄生虫制成的虫苗。

二、疫苗的种类

（一）传统疫苗

传统疫苗是指用整个病原体如病毒、衣原体等接种动物、鸡胚或组织培养生长后，收获处理而制备的生物制品；由细菌培养物制成的称为菌苗。传统疫苗在防治肉鸡传染病中起到重要的作用。传统疫苗主要包括减毒活苗和灭活疫苗，如生产上常用的新城疫Ⅰ系、Ⅲ系、Ⅳ系疫苗。根据肉鸡场的实际情况选择使用不同的疫苗。

养鸡场需要通过实施生物安全体系、预防保健和免疫接种三种途径，来确保鸡群健康生长。在整个疾病防控体系中，三者通过不同的作用点起作用。生物安全体系主要通过隔离屏障系统，切断病原体的传播途径，通过清洗消毒减少和消灭病原体，是控制疾病的基础和根本；预防保健主要针对病原微生物，通过预防投药，减少病原微生物数量或将其杀死；免疫接种则针对易感动物，通过针对性的免疫，增加机体对某个特定病原体的抵抗力。三者相辅相成，以达到共同抗御疾病的目的。

（二）亚单位疫苗

利用微生物的某种表面结构成分（抗原）制成不含有核酸、能诱发机体产生抗体的疫苗，称为亚单位疫苗。亚单位疫苗是将致病菌主要的保护性免疫原存在的组分制成的疫苗。这类疫苗不是完整的病原体，是病原体的一部分物质。

（三）基因工程疫苗

使用DNA重组生物技术，把天然的或人工合成的遗传物质定向插入细菌、酵母菌或哺乳动物细胞中，使之充分表达，经纯化后而制得疫苗。应用基因工程技术能制出不含感染性物质的亚单位疫苗、稳定的减毒疫苗及能预防多种疾病的多价疫苗。

三、疫苗的选择

疫苗的种类很多，其适用的范围和优缺点各异，不可乱用和滥用。疫苗的选择应遵循以下几条原则。

① 根据当地或本场以往疾病的流行情况选用疫苗。当地或本场从未发生过的疾病一般可以不接种此类疫苗，尤其是一些毒力较强的活毒疫苗，如传染性喉气管炎疫苗，以免造成散毒。

② 所选疫苗应依本地所流行的疫病的轻重和血清型而定。流行较轻的可选用比较温和的疫苗，流行较严重时，则选用毒力比较强的疫苗。疫苗最好与本地流行疫病的血清型相同。

③ 根据母源抗体的高低，选择疫苗。如传染性法氏囊病，若雏鸡无母源抗体，应选用低毒力的疫苗免疫，如有母源抗体，则选用中等毒力的疫苗。

④ 初次免疫应选用毒力较弱的疫苗，而再次接种时，应选用

毒力较强的疫苗。

⑤ 当鸡群潜在法氏囊炎时，尽可能先治疗后用疫苗。否则易诱发法氏囊炎的暴发。

⑥ 当鸡群有慢性呼吸道疾病时，不宜作新城疫疫苗、传染性支气管炎疫苗、传染性喉气管炎疫苗，最好先用药治疗后再用。

四、疫苗的保存和运输

鸡的常用疫苗包括病毒苗和细菌苗两种。病毒苗是由病毒类微生物制成，用来预防病毒性疫病的生物制品，如新城疫Ⅰ系、Ⅳ系，传染性支气管炎 H120、H52 等。细菌苗则是由细菌类微生物制成的生物制品，如传染性鼻炎苗、致病性大肠杆菌苗等，用来预防相应细菌性疾病的感染和发生。

鸡的各种疫苗，不同于一般的化学药品或制剂，是一种特殊的生物制品。因此，其保存、运输和使用有其特殊的方法和要求，必须遵循一定的科学原则来进行。

（一）疫苗的保存

疫苗属于生物制品，保存时总的原则是：分类、避光、低温、冷藏，防止温度忽高忽低，并做好各项入库登记。

1. 分门别类存放

① 不同剂型的疫苗应分开存放。如弱毒类冻干苗（新城疫Ⅰ系、Ⅳ系，传染性支气管炎 H120、H52 等）与灭活疫苗（如新城疫油苗等）应分开，各在不同的温度环境下存放。

② 相同剂型疫苗，应做好标记放置，便于存取。如弱毒类冻干苗在相同温度条件下存放，应各成一类，各放一处，做好标记，以免混乱。

2. 避光保存

各种疫苗在保存、运输或使用时，均必须避开强光，不可在日光下暴晒，更不可在紫外线下照射。

3. 低温冷藏

生物制品都需要低温冷藏。不同疫苗类型，其保存温度是不相同的。弱毒类冻干苗，需要－15℃保存，保存期根据各厂家的不同，一般不超过1～2年；一些进口弱毒类冻干苗，如法倍灵等，需要2～8℃保存，保存期一般为1年；组织细胞苗，如马立克疫苗，需保存在－196℃的液氮中，故常将该苗称作液氮苗。所有生物制品保存时，应防止温度忽高忽低，切忌反复冻融。

4. 做好各项入库登记

各种疫苗或生物制品，入库时都必须做好各项记录。登记内容包括疫苗名称、种类、剂型、单位头份、生产日期、有效期、保存温度、批号等；此外，价格、数量、存放位置也应纳入登记项目中，便于检查、存取、查询。

取苗发放使用时，应认真检查，勿错发、漏发，过期苗禁发，并做好相应记录，做到先存先用，后存后用；有效期短的先用，有效期长的后用。

（二）疫苗的运输

疫苗的存放地与使用地常常不在同一个地方，都有一个或近或远的距离，因此，疫苗的运输包括长途运输和短途运送。但无论距离远近，运输时都必须以避光、低温冷藏为原则，需要一定的冷藏设备才能完成。

1. 短距离运输

可以用泡沫箱或保温瓶，装上疫苗后还要加装适量的冰块、冰袋等保温材料，然后立即盖上泡沫箱盖或瓶盖，再用塑料胶布密封严实，才可起运。路上不要停留，尽快赶回目的地，放到冰箱中，避免疫苗解冻；或尽快使用。

2. 长途运输

需要有专用冷藏库才可进行长途运输，路上还应时常检查冷藏设备的运转情况，以确保运输安全；若用飞机托运，更应注意冷藏，要用一定强度和硬度的保温箱来保温冷藏，到达后，注意检查有无破损、冰块融化、疫苗解冻等现象，如无，应立即入库冷藏。

第三节 常用免疫接种方法

蛋鸡疫苗的接种方法一般有点眼、滴鼻、饮水、注射、刺种、气雾等，具体采用什么方法，应根据疫苗的类型、疫苗的特点及免疫程序来选择每次免疫的接种方法。

一般来讲，灭活疫苗也就是俗称的死苗，不能经消化道接种，一般用肌内或皮下注射，疫苗可被机体缓慢吸收，维持较长时间的抗体水平。点眼、滴鼻免疫效果较好，一般用于接种弱毒疫苗，疫苗抗原可直接刺激眼底哈德氏腺和结膜下弥散淋巴组织，另外还能刺激鼻、咽、口腔黏膜和扁桃体等，既可在局部形成坚实的屏障，又能激发全身的免疫系统，而这些部位又是许多病原的感染部位，因而局部免疫非常重要。在新城疫免疫后，点眼和滴鼻产生的抗体效果比饮水接种高 4 倍，而且免疫期也长，但该方法对大群鸡免疫比较繁琐。

一、滴鼻点眼法

这是使疫苗通过上呼吸道或眼结膜进入体内的一种免疫方法，适用于新城疫苗、传染性支气管炎苗及喉气管炎弱毒苗的免疫，这种方法可以避免疫苗被母源抗体中和，应激小，对产蛋影响小，用于幼雏和产蛋鸡免疫效果良好。生产中应注意逐只进行，以确保每只鸡都得到剂量一致的免疫，从而保证抗体整齐，免疫效果确实。

将疫苗稀释摇匀，用标准滴管在鸡眼、鼻孔各滴一滴（约 0.05 毫升），让疫苗从鸡气管吸入肺内、渗入眼中。此法适合雏鸡的新城疫Ⅱ、Ⅲ、Ⅳ系疫苗和传支、传喉等弱毒疫苗的接种，它使鸡苗接种均匀、免疫效果较好，是弱毒苗的最佳方法。

点眼通常是最有效的接种活性呼吸道病毒疫苗的方法。点眼免疫时，疫苗可以直接刺激鸡眼部的重要免疫器官——哈德氏腺，从而可以快速地激发局部免疫反应。疫苗还可以从眼部进入气管和鼻腔，刺激呼吸道黏膜组织产生局部细胞免疫和 IgA 等抗体。但此种免疫方法对免疫操作要求比较细致，如要求疫苗滴入鸡眼内并吸收后才能放开鸡。判断点眼免疫是否成功的一种有效方法就是在疫苗液中加入蓝色染料，在免疫后 10 分钟检查鸡的舌根，如果点眼免疫成功，则鸡的舌根会被蓝色染料染成蓝色。

二、饮水免疫法

饮水免疫最为方便，适用于大型鸡群，有些疫苗在饮水免疫时，只有当疫苗接触到口咽黏膜时才引起免疫反应，进入腺胃前的苗毒在较酸的环境中很快死亡，失去作用。饮水免疫的免疫效果很差，一般不适用于初次免疫，常用于鸡群的加强免疫。

稀释疫苗的水量要适宜，不可过多或过少，应参照使用说明和免疫鸡日龄大小、数量及当时的室温来确定，疫苗水应在 1～2 小时内饮完，但为了让每只鸡都能饮到足够量的疫苗，饮水时间应不低于 1 小时，但不能超过 2 小时。一般用量如下：1～2 周龄，8～10 毫升/只；3～4 周龄，15～20 毫升/只；5～6 周龄，20～30 毫升/只；7～8 周龄，30～40 毫升/只；9～10 周龄，40～50 毫升/只。也可在用疫苗前 3 天连续记录鸡的饮水量，取其平均值以确定饮水量。

对于适合用饮水免疫的疫苗，使用饮水法具有省时、高效、简单易行、不惊扰鸡群等优点，因而深受养殖户的欢迎。

1. 所用疫苗必须为高效的弱毒苗

饮水前必须注意疫苗的质量，有效期，疫苗的运输、储存、保管等，对劣质疫苗、过期的疫苗不可使用。

2. 饮水器清洗

在饮水免疫前，将供水系统、饮水器彻底清洗干净，但不能使用消毒药或洗涤剂，饮水器具不能使用金属制品，最好用瓷器。

3. 饮水免疫所用的水应是生理盐水或清洁的深井水

水中不应含有重金属离子和卤族元素，自来水应煮沸后放置过夜再用。对大型养鸡场，可在自来水中加入去氧剂，每10升水中加入10%的硫代硫酸钠3～10毫升，具体用量视水中卤的含量而定。

4. 稀释

疫苗应开瓶倒入水中，用清洁的棍棒搅拌均匀，若室外风大，应在室内进行稀释，最好在稀释液中加入0.2%～0.5%的脱脂奶粉，以保护疫苗的效价，提高免疫效果，水中加入保护剂15～20分钟后再加入疫苗。

5. 停水

饮水前应停水3～6小时，停水时间长短应视天气冷热和饲料干湿度灵活掌握，天气热或喂干粉料时，停水时间短一些。

6. 调整饮水器数量

饮水前必须按照鸡群数量多少、鸡龄大小调整饮水器数量，使80%～90%的鸡能同时饮到足够的疫苗水。鸡群大，饮水器不足可分批进行，做到随稀随饮，防止过早稀释的疫苗在拖延过程中失效。

7. 水量要适量

稀释疫苗的水量要适量，不可过多或过少，应参照使用说明和免疫鸡日龄大小、数量及当时的室温来确定，疫苗水应在2小时内饮完。

8. 避高温和阳光

炎热季节，饮水免疫应在清晨进行，应避免高温时进行，疫苗稀释液不可暴露在阳光下。

9. 停用药物及消毒剂

饮水免疫前后两天，合计5天（最好是7～10天）内饲料中不得加入能杀死疫苗（病毒或细菌）的药物及消毒剂。

10. 适合的疫苗

疫苗的接种途径与免疫效果有直接关系，并非所有疫苗都适合饮水免疫，如油乳剂灭活苗只能采用注射法免疫，对不适合饮水法免疫的疫苗用饮水法免疫，可能会导致免疫失败。

三、注射免疫法

用此法免疫，疫苗剂量准确，见效快。注射法包括皮下（颈部）注射和肌内（胸肌）注射两种。马立克氏疫苗用皮下注射法，其它灭活苗均用肌内注射法。注射法免疫比较费时费力，抓鸡时对鸡群的干扰应激也比较大。

1. 皮下注射法

将疫苗稀释，捏起鸡颈部皮肤刺入皮下，防止伤及鸡颈部血管、神经。此法适合鸡马立克疫苗接种。

注射前，操作人员要对注射器进行常规检查和调试，每天使用完毕后要用75％的酒精对注射器进行全面的擦拭消毒。注射操作的控制重点为检查注射部位是否正确，注射渗漏情况、出血情况和注射速度等。同时也要经常检查针头情况，建议每注射500～1000羽更换一次针头。注射用灭活疫苗须在注射前5～10小时取出，使其慢慢升至室温，操作时注意随时摇动。要控制好注射免疫的速度，速度过快，容易造成注射部位不准确，油苗渗漏比例增加，但如果速度过慢也会影响到整体的免疫进度。另外，针头粗细也会对注射结果产生影响，针头过粗，对颈部组织损伤的概率增大，免疫后出血的概率也就越大。针头太细，注射器在推射疫苗过程中阻力增大，疫苗注射到颈部皮下的位置与针孔位置太近，渗漏的比例会增加。

2. 肌内注射法

将稀释后的疫苗，用注射针注射在鸡腿、胸或翅膀肌肉内。注射腿部应选在腿外侧无血管处，顺着腿骨方向刺入，避免刺伤血管神经；注射胸部应将针头顺着胸骨方向，选中部并倾斜30°刺入，防止垂直刺入伤及内脏；2月龄以上的鸡可注射翅膀肌肉，要选在翅膀根部肌肉多的地方注射。此法适合新城疫Ⅰ系疫苗、油苗及禽霍乱弱毒苗或灭活苗。

要确保疫苗被注射到鸡的肌肉中，而不是羽毛中间、腹腔或是肝脏。有些疫苗，比如细菌苗通常建议皮下注射。

四、刺种免疫法

将疫苗稀释，充分摇匀，用蘸笔或接种针蘸取疫苗，在鸡翅膀内侧无血管处刺种。需 3 天后检查刺种部位，若有小肿块或红斑则表示接种成功，否则需重新刺种。该方法通常用于接种鸡痘疫苗或鸡痘与脑脊髓炎二联苗，接种部位多为翅膀下的皮肤。

翼膜刺种鸡痘疫苗时，要避开翅静脉，并且在免疫 7～10 日后检查“出痘”情况以防漏免。接种后要对所有的疫苗瓶和鸡舍内的刺种器具做好清理工作，防止鸡只的眼睛或嘴接触疫苗而导致这些器官出现损伤。

五、喷雾免疫法

喷雾免疫是操作最方便的免疫方法，局部免疫效果好，抗体上升快、高、均匀度好。但喷雾免疫对喷雾器的要求比较高，如 1 日龄雏鸡采用喷雾免疫时必须保证喷雾雾滴直径在 100～150 微米，否则雾滴过小会进入雏鸡肺内引起严重的呼吸道反应。而且喷雾免疫对所用疫苗也有比较高的要求，否则喷雾免疫的副反应会比较严重。实施喷雾免疫操作前应重点对喷雾器进行详细检查，喷雾操作结束后要对机器进行彻底清洗消毒，而在下一次使用前应用蒸馏水对上述消毒后的部件反复多次冲洗，以免残留的酒精影响疫苗质量，同时也要加强对喷雾器的日常维护。喷雾免疫当天停止带鸡消毒，免疫前一天必须做好带鸡消毒工作，以净化鸡舍环境，提高免疫效果。

六、涂肛免疫法

此外，接种传染性喉气管炎、传染性气管炎强毒苗等疫苗时，往往还会用到涂肛免疫法。先提起鸡的两脚，使鸡肛门向上，将肛门黏膜翻出，滴上 1～2 滴疫苗，或用接种刷蘸取疫苗刷 3～5 下。

第四节　免疫监测与免疫失败

一、免疫接种后的观察

疫苗和疫苗佐剂都属于异物，除了刺激机体免疫系统产生保护性免疫应答以外，或多或少也会产生机体的某些病理反应，如精神状态变差，接种部位出现轻微炎症，产蛋鸡的产蛋量下降等。反应强度随疫苗质量、接种剂量、接种途径以及机体状况而异，一般经过几个小时或 1～2 天会自行消失。活疫苗接种后还要在体内生长繁殖、扩大数量，具有一定的危险性。因此，在接种后 1 周内要密切观察鸡群反应，疫苗反应的具体表现和持续时间参看疫苗说明书，若反应较重或发生反应的鸡数量超过正常比例，需查找原因，及时处理。

二、免疫监测

在养鸡生产中，长期对血清学监测是十分必要的，这对疫苗选择、疫苗免疫效果的考察、免疫计划的执行是非常有用的。通过血清学监测，可以准确掌握疫情动态，根据免疫抗体水平科学地进行综合免疫预防。在鸡群接种疫苗前后对抗体水平的监测十分必要，免疫后的抗体水平对疾病防御紧密相关。

1. 免疫监测的目的

接种疫苗是目前防御疫病传播的主要方法之一，但影响疫苗效果的因素是多方面的，如疫苗质量、接种方法、动物个体差异、免疫前已经感染某种疾病、免疫时间以及环境因素等，均对抗体产生有重要影响，对养鸡生产影响巨大。因此，在接种疫苗前对母源抗体的监测及接种后是否能产生抗体或合格的抗体水平的监测和评价就具有重要的临床意义和经济意义。

通过对抗体的监测可以达到如下效果。

（1）准确把握免疫时机 如在种鸡预防免疫工作中，最值得关注的就是强化免疫的接种时机问题。在两次免疫的间隔时间里，种鸡的抗体水平会随着时间逐渐下降，而在何种水平进行强化免疫是一个令人头疼的问题。因为在过高的抗体水平进行免疫，不仅浪费疫苗，增加经济成本，而且过高的抗体水平还会中和疫苗，影响疫苗的免疫效果，导致免疫失败；但是在较低的抗体水平进行免疫，又会出现抗体保护真空期，威胁种鸡的健康。试验结果证明，在进行禽流感疫苗免疫时，如果免疫对象的群体抗体滴度过高会导致免疫后抗体水平出现明显下降，抗体上升速度和峰滴度都难以达到期望的水平；免疫时群体抗体滴度低的群体的免疫效果较好。这一结果主要是由于过高的群体抗体滴度会中和疫苗中免疫抗原，导致免疫效果不佳和免疫失败。为达到一较好的免疫效果，应选择在群体抗体滴度较低时进行，但考虑到过低的抗体水平（<4lg2）会影响到种鸡的群体安全，所以种鸡的禽流感强化免疫应选择在群体抗体滴度 4～5lg2 时进行，这样取得的抗体效价会最好。

（2）及时了解免疫效果 应用本产品对疫苗免疫鸡群进行抗体检测，其 80%以上结果呈阳性，预示该鸡群平均抗体水平较高，处于保护状态。

（3）及时掌握免疫后抗体动态 实验证明对鸡新城疫抗体的监测中，抗体滴度在 4lg2，鸡群的保护率为 50%左右；在 4lg2 以上，保护率可达 90%～100%；在 4lg2 以下，非免疫鸡群保护率约为 9%，免疫过的鸡群约为 43%。根据鸡群 1%～3%比例抽样，抗体几何平均值达 5～9lg2，表明鸡群为免疫鸡群，且免疫效果甚佳。对于种鸡，要求新城疫抗体水平在 9lg2 最为理想，特别是 5lg2 以下的鸡群要考虑加强免疫，使种鸡产生坚强的免疫抗体，才能保证种鸡群的健康发展，孵化出健壮的雏鸡；对普通成年鸡群，抵抗强毒新城疫的攻击的抗体效价不应小于 6lg2。

（4）种蛋检疫 卵黄抗体水平一方面能实时反映种鸡群的抗体

水平及疫苗免疫效果；另一方面能为子代雏鸡免疫程序的制定提供科学依据。因此建议，有条件的养鸡场，对外购种蛋应按0.2%的比率抽检进行抗体监测，掌握种蛋的质量，判断子代鸡群对哪些疾病具有保护能力以及有可能引发的疾病流行状况，防止引进野毒造成疾病流行。

2. 监测抽样

随机抽样，抽样率根据鸡群大小而定，一般10000羽以上鸡群按0.5%抽样，1000～10000羽按1%抽样，1000羽以下不少于3%。

3. 监测方法

新城疫和禽流感均可运用血凝试验（HA）和血凝抑制试验（HI）监测，具体方法参照《GB/T 16550—2008 新城疫诊断技术》和《GB/T 18936—2003 高致病性禽流感诊断技术》。

三、免疫失败的原因与注意事项

（一）免疫程序坚定不移，终生不变

有些养殖场户，自始至终使用一个固定的免疫程序，特别是在应用了几个饲养周期，自我感觉还不错的免疫程序，就一味地坚持使用。没有根据当地的流行病学情况和自己鸡场的实际情况，灵活调整并制定适合自己鸡场的免疫程序。

没有一个免疫程序是一成不变、一劳永逸的。制定自己鸡场合理的免疫程序，需要随时根据相应的情况加以调整。

（二）接种途径路子不对

有了好的免疫程序，更要有正确免疫接种的途径，否则仍然会造成免疫失败。有些养殖场户，嗜呼吸道性的疫苗不用滴鼻接种，鸡痘疫苗不用翼膜刺种，该点眼接种的用注射，该注射接种的用饮水，随便改变接种途径，肯定就会影响免疫效果。

鸡的免疫途径有多种，对不同的疫苗应该使用合适的途径进行接种。点眼滴鼻适用于新城疫Ⅱ系、Ⅳ系疫苗和传染性支气管炎疫

苗的接种；翼下刺种适用于鸡痘疫苗；禽流感、禽霍乱等疫（菌）苗以肌内注射为好；对肉鸡群体免疫，最常用、最简便的方法就是饮水法，新城疫Ⅱ系、Ⅳ系苗，传染性支气管炎 H120 疫苗、传染性法氏囊弱毒疫苗等都可以使用饮水免疫法；气雾免疫省时省力，而且对某些与呼吸道有亲嗜性的疫苗效果最好，如鸡新城疫各系疫苗、传染性支气管炎弱毒疫苗等。

不同的免疫途径对提高肉鸡机体的免疫力有不同的效果。例如，新城疫的免疫效果最好的是气雾法，其它免疫途径的效果依次是点眼法、滴鼻法、注射法、饮水法。呼吸道类传染病首免最好是滴鼻、点眼和喷雾免疫，这样既能产生较好的免疫应答又能避免母源抗体的干扰。

另外，不同的疫病由于感染门户和免疫门户不同，免疫时所采用的免疫方法也有所不同。如呼吸道病一般采用气雾、滴鼻、点眼的方法进行，法氏囊病一般采用消化道免疫方法如滴口和饮水，鸡痘一般采取刺种法等。

不同疫苗的免疫使用途径有相对的固定性。如在一般情况下，弱毒苗多采用饮水、点眼、滴鼻、气雾、注射、刺种等途径，而油苗只能采用注射法。

（三）联合免疫相互干扰，两败俱伤

新城疫与传染性支气管炎、新城疫与鸡痘等，不同疫苗之间存在着一定的干扰现象，二者同时接种或接种时间安排不合理，就会导致二者相互干扰，最终导致免疫失败。

临床上，有些药物能够干扰疫苗的免疫应答。如肾上腺皮质激素、抗生素中的氯霉素、卡那霉素及痢特灵等，如果接种疫苗时同时使用这些药物，就会影响免疫效果。有些养鸡场户在使用病毒性疫苗时，在稀释液中加入抗菌药物，引起疫苗病毒失活，效力下降，从而导致免疫失败。

免疫接种时，不同的疫苗需要间隔 5～7 天使用；接种弱毒活苗前后各 3～5 天，停止使用抗生素，避免使用消毒药饮水，或带鸡喷雾消毒；稀释疫苗时不可加入抗菌药物。

（四）忽视应激，免疫抑制

无论采取哪种途径给肉鸡进行免疫接种，都是一种应激因素。如果在接种的同时或在相近的时间内给肉鸡换料、转群，就会加重应激反应，导致免疫失败。

由于疫苗的不正确使用，可以破坏肉鸡的免疫器官，从而造成免疫抑制，影响免疫效果。

为了降低接种疫苗时对肉鸡的应激，可在接种疫苗的前一天添加抗应激药物，如多维电解质（尤其含维生素 A、维生素 E）、复合无机盐添加剂等，也可以使用维生素 C、维生素 K 或免疫增强剂等拌料或饮水。接种后，加强饲养管理，适当提高舍温 2～3℃。

疫苗接种不是控制肉鸡发病的“王牌”。任何免疫接种程序都必须考虑选择合适的疫苗（包括疫苗毒株和病毒的滴度）、合适的疫苗使用途径、接种对象的日龄和恰当的接种技术。

（五）工作态度草率，敷衍塞责

接种过程中，敷衍塞责，马虎潦草。有的滴鼻、点眼时疫苗还没有滴入眼内或鼻内就将鸡放开，没有足够的疫苗进入眼内或鼻内；捉鸡时方法简单，行为粗暴，给鸡造成很大的应激；为了赶进度，漏免漏防的鸡过多；注射免疫时，针头不更换、消毒不严格，污染了细菌或病毒；饮水免疫时，疫苗的浓度配制不当，疫苗的稀释和分布不匀，用水量过多，鸡一时喝不完，或用水量过少，有些鸡尚未饮到等，都严重影响了免疫效果。

免疫操作要选择技术熟练责任心强的人员操作。使用疫苗前，要了解所选疫苗的特性、有效期、冻干瓶真空度以及运输、保存要求等，确保疫苗没有问题之后方能选用；疫苗在贮存过程中，要定时检测保存温度，看温度是否恒定，注意存放疫苗的冰箱是否经常停电；按照疫苗说明书上规定的稀释浓度稀释，稀释倍数要准确；随用随稀释，稀释后的疫苗避免高温及阳光直射，在规定的时间内用完；使用剂量一定要参照说明书使用，大群接种时，为了弥补操作过程中的损耗，应适当增加10%～20%的用量。

大群饲养的肉鸡要进行隔断，每隔段鸡数在1500只左右，拦好后防止跑鸡，光线适当调得暗些，免疫操作速度要慢，保证免疫质量，防止漏免；放鸡的位置，放些装有垫料的袋子，把鸡放到袋子上，不要直接扔到地上，减少对鸡的应激；夏季免疫时尽量避开一天中最热的时间。

第七章　鸡场防疫管理与药物预防

第一节　抓好防疫管理

一、制定并执行严格的防疫制度

完善的防疫制度的制定和可靠执行是衡量一个鸡场饲养管理水平的关键，也是有效防止鸡病流行的主要手段之一。因此建议养鸡场在防疫制度方面应做到以下几点：①订立具体的兽医防疫卫生制度并明文张贴，作为全场工作人员的行为准则；②生产区门口设消毒池，其中消毒液应及时更换，进入鸡场要更换专门工作服和鞋帽，经消毒池消毒后，方可进入；③鸡场谢绝参观，不可避免时，应严格按防疫要求消毒后，方可进入；农家养鸡场应禁止其它养殖户、鸡蛋收购商和死鸡贩子进入鸡场，病鸡和死鸡经疾病诊断后应深埋，并做好消毒工作，严禁销售和随处乱丢；④车辆和循环使用的集蛋箱、蛋盘进入鸡场前应彻底消毒，以防带入疾病。最好使用1次性集蛋箱和蛋盘；⑤保持鸡舍的清洁卫生，饲槽、饮水器应定期清洗，勤清鸡粪，定期消毒。保持鸡舍空气新鲜，光照、通风、温湿度应符合饲养管理要求；⑥进鸡前后和雏鸡转群前后，鸡舍及用具要彻底清扫、冲洗及消毒，并空置一段时间；⑦定期进行鸡场环境消毒和鸡舍带鸡消毒，通常每周可进行 2～3 次消毒，疫病发生期间，每天带鸡消毒 1 次；⑧重视饲料的贮存和日粮的全价性，防止饲料腐败变质，供给全价日粮；⑨适时进行药物预防，并根据本场病例档案和当地疾病的流行情况，制定适于本场的免疫程序，选用可靠的疫苗进行免疫；⑩清理场内卫生死角，消灭老鼠、蚊蝇，清除蚊蝇滋生地。

二、采取“自繁自养”“全进全出”的饲养制度

所谓“自繁自养”，就是指一个规模饲养场除了种鸡需要从场外引进以更换淘汰的种鸡外，所有饲养的鸡均由本场自己繁殖、孵化、培育。这种饲养方式，可以阻断因频繁引进苗鸡而带入疫病的传染途径；同时也能因种鸡、苗鸡自养而降低生产成本。采用这一方式的前提是，养鸡场规模较大，饲养者必须具备饲养种鸡和苗鸡孵化的条件和技术。采用此方式的生产资本投入较大，对饲养管理人员文化科技素质要求高。

“全进全出”的饲养制度是有效防止疾病传播的措施之一。“全进全出”使得鸡场能够做到净场和充分的消毒，切断了疾病传播的途径，从而避免患病鸡只或病原携带者将病原传染给日龄较小的鸡群。当前有些地区农村养鸡场很多，有的村庄养鸡数量可达几十万只。各养殖户各自为政，很难进行统一的防疫和管理，这可能是近年来疾病流行较为严重的原因之一。

三、保证雏鸡质量

高质量的雏鸡是保证鸡群具有较好的生长和生产性能的关键，因此应从无传染病、种鸡质量好、鸡场防疫严格、出雏率高的鸡场进雏鸡。同一批入孵、按期出雏、出雏时间集中的雏鸡成活率高，易于饲养。从外观上要选择绒毛光亮，喙、腿、趾水灵，大小一致，出生重符合品种要求的雏鸡。检查雏鸡时，腹部柔软，卵黄吸

收良好，脐部愈合完全，绒毛覆盖整个腹部则为健雏。若腹大、脐部有出血痕迹或发红呈黑色、棕色或钉脐者，腿、喙、眼干燥有残疾者均应淘汰。

进雏前应将鸡舍温度调到33℃左右，并注意通风换气，以防煤气中毒。进雏后应做好雏鸡的开食开饮工作。一般在出壳后24小时左右开始饮水，这样有利于促进胃肠蠕动、蛋黄吸收和排除胎粪，增进食欲，利于开食。初饮水中应加入5%的葡萄糖，同时加抗生素、多维电解质水溶粉，饮足12小时。一般开始饮水3小时后，即可开食，注意开始就供给全价饲料，以防出现营养缺乏症。

四、搞好饲料原料质量检测

把好饲料原料质量关是保证供给鸡群全价营养日粮、防止营养代谢病和霉菌毒素中毒病发生的前提条件。大型集约化养鸡场可将所进原料或成品料分析化验之后，再依据实际含量进行饲料的配合，严防购入掺假、发霉等不合格的饲料，造成不必要的经济损失。小型养鸡场和专业户最好从信誉高、有质量保证的大型饲料企业采购饲料。自己配料的养殖户，最好能将所用原料送质检部门化验后再用，以免造成不可挽回的损失。

五、避免或减轻应激

多种因素均可对鸡群造成应激，其中包括捕捉、转群、断喙、免疫接种、运输、饲料转换、无规律的供水供料等生产管理因素以及饲料营养不平衡或营养缺乏、温度过高或过低、湿度过大或过小、不适宜的光照、突然的音响等环境因素。实践中应尽可能通过加强饲养管理和改善环境条件，避免和减轻以上两类应激因素对鸡群的影响，防止应激造成鸡群免疫效果不佳、生产性能和抗病能力降低。如不可避免应激时，可于饲料或饮水中添加大剂量的维生素C（每吨饲料中加入100～200克）或抗应激制剂（如每吨饲料添加0.1%琥珀酸盐或0.2%延胡索酸），也可以用多维电解质饮水，以减轻应激对鸡群的影响。

根据本场或本地区传染病发生的规律性，定期使用药物预防和疫苗接种是预防疾病发生的主要手段之一，但应杜绝滥用或盲目用药或疫苗，以免造成不良后果。

六、淘汰残次鸡，优化鸡群素质

鸡群中的残次个体，不但没有生产价值或生产价值不大，而且往往带菌（或病毒），是疾病的传染源之一。因此，淘汰残次鸡，一方面可以维护整群鸡的健康，另一方面又可以降低饲料消耗，提高整个鸡群的整齐度和生产水平。这些残次个体包括发育不良鸡、病鸡、有疾病后遗症的鸡、低产或停产鸡等。

七、建立完善的病例档案

病例档案是鸡场赖以制定合理的药物预防和免疫接种程序的重要依据，也是保证鸡场今后防疫顺利进行的重要参考资料。病例档案应包括以下内容：①引进鸡的品种、时间、入舍鸡数和种鸡场联系方式及地址；②所使用的免疫程序、疫苗来源；已进行的药物预防的时间、药物种类；③发生疾病的时间、病名、病因、剖检记录、发病率、死淘率及紧急处理措施。

八、认真检疫

检疫是指用各种诊断方法对禽类及其产品进行疫病检查，及时发现病禽，采取相应措施，防止疫病的发生和传播。作为鸡场，检疫的主要任务是杜绝病鸡入场，对本场鸡群进行监测，及早发现疫病，及时采取控制措施。

1. 引进鸡群和种蛋的检疫

从外面引进雏鸡或种蛋时，必须了解该种鸡场或孵化场的疫情和饲养管理情况，要求无垂直传播的疾病如白痢、霉形体病等。有条件的进行严格的血清学检查，以免将病带入场内。进场后严格隔离观察，一旦发现疫情，立即进行处理。只有通过检疫和消毒，隔离饲养 20～30 天确认无病才准进入统舍。

2. 平时定期的检疫与监测

对危害较大的疫病，根据本场情况应定期进行监测。如常见的鸡新城疫、产蛋下降综合征可采用血凝抑制试验检测鸡群的抗体水平；马立克氏病、传染性法氏囊病、禽霍乱采用琼脂扩散试验检测；鸡白痢可采用平板凝集法和试管凝集法进行检测。种鸡群的检疫更为重要，是鸡群净化的一个重要步骤，如对鸡白痢的定期检疫，发现阳性鸡只立即淘汰，逐步建立无白痢的种鸡群。除采血进行监测之外，有实验室条件的，还可定期对网上粪便、墙壁灰尘抽样进行微生物培养，检查病原微生物的存在与否。

3. 有条件的，可对饲料、水质和舍内空气监测

每批购进的饲料，除对饲料能量、蛋白质等营养成分检测外，还应对其含沙门菌、大肠杆菌、链球菌、葡萄球菌、霉菌及其有毒成分进行检测；对水中含细菌指数进行测定；对鸡舍空气中含氨气、硫化氢和二氧化碳等有害气体的浓度进行测定等。

第二节　搞好药物预防

在我国饲养环境条件下，免疫和环境控制虽然是预防与控制疾病的主要手段，但在实际生产中，还存在着许多可变因素，如季节变化、转群、免疫等因素容易造成鸡群应激，导致生产指标波动或疾病的爆发。因此在日常管理中，养殖户需要通过预防性投药和针对性治疗，以减少条件性疾病的发生或防止继发感染，确保鸡群高产、稳产。

蛋鸡生产中不可避免地要使用兽药。为满足市场对鸡蛋品质的要求，维护消费者的身体健康，必须注意正确使用兽药，并严格控制药物残留。

一、用药目的

1. 预防性投药

当鸡群存在以下应激因素时需预防性投药。

（1）环境应激　季节变换，环境突然变化，温度、湿度、通风、光照突然改变，有害气体超标等。

（2）管理应激　包括限饲、免疫、转群、换料、缺水、断电等。

（3）生理应激　雏鸡抗体空白期、开产期、产蛋高峰期等。

2. 条件性疾病的治疗

当鸡群因饲养管理不善，发生条件性疾病时，如大肠杆菌病、呼吸道疾病、肠炎等，及时针对性投放敏感药物，使鸡群在最短时间内恢复健康。

3. 控制疾病的继发感染

任何疫病都是严重的应激危害因素，可诱发其它疾病同时发生。如鸡群发生病毒性疾病、寄生虫病、中毒性疾病等，易造成抵抗力下降，容易继发条件性疾病，此时通过预防性药物，可有效降低损失。

二、药物的使用原则

1. 预防为主、治疗为辅

要坚持预防为主的原则。制定科学的用药程序，搞好药物预防、驱虫等工作。有的传染病只能早期预防，不能治疗，要做到有计划、有目的适时使用疫（菌）苗进行预防，及时搞好疫（菌）苗的免疫注射，搞好疫情监测。尽量避免蛋鸡发病用药，确保鸡蛋健康安全、无药物残留。必要时可添加作用强、代谢快、毒副作用小、残留最低的非人用药品和添加剂，或以生物制剂作为治病的药品，控制疾病的发生发展。

要坚持治疗为辅的原则。确需治疗时，在治疗过程中，要做到合理用药，科学用药，对症下药，适度用药，只能使用通过认证的兽药和饲料厂生产的产品，避免产生药物残留和中毒等不良反应。尽量使用高效、低毒、无公害、无残留的“绿色兽药”，不得滥用。

2. 确切诊断，正确掌握适应证

对于养鸡生产中出现的各种疾病要正确诊断，了解药理，及时治疗，对因对症下药，标本兼治。目前养鸡生产中的疾病多为混合感染，极少是单一疾病，因此用药时要合理联合用药，除了用主药，还要用辅药，既要对症，还要对因。

对那些不能及时确诊的疾病，用药时应谨慎。由于目前鸡病太多、太复杂，疾病的临床症状、病理变化越来越不典型，混合感染、继发感染增多，很多病原发生抗原漂移、抗原变异，病理材料无代表性，加上经验不足等原因，鸡群得病后不能及时确诊的现象比较普遍。在这种情况下应尽量搞清是细菌性疾病、病毒性疾病、营养性疾病还是其它原因导致的疾病，只有这样才能在用药时不会出现较大偏差。在没有确诊时用药时间不宜过长，用药3～4天无效或效果不明显时，应尽快停（换）药进行确诊。

3. 适度剂量，疗程要足

剂量过小，达不到预防或治疗效果；剂量过大，造成浪费、增加成本、药物残留、中毒等；同一种药物不同的用药途径，其用药剂量也不同；同一种药物用于治疗的疾病不同，其用药剂量也应不同。用药疗程一般3～5天，一些慢性疾病，疗程应不少于7天，以防复发。

4. 用药方式不同，其方法不同

饮水给药要考虑药物的溶解度、鸡的饮水量、药物稳定性和水质等因素，给药前要适当停水，有利于提高疗效；拌料给药要采用逐级稀释法，以保证混合均匀，以免局部药物浓度过高而导致药物中毒。同时注意交替用药或穿梭用药，以免产生耐药性。

5. 注意并发症，有混合感染时应联合用药

现代鸡病的发生多为混合感染，并发症比较多，在治疗时经常联合用药，一般使用两种或两种以上药物，以治疗多种疾病。如治疗鸡呼吸道疾病时，抗菌素应结合抗病毒的药物同时使用，效果更好。

6. 根据不同季节、日龄与发育特点合理用药

冬季防感冒、夏季防肠道疾病和热应激。夏季饮水量大，饮水给药时要适当降低用药浓度；而采食量小，拌料给药时要适当增加用药浓度。育雏、育成、产蛋期要区别对待，选用适宜不同时期的药物。

7. 接种疫苗期间慎用免疫抑制药物

鸡只在免疫期间，有些药物能抑制鸡的免疫效果，应慎用。如磺胺类、四环素类、甲砜霉素等。

8. 用药时辅助措施不可忽视

用药时还应加强饲养管理，因许多疾病是因管理不善造成的条件性疾病，如大肠杆菌病、寄生虫病、葡萄球菌病等。在用药的同时还应加强日常消毒工作，保持良好的通风，适宜的密度、温度和光照，只有这样才能提高总体治疗疗效。

9. 根据养鸡生产的特点用药

禽类对磺胺类药的平均吸收率较其它动物要高，故不宜用量过大或时间过长，以免造成肾脏损伤。禽类缺乏味觉，故对苦味药、食盐颗粒等照食不误，易引起中毒。禽类有丰富的气囊，气雾用药效果更好。禽类无汗腺，用解热镇痛药抗热应激，效果不理想。

10. 对症下药的原则

不同的疾病用药不同，同一种疾病也不能长期使用同一种药物进行治疗，最好通过药敏试验有针对性地投药。

同时，要了解目前临床上常用药和敏感药。目前常用药物有抗大肠杆菌药、抗沙门菌药、抗病毒药、抗球虫药等，选择药物时，应根据疾病类型有针对性使用。

三、常用的给药途径及注意事项

1. 拌料给药

给药时，可采用分级混合法，即把全部的用药量拌加到少量饲料中（俗称“药引子”），充分混匀后再拌加到计算所需的全部饲料中，最后把饲料来回折翻最少 5 次，以达到充分混匀的目的。

拌料给药时，严禁将全部药量一次性加入到所需饲料中，以免造成混合不匀而导致鸡群中毒或部分鸡只吃不到药物。

2. 饮水给药

选择可溶性较好的药物，按照所需剂量加入水中，搅拌均匀，让药物充分溶解后饮水。对不容易溶解的药物可采用适当加热或搅拌的方法，促进药物溶解。

饮水给药方法简便，适用于大多数药物，特别是能发挥药物在胃肠道内的作用；药效优于拌料给药。

3. 注射给药

分皮下注射和肌内注射两种方法。药物吸收快，血药浓度迅速升高，进入体内的药量准确，但容易造成组织损伤、疼痛、潜在并发症、不良反应出现迅速等，一般用于全身性感染疾病的治疗。

应当注意，刺激性强的药物不能做皮下注射；药量多时可分点注射，注射后最好用手对注射部位轻度按摩；多采用腿部肌内注射，肌注时要做到轻、稳、不宜太快，用力方向应与针头方向一致，勿将针头刺入大腿内侧，以免造成瘫痪或死亡。

4. 气雾给药

将药物溶于水中，并用专用的设备进行气化，通过鸡的自然呼吸，使药物以气雾的形式进入体内。适用于呼吸道疾病给药；对鸡舍环境条件要求较高；适合于急慢性呼吸道病和气囊炎的治疗。

因呼吸系统表面积大，血流量多，肺泡细胞结构较薄，故药物极易吸收。特别是可以直接进入其它给药途径不易到达的气囊。

四、蛋鸡的常用药物及用药限制

（一）蛋鸡常用药物及适应证

见表 7-1。

表 7-1 蛋鸡常用药物及适应证

名称	适应证
青霉素 G	窄谱抗生素，适用于鸡的链球菌病、葡萄球菌病、坏死性肠炎、禽霍乱、螺旋体病、丹毒病、李氏杆菌病，也常于病毒及球虫病所引起的并发、继发感染

续表

名称	适应证
氨苄青霉素	广谱抗生素，常与庆大霉素、卡那霉素、链霉素等联合使用，对大肠杆菌病、腹膜炎、输卵管炎、气囊炎、眼结膜炎等有效，对鸡白痢有一定疗效，对沙门杆菌有高度抗菌作用
红霉素	用于治疗耐青霉素G的金黄色葡萄球菌病，还用于鸡慢性呼吸道病、传染性鼻炎、溃疡性肠炎、坏死性肠炎、传染性滑膜炎、链球菌病、丹毒病及呼吸道炎症等
泰乐菌素	对支原体特别有效，也用于治疗鸡溃疡性肠炎、坏死性肠炎，并能缓解应激反应
北里霉素	常用于预防和治疗慢性呼吸道病
链霉素	链霉素常用于防治禽霍乱、鸡沙门杆菌病、大肠杆菌病、传染性鼻炎、弧菌性肝炎、溃疡性肠炎及支原体引起的关节炎和慢性呼吸道病
庆大霉素	广谱抗生素，用于治疗敏感菌所引起的消化道、呼吸道感染和败血症，对鸡大肠杆菌、沙门杆菌、葡萄球菌、慢性呼吸道病有效
卡那霉素	广谱抗生素，主要对沙门杆菌、大肠杆菌、巴氏杆菌有效，对金黄色葡萄球菌、链球菌、真菌和支原体也有作用
氯霉素	用于治疗鸡伤寒、副伤寒、鸡白痢、大肠杆菌病、传染性鼻炎、葡萄球菌病、鸡霍乱、坏死性肠炎和慢性呼吸道病等
土霉素、四环素	广谱抗生素，用于防治鸡白痢、鸡伤寒、禽霍乱、传染性鼻炎、慢性呼吸道病、葡萄球菌病、螺旋体病、球虫病等，还具有减轻应激反应、增加产蛋率、提高孵化率的作用
金霉素	广谱抗生素，用于防治鸡慢性呼吸道病、传染性鼻炎、滑膜炎、大肠杆菌、鸡副伤寒、坏疽性皮炎等
强力霉素	与土霉素相似，但作用比土霉素强2～10倍，在体内作用的时间较长。常用于治疗鸡霍乱、慢性呼吸道病、大肠杆菌病及沙门杆菌病
磺胺类	磺胺类药物包括磺胺嘧啶、磺胺喹噁啉、磺胺异噁唑、磺胺甲基异噁唑、磺胺-5-甲氧嘧啶及磺胺脒等。可治疗鸡白痢、鸡伤寒、禽霍乱、传染性鼻炎等，对各种球虫病也有较好效果

续表

名称	适应证
抗菌增效剂	包括三甲氧苄氨嘧啶和二甲氧苄氨嘧啶，是较新的广谱合成抗微生物药，与磺胺药并用后，能显著增强磺胺药的疗效，扩大抗菌范围，延缓细菌产生耐药性，使抑菌作用转化为杀菌作用，与抗生素合用后，也能增强抗菌效果
呋喃唑酮	抗菌谱很广，用于治疗鸡白痢、鸡伤寒、球虫病，也可治疗大肠杆菌性败血症及支原体病引起的继发性细菌感染
氟哌酸	用于防治鸡大肠杆菌病、沙门杆菌病、绿脓杆菌病、葡萄球菌病及链球菌病
复方新诺明	禽霍乱、鸡传染性鼻炎、沙门菌等
制霉菌素	用于治疗雏鸡的曲霉菌病、白色念珠菌病及禽冠癣，也可用于因长期使用广谱抗生素所引起的真菌性双重感染
莫能霉素	对多种球虫有抑制作用，球虫对本药很难产生耐药性
盐霉素	防治鸡球虫病药效较高，并有提高饲料报酬和促进雏鸡生长发育的功效，不要与支原净合用
氯苯胍	对鸡的各种球虫均有明显药效
氨丙啉	是种鸡和蛋鸡的主要抗球虫药，氨丙啉为硫胺素的拮抗药

（二）允许在饲料添加剂中使用的兽药品种及使用规定

见表 7-2。

表 7-2　允许在饲料添加剂中使用的兽药部分品种及使用规定

品种	用量/(克/吨)	停药期/天	注意事项
杆菌肽锌	4～20		
硫酸黏杆菌素	2～20	7	产蛋期禁用
北里霉素	5～10	2	产蛋期禁用
金霉素	20～50	7	低钙(0.4%～0.55%)饲料中连用不超过 5 天
土霉素	5～50		产蛋期禁用
硫酸泰乐菌素	4～50	5	产蛋期禁用

续表

品种	用量/(克/吨)	停药期/天	注意事项
越霉素 A	5～10	3	产蛋期禁用
潮霉素 B	8～12	15	产蛋期禁用
盐酸氨丙啉	62.5～125		使用时维生素 B_1 小于 10 克/吨
硝酸二甲硫胺	1～62	3	产蛋期禁用，使用时维生素 B_1 小于 10 克/吨
尼卡巴嗪	100～125		产蛋期禁用，高温期慎用
盐酸氯苯胍	30～36	7	产蛋期禁用
马杜霉素铵	5	5～7	产蛋期禁用，用量不能大于 6 克/吨
莫能霉素钠	90～110	3	产蛋期禁用，禁与泰乐菌素、竹桃霉素合用
盐霉素钠	50～60	5	产蛋期禁用，禁与泰乐菌素、竹桃霉素合用
甲基盐霉素钠	60～70	5	产蛋期禁用，禁与泰乐菌素、竹桃霉素合用
二硝托胺(球痢灵)	1～125	3	产蛋期禁用

(三) 产蛋鸡禁止使用的药物

严禁使用中华人民共和国农业部制定的《食品动物禁用的兽药及其他化合物清单》列出的盐酸克伦特罗等兴奋剂类、己烯雌酚等性激素类、玉米赤霉醇等具有雌激素样作用的物质、氯霉素及其制剂、呋喃唑酮等硝基呋喃类、安眠酮等催眠镇静类等 21 类药物。其次是蛋鸡饲养户在用药方面要禁止使用对产蛋鸡有害的药物，限制使用可能导致产蛋下降的药物，慎重选用因用药剂量等原因可能会影响产蛋的药物。

1. 磺胺类药物

常见的有磺胺嘧啶、磺胺噻唑、磺胺脒、增效磺胺嘧啶等药物，此类药物可以阻止细菌的生长繁殖，但产蛋鸡使用可以抑制产蛋，而且可通过与碳酸酐酶结合，使其降低活性，从而使碳酸盐的形成和分泌减少，使鸡产软壳蛋和薄壳蛋。

2. 呋喃类药物

该类药主要用于治疗禽肠道感染，通过抑制乙酰辅酶A干扰细菌糖代谢而发挥其抗菌作用。但此类药可延缓蛋鸡的性成熟，从而推后蛋鸡的开产时间，产蛋鸡应禁用。

3. 四环素类

常见的有金霉素，有较好的抑菌、杀菌作用，对鸡白痢、鸡伤寒、鸡霍乱和滑膜炎霉形体有良好的效果，但该药对消化道有刺激作用，损坏肝脏，而且能与钙离子、镁离子等金属离子结合形成络合物，从而妨碍钙的吸收，导致鸡产软蛋。

4. 抗球虫类药

包括克球粉、球痢净等，该类药有抑制产蛋作用。

5. 新生霉素类

对肝肾有害，从而减少产蛋。

6. 氨基糖苷类抗生素

产蛋鸡在使用此类药物后，从产蛋率上看有明显下降，尤其是链霉素。

总之，蛋鸡在产蛋期严禁使用的药物有磺胺类药物、呋喃类药物、金霉素、复方炔诺酮、大多数抗球虫类药物、地塞米松等；限用的药物有四环素类、少数抗球虫类药物、乳糖等。其他药物则应慎重使用，如肾上腺素、丙酸睾丸素、氨基糖苷类抗生素、土霉素、拟胆碱类和巴比妥类药物。另外，蛋鸡养殖户使用兽药时，还要注意限制使用某些人畜共用药，如氨苄西林等青霉素类药、盐酸环丙沙星等人用喹诺酮类药物，因其容易产生细菌耐药性问题。

五、兽药残留的控制

动物用药以后，药物以原形或代谢产物的形式随粪等排出体外，残留于环境中。同时，少部分残留于机体内，对人类健康构成威胁。绝大多数兽药排入环境后，仍然具有活性，会对土壤微生物、水生生物及昆虫等造成影响。控制药物残留的主要措施如下。

（一）加强兽药监督管理

兽药监督管理部门按照《中华人民共和国兽药管理条例》及有关法规要求，加强兽药生产、经营、使用和进出口管理。

（二）规范使用兽药

① 兽药使用单位，应当遵守国务院兽医行政管理部门制定的兽药安全使用规章制度，并建立用药记录（包括所用药物名称、剂型、剂量、给药途径、疗程，药物的生产企业，产品的批准文号、批号等）。

② 执业兽医使用兽药时应遵守《中华人民共和国兽药管理条例》的有关规定，兽医处方药必须开具兽医处方，严格按国务院兽医行政部门规定的作用、用途和用法、用量用药。

③ 所有兽药必须来自具有《兽药生产许可证》，并获得农业部颁发《中华人民共和国兽药 GMP 证书》的兽药生产企业，或农业部批准注册进口的兽药。

④ 所用兽药必须符合《中华人民共和国兽药典》、《兽药质量标准》、《兽用生物制品质量标准》、《进口兽药质量标准》等相关规定，并遵循相关管理部门颁发的《无公害食品　畜禽饲养兽药使用准则》、《绿色食品兽药使用准则》等兽药使用准则。

⑤ 避免标签外用药。药物的标签外应用，是指在标签说明以外的任何应用，包括种属、适应证、给药途径、剂量和疗程。一般情况下，蛋鸡禁止标签外用药，因为任何标签外用药均可能改变药物在体内的动力学过程，使蛋鸡出现药物残留。某些特殊情况需要标签外用药时，必须采取适当的措施避免鸡蛋的兽药残留，兽医师应熟悉药物在蛋鸡体内的组织分布和消除的资料，采取超长的休药期，以保证消费者的安全。

⑥ 科学用药。适时应用无休药期的药物；改变终身用药的方法为阶段适时用药；选用与人类用药无交叉抗药性的禽类专用药物；不随意加大药物用量。

（三）合理使用饲料药物添加剂

饲料药物添加剂的使用应注意以下几点。

① 按照《饲料药物添加剂使用规范》使用药物添加剂。

② 禁止将原料药直接添加到饲料及饮用水中或者直接饲喂蛋鸡。

③ 在饲料加工中，应将加药饲料和不加药饲料分开加工。

④ 禁止同一种饲料中使用两种以上作用相同的药物添加剂。

⑤ 要按蛋鸡生长阶段的不同，正确使用饲料添加剂。

⑥ 养殖用户应正确使用饲料，不得超标添加药物添加剂。

（四）严格遵守休药期

休药期又称为停药期，是指蛋鸡从停止用药到许可屠宰或鸡蛋许可上市的间隔时间。蛋鸡休药期长短是根据药物进入蛋鸡体内吸收、分布、转化、排泄与消除过程的快慢而制定的，即使同一种药物，因用法不同休药期也不尽相同。此外，休药期的长短还与药物的剂量、剂型等有关。兽药使用要严格执行农业部发布的《兽药停药期规定》。

① 有休药期规定的兽药用于蛋鸡时，饲养者应当向购买者提供准确、真实的用药记录。

② 购买者应当确保蛋鸡、鸡蛋在用药期、休药期内不被用于食品消费。

③ 生产者必须严格遵守休药期和用药后禁止上市期限的规定，以保证鸡蛋中药物残留不超过限量，禁止销售含有违禁药物或者兽药残留量超过标准的鸡蛋。

④ 禁止食用在弃蛋期内生产的鸡蛋。

（五）严禁非法使用违禁药物

① 严禁使用国务院兽药行政管理部门规定的禁用药品。

② 禁止使用假冒伪劣兽药和过期药品，以及未经农业部批准或已淘汰的药品。

③ 禁止添加激素类药品。

④ 禁止将人用药品用于蛋鸡。

（六）研制和推广使用抗生素替代品

如益生素（微生态制剂）、低聚糖、酶制剂、酸化剂、中草药添加剂，减少抗生素和合成药的使用。

（七）开展兽药残留监控

① 建立并完善兽药和饲料添加剂残留的监控体系建设，加强对兽药和饲料添加剂在鸡蛋中残留的监测管理工作。

② 对兽药生产、分销、零售及使用进行监控。

③ 对蛋鸡及鸡蛋兽药残留实施监控。

④ 完善具体残留数据标准和违规的相应处罚手段的制定工作，加大对有关禁用药物的生产、销售行为的打击力度，依法追究法律责任，真正有效地控制兽药残留。

第三节 发生传染病时的紧急处置

传染病的一个显著特点是具有潜伏期，病程的发展有一个过程。由于鸡群中个体体质的不同，感染的时间也不同，临床症状表现有早有晚，总是部分鸡只先发病，然后才是全群发病。因此，饲养人员要勤于观察，一旦发现传染病或疑似传染病，需尽快进行紧急处理。

一、封锁、隔离和消毒

一旦发现疫情，应将病鸡或疑似病鸡立即隔离，指派专人管理，同时向养鸡场所有人员通报疫情，并要求所有非必需人员不得进入疫区和在疫区周围活动，严禁饲养员在隔离区和非隔离区之间来往，避免疫情扩大，有利于将疫情限制在最小范围内就地消灭。在隔离的同时，一方面立即采取消毒措施，对鸡场门口、道路、鸡舍门口、鸡舍内及所有用具都要彻底消毒，对垫草和粪便也要彻底消毒，对病死鸡要做无害化处理；另一方面要尽快作出诊断，以便尽早采取治疗或控制措施。最好请兽医师到现场诊断，本场不能确诊时，应将刚死或濒死期的鸡，放在严密的容器中，立即送有关单位进行确诊。当确诊或怀疑为严重疫情时，应立即向当地兽医部门报告，必要时采取封锁措施。

治疗期间，最好每天消毒1次。病鸡治愈或处理后，再经过一个该病的潜伏期的时限，并进行1次全面的消毒，才能解除隔离和封锁。

二、紧急接种

在确诊的基础上，为了迅速控制和扑灭疫病，应对疫区和受威胁区的鸡群进行应急性的免疫接种，即紧急接种。紧急接种的对象包括：有典型症状或类似症状的鸡群；未发现症状，但与病鸡及其污染环境有过直接或间接接触的鸡群；与病鸡同场或距离较近的其它易感鸡群。接种时最好做到勤换针头，也可将数十个针头浸泡在刺激性较小的消毒液（如0.2%新洁尔灭）中，轮换使用。紧急接种包括疫苗紧急接种和被动免疫接种。

（一）疫苗紧急接种

实践证明，利用弱毒或灭活苗对发病鸡群或可疑鸡群进行紧急免疫，对提高机体免疫力、防御环境中病原微生物的再感染具有良好效果。如用Ⅳ系弱毒苗饮水，或同时用鸡新城疫油乳剂灭活苗皮下注射，对发生新城疫的鸡群紧急接种是临床上常用的方法。

（二）被动免疫接种（免疫治疗）

这是一种特异性疗法，是采用某种含有特异性抗体的生物制品如高免血清、高免卵黄等针对特定的病原微生物进行治疗。其最大的优点是：对病鸡有治疗作用，对健康鸡有预防作用。如利用高免血清或高免卵黄治疗鸡传染性法氏囊炎。其缺点有：外源性抗体在体内消失较快，一般7～10天仍需进行疫苗免疫；有通过高免血清或卵黄携带潜在病原的可能。因此，免疫治疗只能作为防病治病的应急措施，不能因此而忽略其它的预防措施。

（三）药物治疗

治疗的重点是病鸡和疑似病鸡，但对假定健康鸡的预防性治疗亦不能放松。治疗应在确诊的基础上尽早进行，这对及时消灭传染病、阻止其蔓延极为重要，否则会造成严重后果。

有条件时，在采用抗生素或化学药品治疗前，最好先进行药敏实验，选用抑菌效果最好的药物，并且首次剂量要大，这样效果较好。

也可利用中草药治疗。不少中草药对某些疫病具有相当好的疗效，而且不产生耐药性，无毒、副作用，现已在鸡病防治中占相当地位。

（四）护理和辅助治疗

鸡在发病时，由于体温升高、精神呆滞、食欲降低、采食和饮水减少，造成病鸡摄入的蛋白质、糖类、维生素、矿物质水平等低于维持生命和抵御疾病所需的营养需要。因此，必要的护理和辅助治疗有利于疾病的转归。

① 可通过适当提高舍温、勤在鸡舍内走动、勤搅拌料槽内饲料、改善饲料适口性等方面促进鸡群采食和饮水。

② 依据实际情况，适当改善饲料中营养物质的含量或在饮水中添加额外的营养物质。如适当增加饲料中能量饲料（如玉米）和蛋白质饲料的比例，以弥补食欲降低所减少的摄入量；增加饲料中维生素 A、维生素 C 和维生素 E 的含量，对于提高机体对大多数疾病的抵抗力均有促进作用；增加饲料中维生素 K 的含量，对各种传染病引起的败血症和球虫病等引起的肠道出血都有极好的辅助治疗作用。另外，疾病期间家禽对核黄素的需求量可比正常时高 10 倍，对其它 B 族维生素（烟酸、泛酸、维生素 B_1、维生素 B_{12}）的需要量为正常的 2～3 倍。因此在疾病治疗期间，适当增加饲料中维生素或在饮水中添加一定量的速补-14 或其它多维电解质一类的添加剂极为必要。

第八章　蛋鸡常见病的安全防制

第一节　常见病毒性疾病的防制

一、新城疫

鸡新城疫也称亚洲鸡瘟、真性鸡瘟或鸡瘟。病原为鸡新城疫病毒，各日龄鸡均易感染。本病是一种以下痢、呼吸困难和出现神经症状为主要特征的急性、烈性传染病。可分为最急性、急性、亚急性、慢性四个类型。

本病任何日龄、任何品种的鸡，一年四季均可发生，但以寒冷季节及气候多变季节常见。蛋鸡 30～50 日龄常见，产蛋期也有发生。

最急性和急性鸡瘟发病时间短，死亡率高；对鸡产蛋影响比较大的是亚急性和慢性鸡瘟，有时也称为非典型鸡瘟。患非典型鸡瘟的鸡群一般表现为呼吸道症状，如病鸡咳嗽、啰音、呼吸困难，眼睑肿胀、鸡冠萎缩颜色发紫、病鸡有时拉黄色或绿色稀粪。严重时产蛋下降 20%～30%，有时达 50%以上。蛋品质降低，白壳蛋、软壳蛋、畸形蛋增多，把蛋打开，蛋白稀得像水一样。

剖检，典型新城疫，腺胃乳头出血，盲肠扁桃体出血坏死；肠道表面可见多处有呈枣核状的紫红色变化。非典型新城疫，腺胃肌胃无明显出血变化，肠道与盲肠扁桃体，偶有出血严重，直肠和泄殖腔黏膜一般出血，卵黄蒂前后的淋巴结出血。

防制：① 带鸡喷雾消毒。

② 选用抗病毒药＋抗菌药（抑制病毒复制和防止继发感染）连用 3 天。用完药后 48 小时用克隆-30 或Ⅳ系 1～3 倍剂量紧急接种。

③ 发病期间饮水或拌料多维，以增强机体自身抵抗力。

④ 特别典型和严重的鸡群，注射新城疫卵黄抗体。

二、禽流感

禽流感是由 A 型病毒引起的一种急性高度接触性传染病。本病一年四季均可发生，不分品种、年龄，尤以寒冷季节多发。鸟类、人类和低等哺乳动物对 A 型流感病毒均易感。

感染禽流感的鸡群临床症状呈多样性，可分为呼吸型、神经型和生殖型等。病鸡体温升高，精神沉郁；咳嗽、啰音，流泪，脸部和头部肿胀，鸡冠、肉髯、皮肤和脚趾鳞片发紫；拉黄、白色稀粪，产蛋下降，畸形蛋、褪色蛋及软壳蛋增多；个别的还伴有神经症状。

剖检，头部水肿及肉垂、鸡冠、腿部发绀、充血；气管黏膜水肿、充血，有浆液性或干酪样分泌物；窦腔肿胀、气囊肿胀、增厚并有纤维素性或干酪样渗出物；肝脏、脾脏肿大、坏死；腺胃乳头溃疡、出血，肠道广泛性出血；卵泡肿胀、充血，输卵管充血，有时伴有卵黄性腹膜炎。

防制：本病尚无有效化学药物进行治疗，可用沙星类药物（洛美沙星、培氟沙星、氧氟沙星、诺氟沙星 4 种兽药禁用于食用动物）防止病菌感染。平时应以预防为主，在疫区用油乳剂灭活苗进行免疫接种。对发病鸡群予以淘汰处理。

三、减蛋综合征

本病主要发生于产蛋鸡和青年母鸡，其它日龄鸡可感染，但无病状，也见于25～34周龄产蛋高峰期鸡群。发病时病鸡精神、采食、饮水、粪便基本正常，产蛋量逐日严重下降。蛋壳颜色变浅或出现大量薄壳蛋、软皮蛋、无壳蛋及畸形蛋。一般持续3周左右，然后缓慢回升，快慢不等，有时也有可能恢复到原来水平。

本病缺乏特征性病变，有时鸡会出现卡他性肠炎，卵巢萎缩或出血，子宫及输卵管有炎症，输卵管管腔内有白色渗出物，黏膜水肿、苍白及肥厚。

防制：开产前接种EDS油乳剂灭活苗，可预防本病的发生。淘汰带毒病鸡，搞好消毒、卫生。

四、传染性支气管炎

传染性支气管炎是一种急性呼吸道病，高度接触性传染，以气管啰音、咳嗽、打喷嚏为主要特征。就目前来说，分呼吸型、肾型、生殖型及腺胃型传支等。

生殖型传支的鸡群，有呼吸道症状，产蛋率下降，同时有软壳蛋、变形蛋、砂皮蛋、浅色蛋和白皮蛋，蛋清水样，易与蛋黄脱离。严重时可导致卵黄性腹膜炎。

呼吸型传支伴随肾型传支，出现拉稀，严重时损伤肾脏，尿酸盐不再随粪排出，造成尿酸盐沉积，也就是内脏痛风。

腺胃型传支鸡只渐进性消瘦，羽毛松乱、呆立、垂翅、体重减轻，有时伴有呼吸道症状，表现咳嗽、啰音等。

部检，病鸡气管、鼻道和窦中有浆液性或卡他性的渗出物，气囊混浊有黄色干酪样渗出物，腺胃黏膜水肿，患腺胃炎的鸡腺胃严重肿大，腺胃壁明显增厚，黏膜少数出现溃疡出血；肝脏瘀血肿大，脾稍肿，肺充血；气管内有黏液，环状出血；卵泡充血、出血或萎缩，输卵管缩短，黏膜变得肥厚、粗糙；肾脏肿大苍白，肾小管和输尿管充满尿酸盐；直肠黏膜条状出血，泄殖腔内有大量石灰水样稀粪。

防制：首先做好疫苗接种工作，用肾型苗或 H120 作紧急接种，同时用利尿药、口服补液盐或补维生素 A、维生素 C、速补-18、速补-24 等。也可用广谱抗菌药和抗病毒药。

五、传染性喉气管炎

传染性喉气管炎是鸡的一种急性疾病，以呼吸困难、咳嗽和咳出血凝黏液为特征。一般分为急性型和温和型。急性感染的特征性症状为流涕和湿性啰音，随后出现咳嗽和喘气。严重的病例以明显的呼吸困难和咳出血样黏液为特征。温和型的症状为体质瘦弱，产蛋下降，产褪色蛋和软壳蛋较多，呼吸困难，伸头张嘴呼吸，有时发出“咯咯”的叫声。病鸡咽喉有黏液或干酪样堵塞物，流泪、结膜发炎、眶下窦肿胀，持续性流涕以及出血性结膜炎。一般排出白色或绿色稀粪。

剖检，以气管与喉部组织的病变最常见。病鸡的喉黏膜出血，喉头和气管出血、坏死，黏膜肥厚，气管内有血栓和黄色或白色干酪样渗出物。

防制：做好免疫接种工作，保持清洁卫生。一旦确诊本病立即用 ILT 疫苗进行点眼免疫。有呼吸困难症状的鸡，可用氢化可的松和青霉素、链霉素混合喷喉或在饲料中加磺胺类药物。同时用电解多维饮水，以减轻应激。

六、禽脑脊髓炎

禽脑脊髓炎是一种主要危害 2～3 周龄雏鸡的病毒性传染病。其特征是共济失调，瘫痪、腿软无力及头颈震颤。患病雏鸡小脑充血、坏死，中枢神经系统有弥散性或非化脓性的脑脊髓炎损害。产蛋鸡一般无明显的临床症状，有时表现轻微拉稀或采食量稍有减少，产蛋量下降，蛋壳颜色变浅，10 天左右可自行恢复，约 20 天可达到正常水平。

病鸡剖检病变不明显，除在脑部见到充血，水肿外，不易发现其它明显的肉眼变化，严重的病鸡常见肝脏脂肪变性，脾脏肿大及轻度肠炎。

防制：搞好卫生消毒工作，在蛋鸡开产前接种 AE 油乳剂灭活苗。

七、鸡肿头综合征

一般认为鸡肿头综合征是由肺病毒引起的一种鸡的急性传染性呼吸道病。病鸡以头部肿大和呼吸障碍为特征。患鸡肿头综合征的鸡，一般表现为呼吸困难，打喷嚏，鼻腔内有泡沫状分泌物，患鸡用爪搔抓面部，表现面部疼痒，头部皮下水肿、颌下水肿，歪颈，有神经症状，产蛋率严重下降，一月龄左右的雏鸡和刚进入产蛋高峰的鸡多发。

剖检，可见在鼻骨黏膜中有细小、淤血斑点，严重的黏膜出现广泛的由红到紫的颜色变化。

防制：搞好卫生，合理通风换气。在饲料中添加抗生素可减轻疾患。于 1 日龄接种弱毒疫苗，进行免疫。

八、马立克氏病

病鸡和带毒鸡是传染来源，尤其是这类鸡的羽毛囊上皮内存在大量完整的病毒，随皮肤代谢脱落后污染环境，成为在自然条件下最主要的传染来源。主要通过空气传染经呼吸道进入体内，污染的饲料、饮水和人员也可带毒传播。孵房污染能使刚出壳雏鸡的感染性明显增加。

1 日龄雏鸡最易感染，2～18 周龄鸡均可发病。母鸡比公鸡易感性高。来航鸡抵抗力较强，肉鸡抵抗力低。潜伏期常为 3～4 周，一般在 50 日龄以后出现症状，70 日龄后陆续出现死亡，90 日龄以后达到高峰，很少晚至 30 周龄才出现症状，偶见 60 周龄的老龄鸡发病。本病的发病率变化很大，一般肉鸡为 20％～30％，个别达 60％，产蛋鸡为 10％～15％，严重达 50％，死亡率与之相当。

根据病变发生的主要部位和症状，可分为神经型、内脏型、眼型和皮肤肌肉型。

神经型多见病鸡步态不稳，运动失调，一侧或双侧瘫痪。如翅膀下垂，腿不能站立，一腿向前，一腿向后劈叉姿势。剖检见腰荐神经、坐骨神经、臂神经增粗 2～3 倍，横纹消失。

内脏型临床表现食欲减退、精神沉郁、肉垂苍白，腹泻，腹部往往膨大，直至死亡。剖检见卵巢、肝、脾、心、肾、肺、腺胃、肠、胰腺等内脏器官形成肿瘤，似猪脂样。

眼型虹膜褪色，瞳孔边缘不规则（呈锯齿状），瞳孔变小。病的后期眼睛失明。

皮肤肌肉型常在皮肤和肌肉形成大小不等的肿瘤，质地硬。

防制：由于雏鸡该病毒的感染率远比大龄鸡高，因而保护雏鸡是预防该病的关键措施。1 日龄，用火鸡疱疹病毒疫苗，CV1998 液氮苗；为防止超强毒感染，可用联苗（马立克氏病毒苗与 HVT 联合使用）作主动免疫。可在稀释液中加 4％犊牛血清，以保护疫苗效价，稀释的疫苗必须在 1～2 小时内用完，否则废弃。每只鸡接种剂量为 2 头份。

孵化室、育雏室要远离大鸡舍，应在上风头，对房舍、用具等严格消毒，到雏鸡舍应换鞋、更衣、洗手，禁止非工作人员入内，3 周龄内应严格隔离饲养。

九、鸡痘

本病是由鸡痘病毒引起的一种急性、热性传染病。各种年龄的鸡都有易感性，一年四季都可发生，蚊虫多的季节多见。环境条件恶劣、饲料中缺乏维生素等均可促使本病发生。

临床上主要表现 3 种类型，即皮肤型、黏膜型（白喉型）和混合型。

皮肤型病鸡在鸡体无羽毛部位，如鸡冠、肉垂、眼睑、翼下、腿部皮肤上形成痘疹，死亡很少，但可导致发育迟缓，产蛋率降低。眼睑发生痘疹时，由于皮肤增厚，使眼睛完全闭合。病情较轻不引起全身症状，较严重时，则出现精神不振，体温升高，食欲减退，成鸡产蛋减少等。

黏膜型（白喉型）病鸡病初出现鼻炎症状，从鼻孔流出黏性鼻液，2～3天后先在黏膜上生成白色的小结节，稍突起于黏膜表面，以后小结节增大形成一层黄白色干酪样的假膜，这层假膜很像人的“白喉”，故又称为白喉型鸡痘。如用镊子撕去假膜，下面则露出溃疡灶。病鸡全身症状明显，精神萎靡，采食与呼吸发生障碍，脱落的假膜落入气管可导致窒息死亡。

有些混合型病鸡在头部皮肤出现痘疹，同时在口腔出现白喉病状。

一般秋季和初冬发生皮肤型鸡痘比较多，在冬季则以白喉型鸡痘常见。

防制：此病使用疫苗免疫2次，可很好控制。一般在2～3周龄时首免，4～5月龄时进行第二次接种。刺种为首选免疫方法，肌内注射或饮水等免疫方法效果不好，易造成免疫失败。

夏秋季节，做好蚊虫的驱杀工作，以防感染。避免各种原因引起的啄癖或机械性外伤。

对病鸡可采取对症疗法。皮肤型的可用消毒好的镊子把患部痂膜剥离，在伤口上涂一些碘酒或龙胆紫；黏膜型的可将口腔和咽部的假膜斑块用小刀小心剥离下来，涂抹碘甘油（碘化钾10克，碘片5克，甘油20毫升，混合搅拌，再加蒸馏水至100毫升）。剥下来的假膜烂斑要收集起来烧掉。眼部内的肿块，用小刀将表皮切开，挤出脓液或豆渣样物质，使用2%硼酸或5%蛋白银溶液消毒。

第二节　常见细菌性疾病的防控

一、大肠杆菌病

本病是由大肠埃希杆菌（简称大肠杆菌）引起的鸡的一种条件性疾病。一年四季均可发生，有养鸡的地方就有本病的发生，侵害各种年龄的鸡。虽然大肠埃希杆菌对多数抗生素敏感，但由于极易产生抗药性，所以会使鸡场蒙受巨大的经济损失。

（一）临床症状与病理变化

由于大肠杆菌血清型及感染途径不同，临床上大肠杆菌病可表现多种形式。

大肠杆菌性败血症病鸡，不表现明显的临床症状就突然死亡，离群呆立，羽毛松乱，采食量下降或不采食，排黄白色稀粪，肛门周围羽毛污染。特征性病变为心包炎、肝周炎、腹膜炎，有的有气囊炎。

卵黄性腹膜炎型病鸡，病鸡的输卵管因感染大肠杆菌而产生炎症，致使输卵管伞部粘连，漏斗部的喇叭口在排卵时不能打开，卵泡因此不能进入输卵管而坠入腹腔引发本病。广泛的腹膜炎产生大量毒素，引起发病母鸡死亡。剖检可见腹腔内积有大量卵黄，肠道和脏器相互粘连。

输卵管炎型病鸡，输卵管充血、出血，内有大量分泌物。产生畸形蛋，产蛋减少或停产。

肠炎型病鸡，肠道黏膜表面有大量出血斑，腹泻；病鸡肛门下方羽毛潮湿、污秽、粘连。

卵黄囊炎和脐炎型病鸡，在种蛋感染大肠杆菌后，入孵后出雏的小鸡，卵黄吸收及脐带收缩不良，排出下痢便，腹部膨满，在2～3 日龄时死亡最多，超过 1 周龄后死亡减少。

（二）防控措施

受大肠杆菌威胁严重的鸡场，最好分离大肠杆菌，通过药敏试验选择敏感药物。无条件进行药敏试验的鸡场，可选用新霉素、氟苯尼考、丁胺卡那、恩诺沙星、环丙沙星等药物防治。

加强饲养管理，减少鸡群生理应激。在控制慢性呼吸道病、传染性法氏囊病、禽流感、新城疫、马立克氏病等病毒性疾病时，要同时投喂对大肠杆菌敏感的药物，防止继发感染。

二、传染性鼻炎

本病是由副鸡嗜血杆菌引起的呼吸道病，以水样乃至脓性鼻汁漏出、颜面浮肿为特征。雏鸡、育成鸡影响增重，产蛋鸡的卵巢受侵害，产蛋明显下降。

潜伏期短，传播速度快，易感鸡与感染鸡接触后可在1～3天内出现症状，可通过病鸡、饲料、饮水、养鸡器具、衣服等传播。

本病的发生与饲养环境有密切的关系，秋冬季节通风不良的鸡舍容易发生。

（一）临床症状与病理变化

传染性鼻炎主要特征有喷嚏、发烧、鼻腔流黏液性分泌物、流泪、结膜炎、颜面及眼周围肿胀和水肿。发病初期，用手压迫鼻腔可见有分泌物流出；随着病情进一步发展，鼻腔内流出的分泌物逐渐黏稠，并有臭味；分泌物干燥后于鼻孔周围结痂。病鸡精神不振，食欲减少，病情严重者引起呼吸困难和啰音。

传染性鼻炎的病理变化在感染后20小时即可发现，鼻腔、窦黏膜和气管黏膜出现急性卡他性炎症，充血、肿胀、潮红，表面覆有大量黏液，窦内有渗出物凝块或干酪样坏死物；眼部经常可见卡他性结膜炎；严重时可见肺炎和气囊炎。在产蛋鸡输卵管内可见黄色干酪样分泌物。

（二）防控措施

对本病敏感的药物有磺胺类药、卡那霉素、链霉素等。用A型、B型或C型菌单价疫苗或混在一起的多价苗，在预计本病暴发前2～3周接种疫苗，一般需要接种2次，中间间隔5周以上。

不从不明来源处引进鸡群；健康鸡与康复鸡要远距离隔离饲养；发病鸡群淘汰后，要对鸡舍和设备进行彻底清洗与消毒，空舍2～3周后再进新鸡。同时，要降低饲养密度，改善鸡舍的通风条件，做好消毒工作。定期对鸡舍内外消毒，减少病菌的传播，同时给鸡群供应充足的营养物质。

三、鸡白痢

鸡白痢是由鸡白痢沙门菌引起的各年龄鸡均可发生的细菌性传

染病。有的呈急性败血性经过，有的则以慢性或隐性感染为主。鸡白痢是鸡的一种卵传染性疾病，雏鸡中流行最为广泛，多发生于孵出不久的雏鸡。成年种鸡的感染常局限于卵巢、卵和输卵管等处。病鸡和带毒鸡是主要传染源。除能通过消化道、眼结膜及交配感染外，还能通过带菌卵传播。

（一）临床症状及病理变化

鸡白痢可根据感染日龄和临诊表现分为雏鸡白痢、育成鸡白痢和成年鸡白痢。

1. 雏鸡白痢

表现为经卵垂直感染的雏鸡，在孵化器中或孵出后不久即可看到虚弱、昏睡、继而死亡。雏鸡出壳后，5～6 天开始发病，第 2～3 周龄是雏鸡白痢发病和死亡高峰。病雏表现为精神沉郁，不愿走动，低头缩颈，聚成一团，不食或少吃，羽毛松乱，两翼下垂，闭眼昏睡。突出表现是下痢，排出白色糨糊样粪便，泄殖腔周围的绒毛被粪便污染，干涸后封住泄殖腔口周围，影响排粪。有的病雏可见喘气、呼吸困难。有的可见关节肿大，行走不便、跛行。

剖检可见肝脏、脾脏和肾脏肿大、充血，有时肝脏可见大小不等的坏死点。卵黄吸收不良，内容物呈奶油状或干酪样黏稠物。有呼吸道症状的雏鸡肺脏可见有坏死或灰白色结节。心包增厚，心脏上可见有坏死或结节，略突出于脏器表面；肠道呈卡他性炎症，盲肠膨大。

2. 育成鸡白痢

多发生于 40～80 日龄的鸡，地面平养的鸡群发病率比网上和笼养鸡高，常突然发生。鸡群中不断出现精神、食欲差和下痢的鸡，常突然死亡，死亡不见高峰，每天都有鸡死亡，且数量不一。但全群鸡食欲精神无明显变化。

剖检可见肝脏肿大，有的为正常肝脏数倍，质脆，极易破裂，被膜下可看到散在或较密集的大小不等的坏死灶。脾脏肿大，心包增厚，心包膜呈黄色不透明。心肌可见数量不一的黄色坏死灶，严重的心脏变形、变圆。有时在肌胃上也可见到类似的病变。

3. 成年鸡白痢

一般无明显症状，部分病鸡面色苍白、鸡冠萎缩、精神委顿、缩颈垂翅、食欲丧失、产卵停止，排白色稀粪。有的感染鸡可因卵黄性腹膜炎，而呈“垂腹”现象。当鸡群感染比例较大时，可明显影响产蛋量，产蛋高峰不高，维持时间短，死淘率增高。

剖检可见：多数卵巢仅有少量接近成熟或成熟的卵子。已发育或正在发育的卵子变色，有灰色、黄灰色、黄绿色、灰黑色等；卵子变形，呈梨形三角形，不规则等形状；卵子变性，卵子内容物稀薄如水样、米汤样或油脂状，变性的卵子有长短粗细不同的卵蒂（柄状物）与卵巢相连。卵黄膜增厚、卵子形态不规则。脱落的卵子进入腹腔，引起广泛的腹膜炎及腹腔脏器粘连。肠道呈卡他性炎症。

（二）防控措施

防控鸡白痢的原则是杜绝病原菌的传入，清除群内带菌鸡，同时严格执行卫生、消毒和隔离制度。

① 通过严格的卫生检疫和检验措施，建立完善的良种繁育体系，慎重引进种鸡、种蛋，必须引进时应了解对方的疫情状况，防止病原菌进入本场。

② 鸡群应定期通过全血平板凝集反应进行全面检疫，淘汰阳性鸡和可疑鸡，以建立健康种鸡群。

③ 坚持种蛋孵化前的消毒工作，可通过喷雾、浸泡等方法进行，同时应对孵化场、孵化室、孵化器及其用具定期进行彻底消毒，杀灭环境中的病原菌。

④ 加强鸡群的饲养管理，保持育雏室、养鸡舍及运动场的清洁、干燥，加强日常的消毒工作。发现病鸡，迅速隔离（或淘汰）消毒。全群进行抗菌药物预防或治疗，但是治愈后的蛋鸡可能长期带菌，故不能作种用。

⑤ 对幼雏定期应用微生态制剂（如抗痢宝、促菌生等）预防沙门菌感染，可获得良好效果。该制剂在鸡肠道内除能竞争性抑制病原菌外，还可使肠道内正常菌群达到微生态平衡，从而起到保健

和促生长作用，同时不产生耐药性，没有药物残留，使蛋及肉品更加安全可靠。

⑥ 对发病鸡群，根据药敏试验结果，选用高效敏感抗生素。常用的药物及用法用量是：氟哌酸，0.01%～0.02%拌入饲料中，连用5～7天；硫酸庆大霉素针剂，6000～10000单位/千克体重，肌内注射，每天1次，连用3天；阿米卡星，20毫克/千克体重，肌内注射，1天2次，连用3～5天。

注意：饲料中拌药时，要准确称取需要拌饲的药量，先用0.5千克饲料与其充分混匀，再把混匀的药料与2.5千克饲料充分搅拌均匀，然后再混匀于10千克饲料中，这样逐渐递增饲料的量直到全部拌均匀。

四、禽霍乱

禽霍乱又称禽巴氏杆菌病、禽出血性败血症，或简称禽出败。本病是由多杀性巴氏杆菌引起鸡的一种传染病。常呈现败血性症状，发病率和死亡率很高，但也常出现慢性或良性经过。育成鸡和成年产蛋鸡多发，营养状况良好，高产鸡易发。病鸡、康复鸡或健康带菌鸡是本病主要传染源，主要通过被污染的饲料、饮水经消化道感染发病。

（一）临床症状及病理变化

根据病程长短，一般分为三型。

1. 最急性型

多见于流行初期。个别禽只，尤其是高产禽和营养状况良好的禽常无明显症状，突然倒地，双翼扑动几下就死亡。该型常看不到明显病理变化，有时只能看见心外膜有少量出血点，肝脏表面有数个针尖大小的灰黄色或灰白色的坏死点。

2. 急性型

大多数病例为急性经过，主要表现呼吸困难，鼻和口中流出混有泡沫的黏液，冠髯发绀呈黑紫色。常有剧烈腹泻，肉髯水肿。病理剖检变化是皮下组织、腹部脂肪和肠系膜常见大小不等出血点。

心包变厚，心包积有淡黄色液体，并混有纤维素；心外膜、心冠脂肪有出血点。肝脏病变具有特征性，表现为肿大、质脆，呈棕红色或棕黄色或紫红色表面广泛分布针尖大小、灰白色或灰黄色、边缘整齐、大小一致的坏死点。肠道尤其是十二指肠黏膜红肿，呈暗红色，有弥漫性出血或溃疡，肠内容物含有血液。

3. 慢性型

多发于流行后期或由急性病例转来。病鸡冠和肉髯肿胀、苍白，随后干酪样化，甚至坏死脱落；关节肿胀、跛行，以及慢性肺炎和胃肠炎症状。病程可达1个月以上，生长发育和产蛋长期不能恢复。病理解剖变化常因侵害的器官不同而有差异，一般可见鼻腔、气管、支气管有多量黏性分泌物，肺质地变硬；肉髯肿大，内有干酪样渗出物；关节肿大、变形，有炎性渗出物和干酪样坏死；产蛋母鸡还可见到卵巢出血，卵黄破裂，腹腔内脏表面上附有卵黄样物质。

（二）防控措施

1. 平时的预防措施

主要应包括加强饲养管理，注意通风换气和防暑防寒，避免过度拥挤，减少或消除降低机体抗病能力的因素，并定期进行消毒，杀灭环境中可能存在的病原体；坚持全进全出饲养制度；常发本病的地区或养禽场，可接种疫苗。

2. 发病时的治疗

发生本病时，应立即隔离患病禽并严格消毒其污染的场所，在严格隔离条件下可进行治疗。常用的治疗药物有青霉素和磺胺类等多种抗菌药物，有条件的饲养场应通过药敏试验选择有效药物全群给药。

五、鸡毒支原体感染

鸡毒支原体感染又称鸡败血支原体感染或鸡慢性呼吸道病，是由鸡败血支原体引起鸡的一种慢性呼吸道传染病，是鸡的一种卵性传染性疾病。凡是能使鸡体抵抗力降低的各种因素均可成为本病发生的诱因。4～8周龄鸡最易感。病鸡主要表现为气管炎和气囊炎，以咳嗽、气喘、流鼻液和呼吸啰音为特征。该病流行缓慢、病程长，成年鸡多呈隐性感染，可在鸡群长期存在和蔓延。

（一）临床症状及病理变化

不同鸡群、不同季节、不同饲养管理条件下发病率相差较大，一般为百分之几，多的可达10%，严重的达20%～30%。单纯感染时，首先出现呼吸道症状，夜间可明显听到鸡群中有喘鸣音。幼龄鸡发病的症状比较典型，表现为浆液或黏液性鼻液，鼻孔常见浆性、黏性分泌物，鸡频频摇头、喷嚏。当炎症蔓延下部呼吸道时，则喘气和咳嗽更为显著，有呼吸道啰音。后期可因鼻腔和眶下窦中蓄积渗出物而引起眼睑肿胀，症状消失后，发育受到不同程度的抑制。如无并发症，病死率较低。病程在1个月以上，甚至3～4个月。病鸡食欲精神差，但很少发生死亡。小鸡生长发育受阻，产蛋鸡感染后，影响产蛋，只表现产蛋量下降和孵化率低，孵出的雏鸡活力降低。

病理变化：切开肿胀的眼睛，可挤出黄色的干酪物凝块；喉头、气管可见黏膜肿胀，黏膜表面有灰白色黏液，喉头最明显。分泌物多，常见到黄色纤维素样渗出物。严重的呈干酪样物堵塞在喉裂处致病鸡窒息而死。有明显呼吸啰音的病鸡，特征性的病变有胸腹气囊灰色混浊、变厚，“呈白色塑料布样”的气囊内有黏稠渗出物或黄白色干酪样物。鼻黏膜水肿、充血、肥厚，窦腔内存有黏液和干酪样渗出物。

（二）防控措施

1. 加强饲养管理

改善鸡舍通风条件，严格执行全进全出的饲养管理制度，从无支原体污染的种鸡场引进健康雏鸡。入雏前鸡舍彻底清洗消毒，以每一个鸡舍为一个隔离单位，保持严格的清洁卫生。做好主要病毒病的防治工作，消除引起鸡抵抗力下降的一切因素是预防本病的前提。

2. 进行科学合理的疫苗免疫

控制本病感染的疫苗有灭活苗和活疫苗两大类。灭活疫苗以油乳剂灭活苗效果较好，多用于蛋鸡和种鸡；活疫苗主要是F株和温度敏感突变株 S_6 株，既可用于尚未感染的健康鸡群，也可用于已感染的鸡群，据报道免疫保护率在80%以上。

3. 消除种蛋内支原体

鸡败血支原体病属于蛋传递疾病，可选用有效的药物浸泡种蛋，或将种蛋加热处理进行消毒。

4. 建立无支原体病的种鸡群

主要方法如下：①选用对支原体有抑制作用的药物，降低种鸡群的带菌率和带菌的强度，减低种蛋的污染率；②种蛋45℃处理14小时，或在5℃泰乐菌素药液中浸泡15分钟；③雏鸡小群饲养，定期进行血清学监测，一旦出现阳性鸡，立即将小群淘汰；④做好孵化箱、孵化室、用具、鸡舍等环境的消毒，加强兽医生物安全措施，防止外来感染；⑤产蛋前进行一次血清学检查，均为阴性时方可用作种鸡。当完全阴性反应亲代鸡群所产蛋不经过处理孵出的子代雏鸡群，经过多次检测未出现阳性时，方可认为是无支原体的病鸡。

5. 药物治疗

泰乐菌素0.5克/升混水饮用，连用5～7天；红霉素0.01%混水饮用，连喂3～5天；强力霉素0.01%～0.02%混料，连用3～5天。壮观霉素和链霉素也有效。

六、禽曲霉菌病

禽曲霉菌病主要是由烟曲霉菌和黄曲霉菌引起多种禽类的真菌性疾病。曲霉菌孢子在自然界中分布广泛且抗力很强，禽类常因接触发霉饲料和垫料经呼吸道或消化道而感染。幼禽易感，4～12日龄最为易感，常表现群发和急性经过，成年禽有一定的抵抗力，呈散发和慢性感染。种蛋污染可导致出壳不久的鸡只发病，有的因孵化器、出雏器和孵化室被曲霉菌严重污染而引起1日龄雏鸡感染发病，多数情况下典型的病例见于5日龄以后。1月龄时本病基本平息。

（一）临床症状

幼雏发病多呈急性经过，可见呼吸困难，喘气，呼吸促迫。病雏食欲明显减少或不食，饮欲增加。羽毛逆立，对外界刺激反应淡漠，嗜睡，常伴有下痢症状，病鸡明显消瘦。眼睛受感染的雏鸡，可出现一侧或两侧眼球发生灰白色混浊、肿胀、眼内见有干酪样分泌物。发病后2～7天死亡，慢性者可达2周以上。死亡率高达50％以上。种蛋被污染可降低孵化率。成年鸡感染发病，病程长，多为慢性经过，有类似喉气管炎的症状，产蛋量下降，死亡率低。

（二）病理变化

急性死亡的病雏一般看不到明显的病变。时间稍长的病例，在肺部可见粟粒大至绿豆大小的黄白色或灰白色结节，质地较硬。同时常伴有气囊壁增厚，壁上见有相同大小的干酪样斑块。随病程发展，气囊壁明显增厚，干酪样斑块增多、增大，有的融合在一起。后期病例可见在干酪样斑块上以及气囊壁上形成灰绿色霉菌斑。病情严重的腹腔、浆膜、肝、肾等表面有灰白色结节或灰绿色斑块。

（三）防控措施

① 加强雏鸡群的饲养管理是防治本病的关键措施。认真做好以下各方面的工作，可有效地防止本病发生。种蛋库要清洁、干燥，经常消毒；认真做好孵化全过程的兽医防病管理；不要使用发霉变质的垫草、饲料；地面平养鸡舍内的饲槽、饮水器周围极易滋生霉菌，可经常改变饲槽、饮水器的放置地点；在潮湿、闷热、多雨季节要采取有力措施，防止饲料、垫草发霉；饲槽、饮水器要经常刷洗、消毒；同时加强鸡舍通风，最大限度地减少舍内空气中霉菌孢子的数量。

② 本病发生后应迅速查清原因并立即排除，让鸡群脱离被曲霉菌严重污染的环境，以减少新发病例、有效控制本病继续蔓延。挑出病鸡，严重病例扑杀淘汰，症状轻的以及同群鸡可用1：

20000 的硫酸铜溶液代替全部饮水，供鸡只自由饮用，有一定效果。种鸡可考虑应用制霉菌素或两性霉素进行治疗。为防止继发感染，在饮水中可适量添加抗生素。

第三节 常见寄生虫病的安全防控

一、球虫病

鸡球虫病是由单细胞生物引起的鸡盲肠和小肠出血、坏死为特征的寄生性原虫病。主要感染 2 周龄以上的雏鸡及育成鸡，特别是在阴雨潮湿季节及圈舍拥挤，卫生差的环境下。蛋鸡育成期限饲阶段发生本病，多因鸡采食被球虫卵囊污染的粪便、垫料后经消化道感染。

盲肠球虫病鸡表现无神、拥挤在一起，翅膀下垂、羽毛松乱、闭眼昏睡、便血、鸡冠苍白，剖检贫血、肌肉苍白，盲肠肿大内充满大量血液或血凝块。

小肠球虫病程长、病鸡表现消瘦、贫血、苍白，食少、消瘦、羽毛蓬松、粪便带水，消化不良或棕色粪便，两脚无力，瘫倒不起，脖颈震颤，衰竭而死。剖检小肠肿胀、黏膜增厚或溃疡，出现针尖大灰白色密集出血点或坏死灶。严重时小肠内充满血液。

防控：在选用球虫药防治时，要结合清粪，补充维生素 A、维生素 K_3，常能缩短病程。常用抗球虫药物有：马杜拉霉素（杜球、抗球王、加福）、地克珠利（伏球、茹球）、盐霉素（优精素）、莫能霉素、球痢灵（二硝苯酰胺）、海南霉素（鸡球素）等。此外，传统的抗球虫药也可使用，如青霉素、克球粉（氯吡醇，三氯二甲吡啶粉、可爱丹），青霉素可用于产蛋鸡，克球粉产蛋期禁用。

加强卫生与饲养管理，保持鸡舍通风、干燥，避免鸡群拥挤，及时更新垫料。改变饲养方式，由地面平养改为网上平养或笼养，避免雏鸡接触粪便。种鸡可试用球虫苗进行免疫。

二、鸡组织滴虫病

鸡组织滴虫病又称为盲肠肝炎、黑头病、传染性肝炎或单胞虫病。是由组织滴虫引起的鸡与火鸡的一种急性传染性原虫病。本病主要感染育成鸡，经消化道感染。病鸡排出的粪便中含有多量携带原虫的异刺线虫卵，污染饲料、饮水及运动场地，被健康鸡啄食后感染。

本病无明显季节性，但以春、夏温暖潮湿季节多发。且鸡群拥挤，运动场不清洁也是本病诱因。

感染后 7～12 天出现临床症状，表现为精神萎靡，食欲减退，羽毛松乱、翅下垂、嗜睡、下痢淡黄、淡绿，严重者血便、冠及肉髯呈现蓝紫色，故称黑头病。如不及时治疗，一周即可死亡。

剖检，一侧或两侧盲肠肿大，内充满干酪样栓子。断面呈现同心圆状，中心为黑红凝固血液，外层为灰白、淡黄坏死物。肝有圆形 1 分币大或不规则形下凹的坏死灶，呈现黄色或淡绿色。

防控：发病鸡用甲硝达唑等药物混饲治疗，连用 7 天可治愈。同时，要加强饲养管理、避免潮湿、拥挤、卫生不良等因素。定期驱除鸡体内的异刺线虫。

三、鸡住白细胞原虫病

本病是由住白细胞原虫属的原虫寄生于鸡的红细胞和单核细胞而引起的一种以贫血为特征的寄生虫病，俗称白冠病。主要由卡氏住白细胞原虫和沙氏住白细胞原虫引起。其中，卡氏住白细胞原虫危害最为严重。该病可引起雏鸡大批死亡，中鸡发育受阻，成鸡贫血。

该病各种年龄的鸡都可感染，3～6 周龄雏鸡发病死亡率高。随日龄增加，发病率和死亡率逐渐降低。雏鸡感染多呈急性经过，病鸡体温升高，精神沉郁，乏力，昏睡；食欲不振，甚至废绝；两肢轻瘫，行步困难，运动失调；口流黏液，排白绿色稀便。12～14 日龄的雏鸡因严重出血、咯血和呼吸困难而突然死亡，死亡率高。

中鸡和成鸡多消瘦、贫血、鸡冠和肉髯苍白。病鸡多下痢，排白色或绿色粪便；中鸡生长发育迟缓；后期个别鸡会出现瘫痪，死亡率为5%～30%。

剖检病鸡，可见皮下、肌肉，尤其胸肌和腿部肌肉有明显的点状或斑块状出血，各内脏器官也呈现广泛性出血。肝脾明显肿大，质脆易碎，血液稀薄、色淡；严重的，肺脏两侧都充满血液；肾周围有大片血液，甚至部分或整个肾脏被血凝块覆盖。肠系膜、心肌、胸肌或肝、脾、胰等器官有住白细胞原虫裂殖体增殖形成的针尖大或粟粒大与周围组织有明显界限的灰白色或红色小结节。

该病的发生与蠓和蚋的活动密切相关。蠓和蚋分别是卡氏住白细胞原虫和沙氏住白细胞原虫的传播媒介，因而该病多发生于库蠓和蚋大量出现的温暖季节，有明显的季节性。一般气温在20℃以上时，蠓和蚋繁殖快，活动强，该病流行严重。我国南方地区多发于4～10月份，北方地区多发生于7～9月份。

防控：预防该病，控制蠓和蚋是最重要的一环。要抓好以下三点。一是要注意搞好鸡舍及周围环境卫生，清除鸡舍附近的杂草、水坑、畜禽粪便及污物，减少蠓、蚋滋生繁殖与藏匿；二是蠓和蚋繁殖季节，给鸡舍装配细眼纱窗，防止蠓、蚋进入；三是对鸡舍及周围环境，每隔6～7天，用6%～7%马拉硫磷溶液或溴氰菊酯、戊酸氰醚酯等杀虫剂喷洒1次，以杀灭蠓、蚋等昆虫，切断传播途径。

对于病鸡，应早期进行治疗。最好选用发病鸡场未使用过的药物，或同时使用两种有效药物，以避免有抗药性而影响治疗效果。可用磺胺间甲氧嘧啶钠按50～100毫克/千克饲料，并按说明用量配合维生素K_3混合饮水，连用3～5天，间隔3天，药量减半后再连用5～10天即可。

第四节　常见中毒病的安全防制

凡是在一定条件下，一定数量的某种物质（固体、液体、气体）以一定的途径进入动物机体，通过物理及化学作用，干扰和破坏机体正常生理功能，对动物机体呈现毒害影响而造成机体组织器官功能障碍、器官病变，乃至危害生命的物质，统称为毒物。由毒物引起的相应病理过程，称为中毒。由毒物引起的疾病称为中毒病。

中毒性疾病常见病因：饲料品质不良，如霉败变质（含有黄曲霉毒素等）、使用过量的棉籽饼或菜籽饼、饲料加工或调制不当含有有害物质（如鱼粉中含有肌胃糜烂素，大豆中含有抗胰蛋白酶等）；饲料添加剂伪劣，或使用不合理（如食盐中毒）；药物添加剂的选择、剂量不科学致使中毒或残留量过大（如磺胺类药物中毒）；饲养管理不当和环境污染（如一氧化碳中毒、氨气中毒）。

针对中毒病因进行预防：防止饲料加工、贮存过程中有毒物质的产生；安全使用药物；妥善保管和使用农药；注意地源性中毒病的预防；防治工业污染；注意防范有毒动物的侵袭。

一、无机氟化物中毒

因饲料原料（磷酸氢钙、石粉、骨粉、肉骨粉）、水源等含氟量超标而致，产蛋鸡饲料中含氟安全量为350毫克/千克。

（一）临床症状与病理变化

雏鸡食欲减退，生长迟缓，粪便稀薄，关节肿大，跗关节着地，最后瘫痪死亡；产蛋鸡食欲减退，关节变形，破蛋、沙皮蛋、畸形蛋增多，饲料转化率降低。骨骼柔软，胸骨变形，骨髓颜色变淡严重者呈土黄色，脑膜轻度充血。

（二）防制技术

立即停止饲喂高氟饲料，更换氟含量符合标准的饲料，同时每吨饲料中加入800克的硫酸铜，以减轻氟中毒的症状。为了提高血钙浓度和促进钙的吸收，可在饮水中加入0.5%～1%氯化钙，或在饲料中加入1%～2%乳酸钙和维生素D。

二、食盐中毒

饲料中的食盐含量过多（计算错误或配制不均），或是采食过多的含盐饲料，或限制饮水等都能引起食盐中毒。一般幼禽比成年禽更易发生中毒。鸡中毒量为每千克体重1.5克。雏鸡饲料中的含盐量达1%，饮水中含0.9%，成年鸡饲料的含盐量达3%时，可引起中毒和死亡。

（一）临床症状

病鸡食欲废绝，强烈口渴，口鼻流出大量的分泌物，嗉囊扩张，下痢、神经过敏，卧地挣扎站立不起来，抽搐性痉挛，最后呼吸衰竭而死亡。

（二）病理变化

死后剖检可见：食道、嗉囊黏膜充血，黏膜易剥脱。嗉囊中充满黏液性液体。腺胃和小肠有卡他性或出血性炎症，脑膜血管显著充血扩张，并有针尖大小出血点和脑炎变化。心包积水，肺水肿。

（三）防制技术

① 立即停喂原有饲料，多喂嫩青菜叶。轻度、中度中毒的，供给充足、新鲜饮水或5%葡萄糖水和0.5%醋酸钾溶液，连饮3天，症状可逐渐好转。

② 正确计算用盐量，均匀拌料；平时配料所用鱼干或鱼粉一定要测定其含盐量，含盐量高的要少加，含盐量低的可适当多加。发现鸡群异常喝水要对饲料抽样进行盐分测定。

③ 严重中毒的病鸡应间断地逐渐增加饮用水，可每隔1小时让其饮水20分钟左右。否则1次大量饮水可促进食盐扩散，反而使症状加剧或会导致组织严重水肿，尤其脑水肿往往预后不良。

④ 及时隔离中毒鸡，并喂给红糖水，增加多种维生素用量。

三、黄曲霉毒素中毒

鸡采食了被黄曲霉毒素污染的饲料而引起的一种中毒病。中毒后以肝脏受损、全身性出血、腹水、消化机能障碍和神经症状等为特征。黄曲霉毒素有B_1、B_2、G_1、G_2等数种，其中B_1毒性最强。黄曲霉毒素中毒也是一种人畜共患病。

（一）临床症状

中毒多呈急性经过，且病死率很高，幼鸡多发于2～6周龄。病雏鸡食欲不振，贫血嗜眠，生长发育缓慢，腹泻，粪便多混有血液，共济失调，以呈现角弓反张症状而死亡。成年鸡多为慢性中毒症状，使母鸡易引起脂肪肝综合征，产蛋率和蛋孵化率降低。

（二）病理变化

剖检可见：病死鸡肝肿大，弥漫性出血和坏死，慢性型病例则以肝体积缩小、硬变，有的为肝细胞癌或胆管癌、心包积水和腹水症。

（三）防制技术

① 为预防该病的发生，一要把好饲料关，收购玉米时注意质量，不饲喂发霉饲料，对饲料定期做黄曲霉毒素测定并淘汰超标饲料；二要搞好环境卫生，清洁饮水、勤清扫、定期消毒，同时增加光照和通风；三是在潮湿多雨季节投入治疗剂量一半的制霉菌素在饲料中喂给，在饮水中加入硫酸铜可净化水质，对预防霉菌感染有一定作用。

② 治疗时，首先停喂发霉变质饲料，并用0.5%的过氧乙酸喷雾消毒垫料。晚上做好保温和通风工作，防止鸡群打堆。同时在饲料中加入制霉菌素400克/千克，水中加5%葡萄糖和0.4%维生素C饮用，早晚各1次，全群使用阿莫西林每天饮水，5天后死亡基本停止，采食及精神状况明显转好。

四、棉子与棉子饼粕中毒

棉子与棉子饼粕中毒是指蛋鸡长期或大量摄入含游离棉酚的棉子或棉子饼粕引起的一种中毒病，引起中毒的主要成分是棉酚和环丙烯类脂肪酸等。引起动物中毒死亡的形式有三种，急性致死的直接原因是血液循环衰竭，亚急性致死是因为继发性肺水肿，慢性中毒死亡多因恶病质和营养不良。

（一）临床症状

中毒病鸡采食量减少，体重下降，生长缓慢，嗜睡，排黑褐色稀粪，常混有黏液、血液和脱落的肠黏膜；衰弱甚至抽搐，呼吸和血液循环衰竭。伴有贫血、维生素 A 及钙缺乏的症状。成年鸡多为慢性中毒症状，母鸡易引起脂肪肝综合征，产蛋率和蛋孵化率降低，蛋清发红色，蛋黄颜色变淡呈茶青色。

（二）病理变化

剖检死鸡可见有胃肠炎，肝、肾肿大，肺水肿，胸腔和腹腔积液。慢性病例肝体积缩小、硬变，有的为肝细胞癌或肝管癌。母鸡的卵巢和输卵管出现高度萎缩。

（三）防制技术

目前尚无特效疗法。应停止饲喂含毒棉子饼粕，及时更换饲料，加速毒物的排出；采取对症治疗方法；去除饼粕中毒物后合理利用。在饲料中，棉子饼粕的安全用量产蛋鸡可占 5%～10%。此外，增加饲料中蛋白质、维生素、矿物质和青绿饲料含量，可增强机体对棉酚的耐受性和解毒能力。

1. 选育棉花新品种

通过选育棉花新品种，即培育无色素腺体棉子，使棉子中不含或含微量棉酚。

2. 棉子饼的去毒处理

棉酚含量超过 0.1%时，需经去毒处理后使用。

① 可采用添加铁、钙、碱、芳香胺、尿素等化学药剂法去毒，如硫酸亚铁中的二价铁离子能与棉酚螯合，形成难以消化吸收的棉酚-铁复合物。

② 在棉子饼粕中加入碱水溶液、石灰水等，并加热蒸炒，使饼粕中的游离棉酚破坏或形成结合物。棉子饼粕经过蒸煮炒等加热处理，使棉酚与蛋白质结合而去毒。

③ 利用微生物及其酶的发酵作用破坏棉酚，达到去毒目的。

五、磺胺类药物中毒

磺胺嘧啶（SD）、磺胺二甲嘧啶（SM2）、磺胺间甲氧嘧啶（SMM）、磺胺喹恶啉（SQ）和磺胺甲氧哒嗪（SMP）等磺胺类药物，治疗量与中毒量接近且在肠道内容易被吸收，用药量大或持续时间长及添加饲料内混合不均匀等因素都可能引起中毒。中毒剂量为肌肉、肾或肝中磺胺药物含量超过 20 毫克/千克时。

（一）临床症状

病鸡具有全身出血性变化。病仔鸡表现抑郁，厌食，渴欲增加，腹泻，鸡冠苍白。有时头部肿大呈蓝紫色，这是局部出血造成的。有的发生痉挛、麻痹等症状。成年病母鸡产蛋量明显下降，蛋壳变薄且粗糙，棕色蛋壳褪色，或产软蛋。有的出现多发性神经炎。

（二）病理变化

剖检死鸡可见，肝、脾、肾皆肿大。凝血时间延长，血检颗粒性白细胞减少，溶血性贫血。

（三）防制技术

① 若发生中毒，立即停用磺胺类药物，饮用 5%葡萄糖水或 1%～2%小苏打水，并在每千克饲料中添加维生素 C 0.2 克、维生素 K_3 0.53 毫克或日粮中维生素含量提高 1 倍，连用数日至症状基本消失为止。严重的鸡并可肌注维生素 B_{12} 1～2 微克或叶酸 50～100 微克。

② 预防措施有：选择毒性小的磺胺药如复方新诺明、复方敌菌净等，控制好剂量、给药途径和疗程（连续用药不超过 5 天），混合均匀，用药期间供应足够饮水量。

参考文献

[1] 李童等. 蛋鸡标准化规模养殖技术［M］. 北京：中国农业科学技术出版社，2013.

[2] 李连任. 轻松学鸡病防制［M］. 北京：中国农业科学技术出版社，2014.

[3] 康相涛等. 蛋鸡健康高产养殖手册［M］. 郑州：河南科学技术出版社，2011.